U0175289

《生物数学丛书》编委会

主　　编：陈兰荪

编　　委：(以姓氏笔画为序)

李镇清　　张忠占　　陆征一

周义仓　　徐　瑞　　唐守正

靳　祯　　滕志东

执行编辑：胡庆家

生物数学丛书　28

混杂生物种群模型的最优控制

裴永珍　梁西银　李长国　吕云飞　著

科学出版社

北　京

内 容 简 介

本书以混杂系统优化控制及其在生物数学领域的应用研究为主旨，系统介绍了连续动力系统、时滞动力系统和脉冲微分动力系统的最优控制理论与方法. 内容涉及传染病防控、疾病的治疗方案设计、渔业资源管理、具有农药残留效应的生物控制、状态脉冲反馈控制生态模型、基于综合管理策略的蚜虫个体模型的优化控制问题等研究成果.

本书内容丰富方法实用，理论分析和数值模拟相结合，既为了解生物数学与优化理论交叉融合的本质提供素材，又为致力于生物数学研究的读者提供一个掌握优化理论与研究方法的平台，其中部分内容也可作为有关专业研究生和高年级本科生的参考书.

图书在版编目(CIP)数据

混杂生物种群模型的最优控制/裴永珍等著. —北京：科学出版社，2022.12
(生物数学丛书；28)
ISBN 978-7-03-073498-3

Ⅰ.①混… Ⅱ.①裴… Ⅲ.①生物数学-数学模型-最佳控制 Ⅳ.①Q-332

中国版本图书馆 CIP 数据核字(2022)第 194862 号

责任编辑：胡庆家 孙翠勤 / 责任校对：杨聪敏
责任印制：吴兆东 / 封面设计：陈 敬

科 学 出 版 社 出版
北京东黄城根北街 16 号
邮政编码：100717
http://www.sciencep.com

北京中石油彩色印刷有限责任公司 印刷
科学出版社发行 各地新华书店经销
*

2022 年 12 月第 一 版 开本：720×1000 1/16
2023 年 6 月第二次印刷 印张：13 3/4
字数：280 000
定价：108.00 元
(如有印装质量问题，我社负责调换)

《生物数学丛书》序

　　传统的概念：数学、物理、化学、生物学，人们都认定是独立的学科，然而在20世纪后半叶开始，这些学科间的相互渗透、许多边缘性学科的产生，各学科之间的分界已渐渐变得模糊了，学科的交叉更有利于各学科的发展，正是在这个时候数学与计算机科学逐渐地形成生物现象建模，模式识别，特别是在分析人类基因组项目等这类拥有大量数据的研究中，数学与计算机科学成为必不可少的工具．到今天，生命科学领域中的每一项重要进展，几乎都离不开严密的数学方法和计算机的利用，数学对生命科学的渗透使生物系统的刻画越来越精细，生物系统的数学建模正在演变成生物实验中必不可少的组成部分．

　　生物数学是生命科学与数学之间的边缘学科，早在1974年就被联合国教科文组织的学科分类目录中作为与"生物化学""生物物理"等并列的一级学科．"生物数学"是应用数学理论与计算机技术研究生命科学中数量性质、空间结构形式，分析复杂的生物系统的内在特性，揭示在大量生物实验数据中所隐含的生物信息．在众多的生命科学领域，从"系统生态学""种群生物学""分子生物学"到"人类基因组与蛋白质组即系统生物学"的研究中，生物数学正在发挥巨大的作用，2004年 *Science* 杂志在线出了一期特辑，刊登了题为"科学下一个浪潮——生物数学"的特辑，其中英国皇家学会院士 Lan Stewart 教授预测，21世纪最令人兴奋、最有进展的科学领域之一必将是"生物数学"．

　　回顾"生物数学"我们知道已有近百年的历史：从1798年 Malthus 人口增长模型，1908年遗传学的 Hardy-Weinberg "平衡原理"，1925年 Voltera 捕食模型，1927年 Kermack-Mckendrick 传染病模型到今天令人注目的"生物信息论"，"生物数学"经历了百年迅速的发展，特别是20世纪后半叶，从那时期连续出版的杂志和书籍就足以反映出这个兴旺景象；1973年左右，国际上许多著名的生物数学杂志相继创刊，其中包括 Math Biosci，J．Math Biol. 和 Bull Math Biol.；1974年左右，由 Springer-Verlag 出版社开始出版两套生物数学丛书：*Lecture Notes in Biomathematics* (二十多年共出书100部) 和 *Biomathematics* (共出书20册)；新加坡世界科学出版社正在出版 *Book Series in Mathematical Biology and Medicine* 丛书．

　　"丛书"的出版，既反映了当时"生物数学"发展的兴旺，又促进了"生物数学"的发展，加强了同行间的交流，加强了数学家与生物学家的交流，加强了生物数学学科内部不同分支间的交流, 方便了对年轻工作者的培养.

从 20 世纪 80 年代初开始, 国内对 "生物数学" 发生兴趣的人越来越多, 他 (她) 们有来自数学、生物学、医学、农学等多方面的科研工作者和高校教师, 并且从这时开始, 关于 "生物数学" 的硕士生、博士生不断培养出来, 从事这方面研究、学习的人数之多已居世界之首. 为了加强交流, 为了提高我国生物数学的研究水平, 我们十分需要有计划、有目的地出版一套 "生物数学丛书", 其内容应该包括专著、教材、科普以及译丛, 例如: 生物数学、生物统计教材; 数学在生物学中的应用方法; 生物建模; 生物数学的研究生教材; 生态学中数学模型的研究与使用等.

中国数学会生物数学学会与科学出版社经过很长时间的商讨, 促成了 "生物数学丛书" 的问世, 同时也希望得到各界的支持, 出好这套丛书, 为发展 "生物数学" 研究, 为培养人才作出贡献.

陈兰荪

2008 年 2 月

前　言

　　混杂系统是指既包含连续变量子系统, 又包含离散变量子系统的一类复杂系统. 在混杂系统中, 连续变量和离散变量互相作用, 使整个系统的运行状态在局部上表现出离散位置的跳跃, 在整体上表现出连续状态的动态演化. 混杂系统的实例很多, 在工业领域, 如汽车的计算机控制系统、航天平稳控制系统、机器人; 在生命科学与生物领域, 如疫苗群体接种、癌症的间歇性治疗、注射用药、喷洒农药、不育昆虫的释放等; 类似的系统还包括化工、食品等. 它们在传统工业和新兴科技领域中占有相当的份量, 但有效的建模、计算方法与优化控制策略仍是具有挑战和值得人们探索的工作.

　　生物数学是生物学与数学之间的一门新兴边缘学科, 生物种群模型是生物数学的一个重要分支. 随着数学与生物、生态、医学、生命等学科的交叉融合, 数学与计算机技术和控制理论的进一步发展, 生物种群模型的优化控制得到迅速发展. 时至今日, 优化控制理论不仅在连续生物种群系统里有许多成功的应用, 而且在混杂生物种群系统里也发挥着越来越重要的作用, 取得了显著的成效.

　　近年来, 国内已经有很多专门的著作介绍生物数学的一些分支, 主要集中在种群生态学和流行病动力学模型的定性分析, 但缺乏具有很强生物背景的混杂动力系统与优化控制理论相结合的生物数学专门书籍. 本书结合作者的研究成果, 集生物数学模型的建模方法、理论分析、科学计算与优化控制于一体, 反映优化控制理论在现代生命科学各分支领域中的广泛应用. 本书的基本框架大多建立在大学高等数学、数值计算、优化理论和软件编程的基础之上, 因此相信读者能快速学习上述内容并能体验优化控制理论与生物数学交叉融合的乐趣.

　　基于以上因素和我们多年来的研究经历, 全书以混杂生物动力学模型为主旨, 全面系统介绍了连续动力系统、时滞动力系统和脉冲微分动力系统的最优控制理论与方法. 对于带有脉冲的混杂系统和不等式约束的优化问题, 运用时间变换、平移技术和惩罚函数法等, 将控制函数选择转化为最优参数选择问题. 对于状态脉冲微分系统的优化控制问题, 本书从周期脉冲和一般性脉冲两方面, 提出求解相应优化问题的新理论和方法; 对具有基于马尔可夫链的最优脉冲控制问题, 本书利用 Gillespie 算法生成数据, 建立了控制变量与潜在状态样本矩之间的对数线性回归模型求解最优问题. 本书很好地将传统最优控制理论加以发展和改进, 成功地解决了混杂生物动力系统的优化控制问题, 并提出可能的发展方向.

全书内容共分十章两大部分,前三章介绍连续与混杂系统的优化控制理论. 从第四章开始,以著者的成果为主体,逐次介绍传染病防控、疾病的药物设计、渔业资源管理、具有农药残留效应的生物控制、状态脉冲反馈控制生态模型、基于综合管理策略的蚜虫个体模型的优化控制问题等.

本书旨在向读者介绍混杂系统优化控制理论一般性研究方法及其在生物数学众多分支领域的应用研究,为大家迅速了解生物数学与优化理论交叉融合的本质提供素材,为致力于生物数学研究的读者提供一个掌握优化理论与研究方法的平台. 从混杂生态种群模型为切入点,既能使初学者快速进入生物数学和优化理论的各研究领域,又能使本学科科研工作者接触更多、更新的前沿课题. 你将读到的这本《混杂生物种群模型的最优控制》就是因这种独特的目的而构思成书. 整个主题的选择是深思熟虑的但又不能包罗万象,对于那些希望了解更多生物数学的分支领域或更深入的研究而又没有包含在本书的读者,我们深表歉意. 同时也希望读者在读完本书后得到启发,从而走上生物数学研究的征途.

本书正文中涉及的图均可以扫描封底的二维码查看原图.

作者对中国科学院数学与系统科学研究院研究员、中国生物数学学会主任委员陈兰荪先生表示感谢,感谢那些在本书完成过程中提供有益意见的同行、同事和同学:唐三一、陈苗苗、相姝、赵晶晶、刘天、马同乐、姜丽雅、刘誉. 作者衷心感谢科学出版社的编辑为本书出版付出的辛勤劳动,他们是陈玉琢、胡庆家……

由于作者水平有限,书中难免有不妥之处,所引用的结果和文献也会有所遗漏,希望广大读者批评指正.

裴永珍　　梁西银　李长国　　吕云飞

2022 年于天津

目　录

《生物数学丛书》序
前言

第一部分　基础理论

第 1 章　最优控制理论 · 3
　1.1　连续系统最优控制 · 3
　　1.1.1　固定末端时刻且无末端约束的最优控制 · · · · · · · · · · · · · · · 3
　　1.1.2　某些状态变量在固定终端时刻被固定的最优控制 · · · · · · · · · 6
　1.2　连续时滞系统的最优控制 · 9
　1.3　连续系统的最优参数选择问题 · 14
　　1.3.1　无时滞系统 · 14
　　1.3.2　有时滞系统 · 19
　参考文献 · 24
第 2 章　脉冲微分方程及其最优参数选择问题 · · · · · · · · · · · · · · · · · 25
　2.1　脉冲微分方程基础理论 · 25
　　2.1.1　脉冲微分方程的描述 · 25
　　2.1.2　半连续动力系统的基本概念及性质 · · · · · · · · · · · · · · · · · · · 27
　　2.1.3　半连续动力系统的周期解 · 29
　　2.1.4　半连续动力系统的阶 1 奇异环 (同宿轨) · · · · · · · · · · · · · · · 30
　2.2　脉冲微分方程的最优参数选择问题 · 31
　　2.2.1　问题描述 · 32
　　2.2.2　时间尺度变换 · 33
　　2.2.3　梯度公式 · 36
　参考文献 · 38
第 3 章　数学规划中的精确惩罚函数方法 · 40
　3.1　问题的提出 · 40
　3.2　精确惩罚函数 · 40
　3.3　主要结论和算法 · 41
　参考文献 · 43

第二部分　应用部分

第 4 章　具有阶段结构和时滞效应的 SIS 流行病模型的最优控制问题 ······· 47

4.1　引言 ··· 47

4.2　基础模型的描述 ·· 48

4.3　最优控制问题 ·· 50

4.4　数值模拟 ··· 60

4.5　讨论 ··· 65

参考文献 ··· 65

第 5 章　基于 RTIs 和 PIs 的药理时滞效应的病毒复制模型的
最佳治疗方法 ·· 68

5.1　引言 ··· 68

5.2　具有药理时滞效应的病毒复制模型的优化控制问题及求解 ········· 69

5.2.1　不同剂量的优化治疗方案 ·· 71

5.2.2　最优控制与求解 ·· 72

5.2.3　数值算法 ·· 73

5.3　数值模拟 ··· 74

5.4　讨论 ··· 78

参考文献 ··· 79

第 6 章　带有特征时间和状态时滞的渔业资源管理优化问题 ················ 82

6.1　引言 ··· 82

6.2　模型建立 ··· 83

6.3　渔业资源管理问题 ·· 86

6.4　解决方法 ··· 89

6.5　优化管理策略 ·· 97

6.5.1　基于最优时滞选择的 OSP ·· 97

6.5.2　基于非选择性和选择性捕捞的 OHP ···································· 99

6.5.3　基于选择性捕捞的 COP ·· 103

6.5.4　基于扩散率的监测和捕捞问题 ·· 103

6.6　小结 ··· 104

参考文献 ··· 105

第 7 章　时间和干扰量相关的最优脉冲控制问题及其生态应用 ············ 107

7.1　引言 ··· 107

7.2　问题陈述 ··· 109

7.3　涉及农药残留效应的害虫管理模型的最优脉冲控制 ················· 111

7.4 最优混合脉冲控制策略 ·· 111

7.5 具有确定时间间隔的最优脉冲释放量控制策略 ················· 115

7.6 具有等量释放和不确定释放时刻的最优脉冲控制策略 ·········· 117

7.7 算法设计 ·· 118

7.8 模拟 ·· 118

7.9 讨论 ·· 123

参考文献 ·· 124

第 8 章　状态脉冲诱导和动力学行为驱动的周期控制 ·············· 127

8.1 引言 ·· 127

8.2 浮游动物–浮游植物相互作用模型 ····························· 128

8.3 定性分析 ·· 129

8.4 稳定性分析 ·· 131

8.5 极限环和同宿分支上产生的阶 1 周期解 ······················ 134

8.5.1 极限环上产生的阶 1 周期解 ····························· 134

8.5.2 同宿环和同宿分支 ······································· 137

8.6 稳定流形和异宿环产生的阶 1 周期解 ························· 138

8.6.1 稳定流形产生的阶 1 周期解 ····························· 139

8.6.2 异宿环和异宿分支 ······································· 142

8.7 扰动系统的周期解 ·· 143

8.7.1 扰动系统的 B-收敛性 ···································· 143

8.7.2 关于参数 σ 的同宿环 ····································· 146

8.8 数值分析 ·· 148

8.9 小结 ·· 150

参考文献 ·· 151

第 9 章　状态脉冲的优化问题及应用 ···························· 155

9.1 具有周期性的最优状态脉冲控制问题的转化、求解及实现 ······ 155

9.1.1 问题描述及转化 ··· 156

9.1.2 解决方案 ··· 158

9.1.3 应用 ··· 161

9.2 状态依赖脉冲微分方程的最优参数选择问题 ·················· 171

9.2.1 问题描述 ··· 172

9.2.2 主要结果 ··· 173

9.2.3 数值模拟 ··· 179

9.3 小结 ·· 181

参考文献 ·· 182

第 10 章　基于马尔可夫链的最优脉冲控制 ································· 187
　　10.1　引言 ··· 187
　　10.2　问题建立 ··· 188
　　　　10.2.1　模型的描述 ··· 188
　　　　10.2.2　害虫综合防治 ······································· 190
　　　　10.2.3　优化问题 ··· 191
　　10.3　解决方案 ··· 193
　　　　10.3.1　基于对数线性回归的控制问题描述 ··················· 193
　　　　10.3.2　回归系数的估计和性能分析 ························· 194
　　　　10.3.3　最优化问题的求解 ··································· 197
　　　　10.3.4　权重常数对最优策略的相对影响 ····················· 199
　　10.4　讨论 ··· 200
　　10.5　附录: 模型 (10.2.1) 和 (10.2.2) 矩的微分方程 ·············· 201
　　参考文献 ··· 205

《生物数学丛书》已出版书目

第一部分
基础理论

第 1 章　最优控制理论

许多生物系统都可以用微分方程或差分方程描述. 对于这样的系统, 一个自然的问题就是如何施加控制使得系统可以有最大的产出或收益. 处理这类最优问题的数学工具就是最优控制. 最优控制是现代控制理论的重要组成部分, 在众多研究和生产领域都有着重要应用.

在这一章, 首先借助于拉格朗日函数和变分法求解基于常微分方程的最优控制问题, 然后采用类似的方法讨论时滞系统的最优控制问题, 最后讨论最优控制问题的一个特例——最优参数选择问题. 首先给出几个记号:

$$x(\cdot) = [x_1(\cdot), \cdots, x_n(\cdot)]^\top \in \mathbb{R}^n,$$
$$u(\cdot) = [u_1(\cdot), \cdots, u_m(\cdot)]^\top \in \mathbb{R}^m,$$
$$f = [f_1, \cdots, f_n]^\top \in \mathbb{R}^n.$$

1.1　连续系统最优控制

1.1.1　固定末端时刻且无末端约束的最优控制

连续系统的最优规划问题是变分法中的问题. 它们被认为是多阶段系统的最优规划问题的极限情况, 在这种情况下, 每个阶段之间的时间增量比我们感兴趣的时间要小得多. 实际上, 相反的过程在今天更为常见, 比如在数字计算机上, 连续系统是用多阶段来逼近的. 因而考虑以下非线性微分方程描述的系统:

$$\dot{x} = f(x(t), u(t), t), \quad x(t_0) \text{ 已知}, \quad t_0 \leqslant t \leqslant t_f, \tag{1.1.1}$$

其中, $x(t)$ 是 n 维向量函数, 由控制 $u(t)$ 决定, $u(t)$ 是 m 维向量函数. 考虑下面的性能指标 (标量).

$$J = \phi(x(t_f), t_f) + \int_{t_0}^{t_f} L(x(t), u(t), t) dt. \tag{1.1.2}$$

该问题是找到函数 $u(t)$ 使 J 最小化. 将系统微分方程 (1.1.1) 与 n 维向量乘子函数 $\lambda(t)$ 相乘代入到 J:

$$J = \phi(x(t_f), t_f) + \int_{t_0}^{t_f} [L(x(t), u(t), t) + \lambda^\top(t)(f(x(t), u(t), t) - \dot{x})] dt. \tag{1.1.3}$$

为了方便, 定义一个标量函数 H (哈密顿函数) 如下:

$$H(x(t), u(t), \lambda(t), t) = L(x(t), u(t), t) + \lambda^\top(t) f(x(t), u(t), t). \tag{1.1.4}$$

另外, 对 (1.1.3) 右边的最后一项进行分部积分, 得到

$$J = \phi(x(t_f), t_f) - \lambda^\top(t_f) x(t_f) + \lambda^\top(t_0) x(t_0)$$
$$+ \int_{t_0}^{t_f} \left[H(x(t), u(t), t) + \dot{\lambda}^\top(t) x(t) \right] dt. \tag{1.1.5}$$

对于固定的时间 t_0 到 t_f, 由于控制向量 $u(t)$ 的变化, 考虑 J 的变分.

$$\delta J = \left[\left(\frac{\partial \phi}{\partial x} - \lambda^\top \right) \delta x \right]_{t=t_f} + [\lambda^\top \delta x]_{t=t_0} + \int_{t_0}^{t_f} \left[\left(\frac{\partial H}{\partial x} + \dot{\lambda}^\top \right) \delta x + \frac{\partial H}{\partial u} \delta u \right] dt. \tag{1.1.6}$$

通过给定的 $\delta u(t)$ 确定变分 $\delta x(t)$ 是很繁琐的过程, 因此选择合适的乘子函数 $\lambda(t)$ 满足

$$\dot{\lambda}^\top = -\frac{\partial H}{\partial x} = -\frac{\partial L}{\partial x} - \lambda^\top \frac{\partial f}{\partial x}, \tag{1.1.7}$$

以消除 (1.1.6) 中 δx 的系数, 且其边界条件为

$$\lambda^\top(t_f) = \frac{\partial \phi}{\partial x}. \tag{1.1.8}$$

从而方程 (1.1.6) 简化为

$$\delta J = \lambda^\top(t_0) \delta x(t_0) + \int_{t_0}^{t_f} \frac{\partial H}{\partial u} \delta u dt. \tag{1.1.9}$$

因此, 当保持 $u(t)$ 恒定且满足 (1.1.1) 时, $\lambda^\top(t_0)$ 是 J 关于初始条件变化的梯度. 由于 t_0 是任意的, 所以函数 $\lambda^\top(t)$ 也被称为函数 $x(t)$ 的变化对 J 的影响函数. 因为 $\partial H/\partial u$ 的每一个组成部分都代表了在 t 时刻的对应分量中单位脉冲 (Dirac 函数) 的变化, 从而函数 $\partial H/\partial u$ 被称为脉冲响应函数.

当达到极值时, 对任意的 $\delta u(t)$, 变分 δJ 必须为零, 这种情况只会发生在

$$\frac{\partial H}{\partial u} = 0, \quad t_0 \leqslant t \leqslant t_f. \tag{1.1.10}$$

此时公式 (1.1.7)、(1.1.8) 和 (1.1.10) 是变分演算中的欧拉-拉格朗日方程.

综上所述, 要找到一个能产生性能指标 J 的平稳值的控制向量函数 $u(t)$, 必须求解以下微分方程

$$\dot{x} = f(x, u, t), \tag{1.1.11}$$

$$\dot{\lambda} = -\left(\frac{\partial f}{\partial x}\right)^{\top} \lambda - \left(\frac{\partial L}{\partial x}\right)^{\top}, \tag{1.1.12}$$

其中 $u(t)$ 由下式确定

$$\frac{\partial H}{\partial u} = 0 \quad \text{或} \quad \left(\frac{\partial f}{\partial u}\right)^{\top} \lambda + \left(\frac{\partial L}{\partial u}\right)^{\top} = 0. \tag{1.1.13}$$

公式 (1.1.11) 和 (1.1.12) 的边界条件是分离的, 也就是说, 有些是 $t = t_0$, 有些是 $t = t_f$. 即

$$x(t_0) \tag{1.1.14}$$

和

$$\lambda(t_f) = \left(\frac{\partial \phi}{\partial x}\right)^{\top} \tag{1.1.15}$$

分别是已知的. 因此, 在多阶段系统最优规划问题中, 面临两点边值问题.

如果 L 和 f 不是时间 t 的显式函数, 根据

$$\dot{H} = H_t + H_x \dot{x} + H_u \dot{u} + \dot{\lambda}^{\top} f$$

$$= H_t + H_u \dot{u} + (H_x + \dot{\lambda}^{\top}) f$$

$$= H_t + H_u \dot{u},$$

则边值问题的首次积分就存在.

如果 L 和 f (因此 H) 不是 t 的显式函数, 且 $u(t)$ 是一个最优控制 (即 $\partial H / \partial u = 0$), 则有

$$\dot{H} = 0 \quad \text{或} \quad H = 最优轨迹常数. \tag{1.1.16}$$

为了让 J 是一个局部最小值, 不仅要求 $\partial H / \partial u = 0$, 还需要当 $\dot{x} - f = 0$ 时, 对所有的无穷小 δu 和 δJ 的二阶表达式必须是非负的, 即有

$$\delta^2 J = \frac{1}{2}\left[\delta x^{\top} \frac{\partial^2 \phi}{\partial x^2} \delta x\right]_{t=t_f} + \frac{1}{2} \int_{t_0}^{t_f} [\delta x^{\top}, \delta u^{\top}] \begin{bmatrix} \dfrac{\partial^2 H}{\partial x^2} & \dfrac{\partial^2 H}{\partial x \partial u} \\ \dfrac{\partial^2 H}{\partial u \partial x} & \dfrac{\partial^2 H}{\partial u^2} \end{bmatrix} \begin{bmatrix} \delta x \\ \delta u \end{bmatrix} dt \geqslant 0,$$

$$\tag{1.1.17}$$

其中 $\delta(\dot{x} - f) = 0$, 或者

$$\frac{d}{dt}(\delta x) = \frac{\partial f}{\delta x}(\delta x) + \frac{\partial f}{\partial u}\delta u, \quad \delta x(t_0) = 0. \tag{1.1.18}$$

方程 (1.1.18) 确定了 $\delta u(t)$ 与 $\delta x(t)$ 的函数关系.

1.1.2 某些状态变量在固定终端时刻被固定的最优控制

正如在上节定义的优化问题中, 我们希望约束状态向量 $x(t)$ 的某些分量在 $t = t_f$ 时刻具有指定的值. 现在, 如果 x_i (向量 x 的第 i 个分量) 在 $t = t_f$ 时被指定. 上节的推导到 (包括) 公式 (1.1.7) 都是成立的. 同时可以推导出, 在公式 (1.1.6) 中 $\delta x_i(t_f) = 0$. 因此, 没有必要令 $[\partial\phi/\partial x_i - \lambda_i^\top]_{t=t_f} = 0$. 本质上, 把后一个边界条件换成另一个, 即给定的 $x_i(t_f)$, 从而使得边值问题 (1.1.11)—(1.1.15) 仍然有 $2n$ 个边界条件.

类似地, 如果 x_k 在 $t = t_0$ 时未被指定, 则它不服从 $\delta x_k(t_0) = 0$. 事实上, 存在一个合适的 $x_k(t_0)$ 值, 使得对于该值附近的任意小的变化, 都有 $dJ = 0$. 为此, 选择

$$\lambda_k(t_0) = 0, \tag{1.1.19}$$

也就是说 $x_k(t_0)$ 的微小变化对 J 的影响是零. 因此, 在 $x_k(t_0)$ 已知的条件下, 得到另一个边界条件 (1.1.19), 被称为自然边界条件.

但是, 必要条件 (1.1.13) $\partial H/\partial u = 0$ 需要对具有终端约束的问题进行额外的证明. 上节中的推导是在假设 $\delta u(t)$, $t_0 \leqslant t \leqslant t_f$ 是任意变化的前提下进行的. 在当前情况下, $\delta u(t)$ 不是完全任意的, $\delta u(t)$ 的容许集合受到下面约束的限制

$$\delta x_i(t_f) = 0, \quad i = 1, \cdots, q, \tag{1.1.20}$$

当定义可容许的 $\delta u(t)$ 时, 通常是满足问题所有约束的 $\delta u(t)$, 例如公式 (1.1.20).

现在, 仍然可以确定如 1.1 节所示的性能指标的影响函数. 在本节中将使用一个上标 J 来表示这些影响函数. 但是, 由于 $x_i(t_f)$ 对于 $i = 1, \cdots, q$ 是给定的, 因此下列函数也是一致成立的,

$$\phi = \phi[x_{q+1}, \cdots, x_n]_{t=t_f}. \tag{1.1.21}$$

因此比较方程组 (1.1.7) 和 (1.1.9), 对 $\delta x(t_0) = 0$ 有

$$\delta J = \int_{t_0}^{t_f} \left[\frac{\partial L}{\partial u} + (\lambda^{(J)})^\top \frac{\partial f}{\partial u}\right]\delta u(t)dt, \tag{1.1.22}$$

其中

$$\dot{\lambda}^{(J)} = -\left(\frac{\partial f}{\partial x}\right)^{\top} \lambda^{(J)} - \left(\frac{\partial L}{\partial x}\right)^{\top}, \tag{1.1.23}$$

$$\lambda_j^{(J)}(t_f) = \begin{cases} 0, & j = 1, \cdots, q, \\ \left.\dfrac{\partial \phi}{\partial x_j}\right|_{t=t_f}, & j = q+1, \cdots, n. \end{cases} \tag{1.1.24}$$

假设性能指标不是 $J = \phi(x(t_f)) + \displaystyle\int_{t_0}^{t_f} L(x, u, t)dt$, 而是 $J = x_i(t_f)$, 即在最后时刻的状态向量的第 i 个分量. 从而通过上面特定的函数关系来确定 $x(t)$ 影响函数. 令 $\phi = x_i(t_f)$ 和 $L(x, u, t) = 0$. 用 "i" 上标来标明这些影响函数. 与公式 (1.1.22)、(1.1.23) 和 (1.1.24) 类似, 有

$$\delta x_i(t_f) = \int_{t_0}^{t_f} (\lambda^{(i)})^{\top} \frac{\partial f}{\partial u} \delta u(t)dt, \tag{1.1.25}$$

其中

$$\dot{\lambda}^{(i)} = -\left(\frac{\partial f}{\partial x}\right)^{\top} \lambda^{(i)}, \tag{1.1.26}$$

$$\lambda_j^{(i)}(t_f) = \begin{cases} 0, & i \neq j, \\ 1, & i = j, \quad j = 1, \cdots, n. \end{cases} \tag{1.1.27}$$

事实上, 对于 $i = 1, \cdots, q$, 可以确定 q 组影响函数. 现在应该构建一个使得 J 递减的 $\delta u(t)$ 记录, 即使得 $\delta J < 0$, 并满足 q 个末端约束 (1.1.20). 用一个待定常数 ν_i 乘以 (1.1.25) 中的 q 个方程的每一项, 然后加到 (1.1.22):

$$\delta J + \nu_i \delta x_i(t_f) = \int_{t_0}^{t_f} \left[\frac{\partial L}{\partial u} + \left(\lambda^{(J)} + \nu_i \lambda^{(i)}\right)^{\top} \frac{\partial f}{\partial u}\right] \delta u \, dt. \tag{1.1.28}$$

选择

$$\delta u = -k\left[\left(\frac{\partial f}{\partial u}\right)^{\top} \left(\lambda^{(J)} + \nu_i \lambda^{(i)}\right) + \left(\frac{\partial L}{\partial u}\right)^{\top}\right], \tag{1.1.29}$$

其中 k 是一个正标量常数, 并将其代入公式 (1.1.28), 如下所示:

$$\delta J + \nu_i \delta x_i(t_f) = -k \int_{t_0}^{t_f} \left\|\left(\frac{\partial f}{\partial u}\right)^{\top} \left(\lambda^{(J)} + \nu_i \lambda^{(i)}\right) + \left(\frac{\partial L}{\partial u}\right)^{\top}\right\|^2 dt < 0,$$
$$\tag{1.1.30}$$

它是负的, 除非整个积分区间上的积分为 0. 接下来, 确定 ν_i, 以满足终端约束 (1.1.20). 把 (1.1.29) 代入 (1.2.7) 中, 得到

$$0 = \delta x_i(t_f) = -k \int_{t_0}^{t_f} [\lambda^{(i)}]^\top \frac{\partial f}{\partial u}\left[\left(\frac{\partial f}{\partial u}\right)^\top (\lambda^{(J)} + \nu_j \lambda^{(j)}) + \left(\frac{\partial L}{\partial u}\right)^\top\right] dt,$$

$$0 = \int_{t_0}^{t_f} [\lambda^{(i)}]^\top \frac{\partial f}{\partial u}\left[\left(\frac{\partial f}{\partial u}\right)^\top \lambda^{(J)} + \left(\frac{\partial L}{\partial u}\right)^\top\right] dt + \nu_j \int_{t_0}^{t_f} [\lambda^{(i)}]^\top \frac{\partial f}{\partial u}\left(\frac{\partial f}{\partial u}\right)^\top \lambda^{(j)} dt,$$

上式中 ν_i 的值可以适当地选择为

$$\nu = -Q^{-1}g, \tag{1.1.31}$$

其中 Q 是 $(q \times q)$ 阶矩阵, g 是 q 维向量

$$Q_{ij} = \int_{t_0}^{t_f} (\lambda^{(i)})^\top f_u f_u^\top \lambda^{(j)} dt, \quad i, j = 1, \cdots, q, \tag{1.1.32}$$

$$g_i = \int_{t_0}^{t_f} (\lambda^{(i)})^\top \frac{\partial f}{\partial u}\left[\left(\frac{\partial f}{\partial u}\right)^\top \lambda^{(J)} + \left(\frac{\partial L}{\partial u}\right)^\top\right] dt, \quad i = 1, \cdots, q, \tag{1.1.33}$$

Q^{-1} 的存在是可控性条件. 如果 Q^{-1} 不存在, 就不可能用 $u(t)$ 控制系统来满足一个或多个终端条件.

因此, 构造了一个 $\delta u(t)$ 来减少性能指数并满足终端约束 (1.1.20), 也就是说, $\delta u(t)$ 是可接受和改进的. (1.1.30) 中唯一不能降低性能指标的情况是

$$\frac{\partial L}{\partial u} + [\lambda^{(J)} + \nu_i \lambda^{(i)}]^\top \frac{\partial f}{\partial u} = 0, \quad t_0 \leqslant t \leqslant t_f. \tag{1.1.34}$$

如果此式满足, 我们有一个满足终端约束的静态解. 由于影响方程 (1.1.23)、(1.1.24)、(1.1.26) 和 (1.1.27) 是线性的, 所以必要条件 (1.1.34) 可以写成

$$\frac{\partial H}{\partial u} = 0, \tag{1.1.35}$$

其中

$$H = L(x, u, t) + \lambda^\top(t) f(x, u, t), \tag{1.1.36}$$

并且

$$\dot{\lambda}^\top = -H_x, \quad \lambda_j(t_f) = \begin{cases} \nu_j, & j = 1, \cdots, q, \\ \left.\dfrac{\partial \phi}{\partial x_j}\right|_{t=t_f}, & j = q+1, \cdots, n. \end{cases} \tag{1.1.37}$$

通过构造哈密顿函数, 得出了方程

$$\delta J = \int_{t_0}^{t_f} H_u(t)\delta u(t)dt, \quad \text{其中,} \quad H_u(t) = \frac{\partial H}{\partial u}, \tag{1.1.38}$$

哈密顿函数由乘子函数 $\lambda(t)$ 和乘子 ν 定义. 除非 $H_u(t) \equiv 0$, 总是可以找到 ν (假设可控制性, 即 Q^{-1} 存在), 使得公式 (1.1.29) 中的 $u(t)$ 具有可容许性和可改进性.

当 $x_i \ (i = 1, \cdots, q)$ 在末端值固定且满足微分方程组时, H_u 可以被解释为性能指标相对于控制变量 $u(t)$ 的函数空间梯度.

1.2 连续时滞系统的最优控制

考虑如下定义在固定时间间隔 $[t_0, T]$ 上的时滞微分方程:

$$\dot{x}(t) = f(t, x(t), x(t - \tau_1), \cdots, x(t - \tau_n), u(t), u(t - \tau_1), \cdots, u(t - \tau_m)), \tag{1.2.1}$$

其中 t_0 和 T 分别为初始和终端时刻. 在上述表达式中, 变量 $x(t)$ 表示 t 时刻的系统状态, 可以代表各种变量, 例如生物医学中生物量或物理中梁的挠度、斜率或曲率[1]. 变量 $u(t)$ 是控制输入, 可以表示在 t 时刻药物治疗的效率或航天器的推力[2]. f 是描述系统状态演化规律的给定函数.

不失一般性, 假设 $m \leqslant n$. 参数 $\tau_i \ (i = 1, 2, \cdots, n)$ 表示反馈时滞. 令 $\tau = \max\{\tau_1, \tau_2, \cdots, \tau_n\}$, 并给出以下初始条件和约束

$$x(t) = x_0, \quad u(t) = u_0, \quad \text{当 } t \in [t_0 - \tau, t_0] \text{ 且 } x(T) \text{ 是自由的,} \tag{1.2.2}$$

其中 x_0 和 u_0 分别为初始状态和控制.

显然, 非线性微分系统 (1.2.1)-(1.2.2) 由 $u(t), u(t - \tau_1), \cdots, u(t - \tau_m)$ 所控制, 这些变量必须选择最优值以获得所期望的稳态. 采用 Goh 等提出的最优控制问题的典型表达式[1,4], 其优化问题表述如下.

问题 (Q1) 寻求控制 $u(t)$,

$$\min J = \min \Phi(x(T), u(T), T) + \int_{t_0}^{\top} L(t, x(t), u(t))dt, \tag{1.2.3}$$

满足条件 (1.2.1) 和 (1.2.2), 其中 $L : \mathbb{R}^1 \times \mathbb{R}^n \times \mathbb{R}^m \to \mathbb{R}$ 是给定的函数.

假设满足以下条件, 则系统 (1.2.1)-(1.2.2) 一定有可行解.

给定的函数 L 和 f 是连续可微的. 为了得到问题 (Q1) 的必要条件, 用拉格朗日乘子法来求解一个非线性规划问题. 令

$$\Lambda(t) = [\lambda_1(t), \lambda_2(t), \cdots, \lambda_n(t)]^{\top} \tag{1.2.4}$$

是 $t_0 < t < T$ 上的连续可微函数.

为了简单起见, 引入指示函数 $(i = 1, 2, \cdots, n)$:

$$\chi_i[t_0, T - \tau_i](t) = \begin{cases} 1, & \text{若 } t_0 \leqslant t < T - \tau_i, \\ 0, & \text{若 } T - \tau_i \leqslant t \leqslant T. \end{cases} \tag{1.2.5}$$

定义哈密顿函数:

$$H(t, x(t), u(t), x(t - \tau_1), \cdots, x(t - \tau_n), u(t - \tau_1), \cdots, u(t - \tau_m))$$
$$= L(t, x(t), u(t)) + \Lambda^\top(t) f(t, x(t), u(t), x(t - \tau_1), \cdots,$$
$$x(t - \tau_n), u(t - \tau_1), \cdots, u(t - \tau_m)). \tag{1.2.6}$$

可以很容易地得到优化问题 (Q1) 的必要条件.

定理 1.2.1[3]　设 $x^*(t)$ 是最优问题 (1.2.1)—(1.2.3) 中与最优控制 $u^*(t)$ 相关的最优状态解. 进一步假设 $\tau_1 < \tau_2 < \cdots < \tau_n$, 则存在伴随变量 $\Lambda(t)$ 满足

$$\begin{cases} \dot{\Lambda} = -\dfrac{\partial H}{\partial x^*(t)} - \sum_{i=1}^n \chi_i[t_0, T - \tau_i](t) \dfrac{\partial H}{\partial x^*(t - \tau_i)}\Big|_{t+\tau_i}, & t_0 \leqslant t < T - \tau_1, \\ \dot{\Lambda} = -\dfrac{\partial H}{\partial x^*(t)}, & T - \tau_1 \leqslant t < T. \end{cases} \tag{1.2.7}$$

横截条件 (或边界条件) 为

$$\frac{\partial \Phi}{\partial x^*(t)}\Big|_T - \Lambda(T) = 0, \quad \frac{\partial \Phi}{\partial u^*(t)}\Big|_T = 0. \tag{1.2.8}$$

此外, 最优控制满足

$$\begin{cases} \dfrac{\partial H}{\partial u^*(t)} + \sum_{i=1}^n \chi_i[t_0, T - \tau_i](t) \dfrac{\partial H}{\partial u^*(t - \tau_i)}\Big|_{t+\tau_i} = 0, & t_0 \leqslant t < T - \tau_1, \\ \dfrac{\partial H}{\partial u^*(t)} = 0, & T - \tau_1 \leqslant t < T. \end{cases} \tag{1.2.9}$$

证明　对于任意满足 (1.2.1) 和 (1.2.2) 的函数 x, u 以及任意连续可微函数 $\Lambda(t)$, 在 $t_0 < t < T$ 上有

$$J = \Phi(x(T), u(T), T) + \int_{t_0}^T [L + \Lambda^\top(t)(f - \dot{x})]dt$$

$$= \Phi(x(T), u(T), T) + \int_{t_0}^{T} [L + \Lambda^\top(t)f - \Lambda^\top(t)\dot{x}]dt. \tag{1.2.10}$$

根据假设, 如果满足 (1.2.1) , 则 Λ 的系数必须总和为零. 将 (1.2.10) 右边的最后一部分分部积分, 得到

$$-\int_{t_0}^{T} \Lambda^\top(t)\dot{x}dt = -\Lambda^\top(T)x(T) + \Lambda^\top(t_0)x(t_0) + \int_{t_0}^{T} \dot{\Lambda}^\top(t)xdt. \tag{1.2.11}$$

把 (1.2.11) 代入 (1.2.10), 可得

$$J = \Phi(x(T), u(T), T) + \int_{t_0}^{T} [L + \Lambda^\top(t)f + \dot{\Lambda}^\top(t)x]dt - \Lambda^\top(T)x(T) + \Lambda^\top(t_0)x(t_0). \tag{1.2.12}$$

接下来计算 J 的一次变分

$$\delta J = \int_{t_0}^{T} \left[(\delta x(t))^\top \left(\frac{\partial L}{\partial x(t)} + \frac{\partial f^\top}{\partial x(t)}\Lambda + \dot{\Lambda} \right) + (\delta x(t-\tau_1))^\top \frac{\partial f^\top}{\partial x(t-\tau_1)}\Lambda \right.$$
$$+ \cdots + (\delta x(t-\tau_n))^\top \frac{\partial f^\top}{\partial x(t-\tau_n)}\Lambda + (\delta u(t))^\top \left(\frac{\partial L}{\partial u(t)} + \frac{\partial f^\top}{\partial u(t)}\Lambda \right)$$
$$\left. + (\delta u(t-\tau_1))^\top \frac{\partial f^\top}{\partial u(t-\tau_1)}\Lambda + \cdots + (\delta u(t-\tau_m))^\top \frac{\partial f^\top}{\partial u(t-\tau_m)}\Lambda \right] dt$$
$$+ (\delta x(t))^\top \frac{\partial \Phi}{\partial x(t)}\bigg|_T + (\delta u(t))^\top \frac{\partial \Phi}{\partial u(t)}\bigg|_T - (\delta x(T))^\top \Lambda(T). \tag{1.2.13}$$

设 $s = t - \tau_i$, 则 $t = s + \tau_i$ $(i = 1, 2, \cdots, n)$. 假设 $\tau_1 < \tau_2 < \cdots < \tau_n$, 则

$$\int_{t_0}^{T} (\delta x(t-\tau_i))^\top \frac{\partial f^\top}{\partial x(t-\tau_i)}\Lambda(t)dt = \int_{t_0-\tau_i}^{T-\tau_i} (\delta x_{t-\tau_i}(s+\tau_i))^\top \frac{\partial f^\top}{\partial x(s)}\Lambda(s+\tau_i)ds$$
$$= \int_{t_0-\tau_i}^{t_0} (\delta x_{t-\tau_i}(s+\tau_i))^\top \frac{\partial f^\top}{\partial x(s)}\Lambda(s+\tau_i)ds$$
$$+ \int_{t_0}^{T-\tau_i} (\delta x_{t-\tau_i}(s+\tau_i))^\top \frac{\partial f^\top}{\partial x(s)}\Lambda(s+\tau_i)ds. \tag{1.2.14}$$

由于 x_t 在 t_0 之前是固定的, $x_{t-\tau}$ 在 $t_0 + \tau$ 之前是固定的, 所以对于 $t < t_0 + \tau$, $\delta x_{t-\tau} = 0$. 由此, 可以省略等式 (1.2.14) 的第一项, 得

$$\int_{t_0}^{T} (\delta x(t-\tau_i))^\top \frac{\partial f^\top}{\partial x(t-\tau_i)}\Lambda(t)dt = \int_{t_0}^{T-\tau_i} (\delta x_{t-\tau_i}(s+\tau_i))^\top \frac{\partial f^\top}{\partial x(s)}\Lambda(s+\tau_i)ds$$

$$= \int_{t_0}^{T-\tau_i} (\delta x_t)^\top \left(\frac{\partial f^\top}{\partial x(t-\tau_i)} \Lambda(t) \right) \bigg|_{t+\tau_i} dt.$$

注意, $\dfrac{\partial f^\top}{\partial x(t-\tau_i)} \Lambda(t)$ 是在 $t+\tau_i$ 上求得的. 可以得到关于 $\delta u(t-\tau_i)(i=1,2,\cdots,n)$ 的类似表达式

$$\int_{t_0}^{T} (\delta u(t-\tau_i))^\top \frac{\partial f^\top}{\partial u(t-\tau_i)} \Lambda(t)dt = \int_{t_0}^{T-\tau_i} (\delta u_{t-\tau_i}(s+\tau_i))^\top \frac{\partial f^\top}{\partial u(s)} \Lambda(s+\tau_i)ds$$

$$= \int_{t_0}^{T-\tau_i} (\delta u_t)^\top \left(\frac{\partial f^\top}{\partial u(t-\tau_i)} \Lambda(t) \right) \bigg|_{t+\tau_i} dt.$$

因此

$$\delta J = \int_{t_0}^{T-\tau_n} \left\{ (\delta x(t))^\top \left[\frac{\partial L}{\partial x(t)} + \frac{\partial f^\top}{\partial x(t)} \Lambda + \dot{\Lambda} + \sum_{i=1}^{n} \left(\frac{\partial f^\top}{\partial x(t-\tau_i)} \Lambda \right) \bigg|_{t+\tau_i} \right] \right\} dt$$

$$+ \int_{T-\tau_n}^{T-\tau_{n-1}} \left\{ (\delta x(t))^\top \left[\frac{\partial L}{\partial x(t)} + \frac{\partial f^\top}{\partial x(t)} \Lambda + \dot{\Lambda} + \sum_{i=1}^{n-1} \left(\frac{\partial f^\top}{\partial x(t-\tau_i)} \Lambda \right) \bigg|_{t+\tau_i} \right] \right\} dt$$

$$+ \cdots + \int_{T-\tau_2}^{T-\tau_1} \left\{ (\delta x(t))^\top \left[\frac{\partial L}{\partial x(t)} + \frac{\partial f^\top}{\partial x(t)} \Lambda + \dot{\Lambda} + \left(\frac{\partial f^\top}{\partial x(t-\tau_1)} \Lambda \right) \bigg|_{t+\tau_1} \right] \right\} dt$$

$$+ \int_{t_0}^{T-\tau_m} \left\{ (\delta u(t))^\top \left[\frac{\partial L}{\partial u(t)} + \frac{\partial f^\top}{\partial u(t)} \Lambda + \sum_{i=1}^{m} \left(\frac{\partial f^\top}{\partial u(t-\tau_i)} \Lambda \right) \bigg|_{t+\tau_i} \right] \right\} dt$$

$$+ \int_{T-\tau_m}^{T-\tau_{m-1}} \left\{ (\delta u(t))^\top \left[\frac{\partial L}{\partial u(t)} + \frac{\partial f^\top}{\partial u(t)} \Lambda + \sum_{i=1}^{m-1} \left(\frac{\partial f^\top}{\partial u(t-\tau_i)} \Lambda \right) \bigg|_{t+\tau_i} \right] \right\} dt$$

$$+ \cdots + \int_{T-\tau_2}^{T-\tau_1} \left\{ (\delta u(t))^\top \left[\frac{\partial L}{\partial u(t)} + \frac{\partial f^\top}{\partial u(t)} \Lambda + \left(\frac{\partial f^\top}{\partial u(t-\tau_1)} \Lambda \right) \bigg|_{t+\tau_1} \right] \right\} dt$$

$$+ \int_{T-\tau_1}^{T} \left\{ (\delta x(t))^\top \left[\frac{\partial L}{\partial x(t)} + \frac{\partial f^\top}{\partial x(t)} \Lambda + \dot{\Lambda} \right] \right\} dt$$

$$+ \int_{T-\tau_1}^{T} \left\{ (\delta u(t))^\top \left[\frac{\partial L}{\partial u(t)} + \frac{\partial f^\top}{\partial u(t)} \Lambda \right] \right\} dt$$

$$+ (\delta x)^\top \frac{\partial \Phi}{\partial x(t)} \bigg|_T - (\delta x(T))^\top \Lambda(T) + (\delta u)^\top \frac{\partial \Phi}{\partial u(t)} \bigg|_T. \tag{1.2.15}$$

为了使 J 的一阶变分等于零, 选择 Λ 使得 $\delta x(t)$ 的系数为零, 从而得到必要条件

$$\dot{\Lambda} = -\frac{\partial L}{\partial x(t)} - \frac{\partial f^\top}{\partial x(t)}\Lambda - \sum_{i=1}^{n}\left(\frac{\partial f^\top}{\partial x(t-\tau_i)}\Lambda\right)\bigg|_{t+\tau_i}, \quad t_0 \leqslant t < T-\tau_n. \quad (1.2.16)$$

$$\dot{\Lambda} = -\frac{\partial L}{\partial x(t)} - \frac{\partial f^\top}{\partial x(t)}\Lambda - \sum_{i=1}^{n-1}\left(\frac{\partial f^\top}{\partial x(t-\tau_i)}\Lambda\right)\bigg|_{t+\tau_i}, \quad T-\tau_n \leqslant t < T-\tau_{n-1}.$$
$$(1.2.17)$$

$$\cdots\cdots$$

$$\dot{\Lambda} = -\frac{\partial L}{\partial x(t)} - \frac{\partial f^\top}{\partial x(t)}\Lambda - \left(\frac{\partial f^\top}{\partial x(t-\tau_1)}\Lambda\right)\bigg|_{t+\tau_1}, \quad T-\tau_2 \leqslant t < T-\tau_1. \quad (1.2.18)$$

$$\dot{\Lambda} = -\frac{\partial L}{\partial x(t)} - \frac{\partial f^\top}{\partial x(t)}\Lambda, \quad T-\tau_1 \leqslant t < T. \quad (1.2.19)$$

设 $x^*(t)$ 为最优问题 (Q1) 中与最优控制 $u^*(t)$ 有关的最优状态解. 假设 $\tau_1 < \tau_2 < \cdots < \tau_n$, 结合哈密顿函数 H 在 (1.2.6) 中的定义, (1.2.16)—(1.2.19) 可以改写为

$$\begin{cases} \dot{\Lambda} = -\dfrac{\partial H}{\partial x^*(t)} - \displaystyle\sum_{i=1}^{n}\chi_i[t_0, T-\tau_i](t)\dfrac{\partial H}{\partial x^*(t-\tau_i)}\bigg|_{t+\tau_i}, & t_0 \leqslant t < T-\tau_1, \\[3mm] \dot{\Lambda} = -\dfrac{\partial H}{\partial x^*(t)}, & T-\tau_1 \leqslant t < T. \end{cases}$$
$$(1.2.20)$$

同样, $\delta u(t)$ 的系数是 0, 得到其他的必要条件

$$\begin{cases} \dfrac{\partial H}{\partial u^*(t)} + \displaystyle\sum_{i=1}^{n}\chi_i[t_0, T-\tau_i](t)\dfrac{\partial H}{\partial u^*(t-\tau_i)}\bigg|_{t+\tau_i} = 0, & t_0 \leqslant t < T-\tau_1, \\[3mm] \dfrac{\partial H}{\partial u^*(t)} = 0, & T-\tau_1 \leqslant t < T. \end{cases}$$
$$(1.2.21)$$

此外, (1.2.15) 中 δJ 的其余部分等于零, 可得横截条件 (或边界条件)

$$\frac{\partial \Phi}{\partial x^*(t)}\bigg|_T - \Lambda(T) = 0, \quad \frac{\partial \Phi}{\partial u^*(t)}\bigg|_T = 0.$$

以上即定理 1.2.1 的证明. □

1.3　连续系统的最优参数选择问题

尽管最优参数选择问题并不像最优控制问题在文献中普遍出现, 但是在控制为常函数的动态优化模型中, 该问题确实发挥了重要作用. 在许多参数识别问题、控制器参数设计问题以及经济和工业管理等问题中, 都可以找到最优参数选择问题的例子, 最优参数选择问题在最优控制问题的数值计算中起着重要作用. 更具体地说, 在控制参数化后, 所有最优控制问题基本上都可以简化为最优参数选择问题. 此外, 参数选择问题还有助于有效地解决许多其他经典数学物理问题, 尤其是 Sturm-Liouville (施图姆-刘维尔) 边值问题的特征值计算.

最优参数选择问题本质上是数学规划问题, 因此原则上来说, 所有标准的数学规划技术都可以应用于最优参数选择问题. 然而, 目标函数和约束函数的计算涉及微分方程的积分, 因此梯度的计算必须以稍微迂回的方式进行. 一旦计算完成, 许多有效的用于解决数学规划问题的梯度类型算法就可以很容易地用来解决参数选择问题[5-9].

在 1.3.1 节中, 考虑一类基于非时滞的常微分方程的最优参数选择问题. 首先求得目标函数以及约束函数的梯度公式. 然后利用这些梯度公式, 最优参数选择问题可以容易地视为数学规划问题. 在 1.3.2 节中, 将 1.3.1 节的结果扩展到带有时滞参数的情况中.

1.3.1　无时滞系统

考虑下述固定时间间隔 $(0, T]$ 上的微分方程组所描述的过程:

$$\dot{x}(t) = f(t, x(t), \zeta), \tag{1.3.1}$$

其中,

$$x \equiv [x_1, \cdots, x_n]^\top \in \mathbb{R}^n, \quad \zeta \equiv [\zeta_1, \cdots, \zeta_n]^\top \in \mathbb{R}^s,$$

分别为状态和参数向量, 且 $f \equiv [f_1, \cdots, f_n]^\top \in \mathbb{R}^n$.

微分方程 (1.3.1) 的初始条件为

$$x(0) = x^0(\zeta), \tag{1.3.2}$$

其中 $x^0 \equiv [x_1^0, \cdots, x_n^0]^\top$ 是系统参数 ζ 的给定向量值函数.

定义

$$\mathcal{Z} \equiv \left\{ \zeta = [\zeta_1, \cdots, \zeta_s]^\top \in \mathbb{R}^s : a_i \leqslant \zeta_i \leqslant b_i, i = 1, \cdots, s \right\}, \tag{1.3.3}$$

其中 a_i 和 b_i 均为实数, $i = 1, \cdots, s$. 显然, $\mathcal{Z}$ 是 $\mathbb{R}^s$ 的紧凸子集. 对于每一个 $\zeta \in \mathbb{R}^s$, 设 $x(\cdot \mid \zeta)$ 为系统 (1.3.1)-(1.3.2) 的解. 现在定义如下最优参数选择问题:

问题 (Q2) 对于给定的系统 (1.3.1)-(1.3.2)，寻找最优参数 $\zeta \in \mathcal{Z}$，使得

$$\min_{\zeta \in \mathcal{Z}} \; g_0(\zeta) = \Phi_0(x(T|\zeta),\zeta) + \int_0^T \mathcal{L}_0(t, x(t|\zeta), \zeta)dt, \qquad (1.3.4)$$

满足条件

$$g_i(\zeta) = \Phi_i(x(\tau_i|\zeta),\zeta) + \int_0^{\tau_i} \mathcal{L}_i(t, x(t|\zeta), \zeta)dt = 0,$$
$$i = 1, \cdots, N_e, \qquad (1.3.5)$$

$$g_i(\zeta) = \Phi_i(x(\tau_i|\zeta),\zeta) + \int_0^{\tau_i} \mathcal{L}_i(t, x(t|\zeta), \zeta)dt \geqslant 0,$$
$$i = N_e + 1, \cdots, N, \qquad (1.3.6)$$

其中 Φ_i 和 $\mathcal{L}_i$ 都是给定的实数值函数, 并且 $\tau_i(i = 0, 1, \cdots, N)$ 是第 i 个约束的特征时间, 其中 $\tau_0 = T$, $0 < \tau_i \leqslant T$.

假设以下条件始终满足:

(1.3.A1)

$$f : [0,T] \times \mathbb{R}^n \times \mathbb{R}^s \to \mathbb{R}^n,$$

$$\Phi_i : \mathbb{R}^n \times \mathbb{R}^s \to \mathbb{R}, \quad i = 0, 1, \cdots, N,$$

$$\mathcal{L}_i : [0,T] \times \mathbb{R}^n \times \mathbb{R}^s \to \mathbb{R}, \quad i = 0, 1, \cdots, N.$$

(1.3.A2) 对于每个 $i = 0, \cdots, N$ 以及 $\mathbb{R}^s$ 的每个紧子集 V, 存在一个正常数 K 使得

$$|f_i(t, x, \zeta)| \leqslant K(1 + |x|),$$

$$|\mathcal{L}_i(t, x, \zeta)| \leqslant K(1 + |x|),$$

并且 $(t, x, \zeta) \in [0, T] \times \mathbb{R}^n \times V$.

(1.3.A3) 函数 f 和 $\mathcal{L}_i(i = 0, 1, \cdots, N)$ 在 $[0,T]$ 上有定义, 它们关于 x 和 ζ 的每个分量的偏导数对每个 $[x, \zeta] \in \mathbb{R}^n \times \mathbb{R}^s$ 都是分段连续的, 并且在 $\mathbb{R}^n \times \mathbb{R}^s$ 上对每个 $t \in [0,T]$ 都是连续的.

(1.3.A4) $\Phi_i(i = 0, 1, \cdots, N)$ 关于 x 和 ζ 是连续可微的.

注 1.3.1 根据微分方程理论, 注意到系统 (1.3.1)-(1.3.2) 对应每一个 $\zeta \in \mathcal{Z}$, 存在一个唯一解 $x(\cdot|\zeta)$.

注 1.3.2 (1.3.5) 和 (1.3.6) 给出的约束为规范形式.

注 1.3.3 第 $i(i = 1, \cdots, N)$ 个约束的特征时间 τ_i 是为了满足内点约束.

1. 梯度公式

为了将优化问题 (Q2) 作为数学规划问题来解决, 需要函数 $g_i(i = 1, \cdots, N)$ 的梯度公式. 下面将推出所需的公式.

对每一个 $i = 1, \cdots, N$, 定义对应的哈密顿函数 H_i,

$$H_i(t, x, \zeta, \lambda) = \mathcal{L}_i(t, x, \zeta) + \lambda^\top f(t, x, \zeta). \tag{1.3.7}$$

对每一个 $\zeta \in \mathbb{R}^s$, 考虑系统:

$$(\dot{\lambda}^i(t))^\top = -\frac{\partial H_i(t, x(t|\zeta), \zeta, \lambda^i(t))}{\partial x}, \quad t \in [0, \tau_i) \tag{1.3.8}$$

和

$$(\lambda^i(\tau_i))^\top = \frac{\partial \Phi_i(x(\tau_i|\zeta), \zeta)}{\partial x}, \tag{1.3.9}$$

其中 $x(\cdot|\zeta)$ 是系统 (1.3.1)-(1.3.2) 对应于 $\zeta \in \mathbb{R}^s$ 的解; 方程 (1.3.8) 的右端表示 H_i 在 $x(t|\zeta)$ 处关于 x 的负梯度; 方程 (1.3.9) 的右端表示 Φ_i 在 $x(\tau_i|\zeta)$ 处关于 x 的梯度.

由 (1.3.8) 和 (1.3.9) 描述的系统称为协态系统. 设 $\lambda^i(\cdot|\zeta)$ 为该协态系统对应于 $\zeta \in \mathbb{R}^s$ 的解.

定理 1.3.1   考虑问题 (Q2), 给出函数 $g_i(i = 0, 1, \cdots, N)$ 的梯度如下:

$$\frac{\partial g_i(\zeta)}{\partial \zeta} = \frac{\partial \Phi_i(x(\tau_i|\zeta), \zeta)}{\partial \zeta} + (\lambda^i(0|\zeta))^\top \frac{\partial x^0(\zeta)}{\partial \zeta}$$

$$+ \int_0^{\tau_i} \frac{\partial H_i(t, x(t|\zeta), \zeta, \lambda^i(t|\zeta))}{\partial \zeta} dt. \tag{1.3.10}$$

证明   给定 $\zeta(\zeta \in \mathbb{R}^s)$, 且任给一个固定的值 $\rho(\rho \in \mathbb{R}^s)$. 定义

$$\zeta(\epsilon) = \zeta + \epsilon\rho, \tag{1.3.11}$$

其中, ϵ 是任意小的实数. 为简单起见, 令 $x(\cdot)$ 和 $x(\cdot; \epsilon)$ 分别表示系统 (1.3.1)-(1.3.2) 关于 ζ 和 $\zeta(\epsilon)$ 的解. 显然, 根据 (1.3.1)-(1.3.2) 可以得到

$$x(t) = x^0(\zeta) + \int_0^t f(s, x(s), \zeta)ds \tag{1.3.12}$$

和

$$x(t; \epsilon) = x^0(\zeta(\epsilon)) + \int_0^t f(s, x(s; \epsilon), \zeta(\epsilon))ds. \tag{1.3.13}$$

因此,

$$\Delta x(t) \equiv \frac{dx(t;\epsilon)}{d\epsilon}\bigg|_{\epsilon=0}$$

$$= \frac{\partial x^0(\zeta)}{\partial \zeta}\rho + \int_0^t \left(\frac{\partial f(s,x(s),\zeta)}{\partial x}\Delta x(s) + \frac{\partial f(s,x(s),\zeta)}{\partial \zeta}\rho\right)ds, \quad (1.3.14)$$

显然,

$$\Delta \dot{x}(t) = \frac{\partial f(s,x(s),\zeta)}{\partial x}\Delta x(s) + \frac{\partial f(s,x(s),\zeta)}{\partial \zeta}\rho, \quad (1.3.15)$$

$$\Delta x(0) = \frac{\partial x^0(\zeta)}{\partial \zeta}\rho. \quad (1.3.16)$$

现在, $g_i(\zeta(\epsilon))$ 可以表示为

$$g_i(\zeta(\epsilon)) = \Phi_i(x(\tau_i|\epsilon),\zeta(\epsilon))$$

$$+ \int_0^{\tau_i} \left[H_i(t,x(t;\epsilon),\zeta(\epsilon),\lambda^i(t)) - (\lambda^i(t))^\top f(t,x(t;\epsilon),\zeta(\epsilon))\right]dt, \quad (1.3.17)$$

其中 λ^i 为任意函数. 于是有

$$\Delta g_i(\zeta(\epsilon)) \equiv \frac{dg_i(\zeta(\epsilon))}{d\epsilon}\bigg|_{\epsilon=0} = \frac{\partial g_i(\zeta)}{\partial \zeta}\rho$$

$$= \Delta\Phi_i(x(\tau_i),\zeta) + \int_0^{\tau_i}\left[\Delta H_i(t,x(t),\zeta,\lambda^i(t)) - (\lambda^i(t))^\top\Delta f(t,x(t),\zeta)\right]dt, \quad (1.3.18)$$

其中

$$\Delta\Phi_i(x(\tau_i),\zeta) = \frac{\partial\Phi_i(x(\tau_i),\zeta)}{\partial x}\Delta x(\tau_i) + \frac{\partial\Phi_i(x(\tau_i),\zeta)}{\partial \zeta}\rho, \quad (1.3.19)$$

$$\Delta f(t,x(t),\zeta) = \Delta\dot{x}(t), \quad (1.3.20)$$

以及

$$\Delta H_i(t,x(t),\zeta,\lambda^i(t))$$

$$= \frac{\partial H_i(t,x(t),\zeta,\lambda^i(t))}{\partial x}\Delta x(t) + \frac{\partial H_i(t,x(t),\zeta,\lambda^i(t))}{\partial \zeta}\rho. \quad (1.3.21)$$

选择 λ^i 作为协态方程 (1.3.8) 对应于 ζ 的解. 然后将 (1.3.8) 代入 (1.3.21) 得

$$
\begin{aligned}
&\Delta H_i(t, x(t), \zeta, \lambda^i(t)) \\
&= -(\dot{\lambda}^i(t))^\top \Delta x(t) + \frac{\partial H_i(t, x(t), \zeta, \lambda^i(t))}{\partial \zeta} \rho.
\end{aligned}
\tag{1.3.22}
$$

于是, 把 (1.3.18) 转化为

$$
\begin{aligned}
\frac{\partial g_i(\zeta)}{\partial \zeta} \rho &= \frac{\partial \Phi_i(x(\tau_i), \zeta)}{\partial x} \Delta x(\tau_i) + \frac{\partial \Phi_i(x(\tau_i), \zeta)}{\partial \zeta} \rho \\
&\quad + \int_0^{\tau_i} \left\{ -\frac{d}{dt}[(\lambda^i(t))^\top \Delta x(t)] + \frac{\partial H_i(t, x(t), \zeta, \lambda^i(t))}{\partial \zeta} \rho \right\} dt \\
&= \frac{\partial \Phi_i(x(\tau_i), \zeta)}{\partial x} \Delta x(\tau_i) + \frac{\partial \Phi_i(x(\tau_i), \zeta)}{\partial \zeta} \rho - (\lambda^i(\tau_i))^\top \Delta x(\tau_i) \\
&\quad + (\lambda^i(0))^\top \Delta x(0) + \int_0^{\tau_i} \frac{\partial H_i(t, x(t), \zeta, \lambda^i(t))}{\partial \zeta} \rho dt.
\end{aligned}
\tag{1.3.23}
$$

将 (1.3.9) 和 (1.3.16) 代入 (1.3.23) , 得到

$$
\begin{aligned}
\frac{\partial g_i(\zeta)}{\partial \zeta} \rho &= \frac{\partial \Phi_i(x(\tau_i), \zeta)}{\partial \zeta} \rho + (\lambda^i(0))^\top \frac{\partial x^0(\zeta)}{\partial \zeta} \rho \\
&\quad + \int_0^{\tau_i} \frac{\partial H_i(t, x(t), \zeta, \lambda^i(t))}{\partial \zeta} \rho dt.
\end{aligned}
\tag{1.3.24}
$$

由于 ρ 是任意的, 因此可以很容易地从 (1.3.24) 得到 (1.3.10). □

2. 统一的计算方法

为了将最优参数选择问题作为数学规划问题来解决, 需要在每次迭代中计算目标函数、约束函数以及它们各自的梯度. 以相同的方式来计算这些数值. 其中, 首要任务是计算出系统 (1.3.1)-(1.3.2) 对应每个 $\zeta \in \mathcal{Z}$ 的解. 下面给出具体算法[10].

算法 1.3.1

- 对每个给定的 $\zeta \in \mathcal{Z}$, 在初始条件 (1.3.2) 下, 从 $t = 0$ 到 $t = T$ 前向求解微分方程 (1.3.1), 从而得到系统 (1.3.1)-(1.3.2) 的解 $x(\cdot|\zeta)$.

利用算法 1.3.1 中获得的信息, 可以通过以下简单算法计算出与每个 $\zeta \in \mathcal{Z}$ 对应的 g_i 值.

算法 1.3.2

- 对每个给定的 $\zeta \in \mathcal{Z}$, 当 $i = 0$ 和 $i = 1, \cdots, N$ 时, 分别从 (1.3.4) 和 (1.3.5) 计算出对应的 $g_i(\zeta)$ 值.

根据定理 1.3.1, 看到目标函数和规范约束函数的梯度公式的推导是相同的. 可以使用以下算法计算相应 $g_i (i = 0, 1, \cdots, N)$ 的梯度.

算法 1.3.3 给定 $\zeta \in \mathcal{Z}$.

- 步骤 1 从 $t = \tau_i$ 到 $t = 0$ 后向求解协态微分方程 (1.3.8), 记 $\lambda^i(\cdot|\zeta)$ 为协态系统 (1.3.8)-(1.3.9) 的解.
- 步骤 2 从 (1.3.10) 中计算出 g_i 关于 $\zeta \in \mathcal{Z}$ 的梯度.

注 1.3.4 系统 (1.3.1)-(1.3.2) 关于 $\zeta \in \mathcal{Z}$ 的解 $x(\cdot|\zeta)$ 由算法 1.3.1 得到.

1.3.2 有时滞系统

考虑在固定时间间隔 $(0, T]$ 上的时滞微分方程系统所描述的过程:

$$\dot{x}(t) = f(t, x(t), x(t - h), \zeta), \tag{1.3.25}$$

其中 $x \equiv [x_1, \cdots, x_n]^\top \in \mathbb{R}^n$ 和 $\zeta \equiv [\zeta_1, \cdots, \zeta_s]^\top \in \mathbb{R}^s$ 分别为状态和参数向量, $f \equiv [f_1, \cdots, f_n]^\top \in \mathbb{R}^n$, 且 $h(0 < h < T)$ 为时滞.

简单起见, 仅分析单时滞的情况. 但是所有结果都可以直接推广到多时滞的情况.

状态 x 的初始函数为

$$x(t) = \phi(t), \quad t \in [-h, 0), \quad x(0) = x^0, \tag{1.3.26}$$

其中 $\phi(t) \equiv [\phi_1(t), \cdots, \phi_n(t)]^\top \in \mathbb{R}^n$ 是从 $[-h, 0)$ 内映射到 $\mathbb{R}^n$ 上的分段连续函数, $x^0 \in \mathbb{R}^n$ 是一个给定的向量.

设 $\mathcal{Z}$ 是 $\mathbb{R}^s$ 的紧凸子集. 对于每个 $\zeta \in \mathcal{Z}$, 设 $x(\cdot|\zeta)$ 是相应的向量值函数, 它在 $(0, T]$ 上是绝对连续的, 并且在 $(0, T]$ 上几乎处处满足微分方程 (1.3.25), 以及在 $[-h, 0)$ 上满足初始条件 (1.3.26). 该函数称为系统 (1.3.25)-(1.3.26) 对应于参数向量 $\zeta \in \mathcal{Z}$ 中的解.

现在, 对于时滞系统提出下述最优参数选择问题:

问题 (Q3) 对于给定的系统 (1.3.25)-(1.3.26), 寻找最优的参数向量 $\zeta \in \mathcal{Z}$,

$$\min_{\zeta \in \mathcal{Z}} \; g_0(\zeta) = \Phi_0(x(T|\zeta), \zeta) + \int_0^T \mathcal{L}_0(t, x(t|\zeta), x(t - h|\zeta), \zeta) dt, \tag{1.3.27}$$

满足条件

$$g_i(\zeta) = \Phi_i(x(\tau_i|\zeta)) + \int_0^{\tau_i} \mathcal{L}_i(t, x(t|\zeta), x(t-h|\zeta), \zeta)dt = 0,$$
$$i = 1, \cdots, N_e, \qquad (1.3.28)$$

$$g_i(\zeta) = \Phi_i(x(\tau_i|\zeta)) + \int_0^{\tau_i} \mathcal{L}_i(t, x(t|\zeta), x(t-h|\zeta), \zeta)dt \geqslant 0,$$
$$i = N_e + 1, \cdots, N, \qquad (1.3.29)$$

其中 Φ_i 和 $\mathcal{L}_i$ 都是给定的实数值函数. $\tau_i(i = 0, 1, \cdots, N)$ 是第 i 个约束的特征时间, 其中 $0 < \tau_i \leqslant T$, $\tau_0 = T$.

假设以下条件满足:

(1.3.A5)

$$f : [0, T] \times \mathbb{R}^{2n} \times \mathbb{R}^s \to \mathbb{R}^n,$$
$$\phi : [-h, 0) \to \mathbb{R}^n,$$
$$\mathcal{L}_i : [0, T] \times \mathbb{R}^{2n} \times \mathbb{R}^s \to \mathbb{R}, \quad i = 0, 1, \cdots, N,$$
$$\Phi_i : \mathbb{R}^n \to \mathbb{R}, \quad i = 0, 1, \cdots, N;$$

(1.3.A6) 对于每个 $i = 0, \cdots, N$ 以及 $\mathbb{R}^s$ 的每个紧子集 V, 存在一个正常数 K 使得对 $(t, x, y, \zeta) \in (0, T] \times \mathbb{R}^{2n} \times V$ 满足:

$$|f(t, x, y, \zeta)| \leqslant K(1 + |x| + |y|),$$
$$|\mathcal{L}_i(t, x, y, \zeta)| \leqslant K(1 + |x| + |y|);$$

(1.3.A7) 在 $[0, T]$ 上对每个 $(x, y, \zeta) \in \mathbb{R}^{2n} \times \mathbb{R}^s$, $f(t, x, y, \zeta)$ 和 $\mathcal{L}_i(t, x, y, \zeta)$ $(i = 0, 1, \cdots, N)$ 都是分段连续的, 并且在每个固定时刻 $t \in [0, T]$, $f(t, x, y, \zeta)$ 和 $\mathcal{L}_i(t, x, y, \zeta)$ $(i = 0, 1, \cdots, N)$ 关于 x, y, ζ 都是连续可微的;

(1.3.A8) Φ_i $(i = 0, 1, \cdots, N)$ 关于 x 和 ζ 是连续可微的;

(1.3.A9) ϕ 在 $[-h, 0)$ 上是分段连续的.

注 1.3.5 对于每一个 $\zeta \in \mathbb{R}^s$ (从而 $\zeta \in \mathcal{Z}$), 存在唯一的绝对连续向量值函数 $x(\cdot|\zeta)$, 满足系统 (1.3.25)-(1.3.26).

接下来求解问题 (Q3) 的梯度公式. 对于参数 ζ 和每个 $i = 0, 1, \cdots, N$, 考虑如下系统:

$$(\dot{\lambda}^i(t))^\top = -\frac{\partial H_i(t, x(t|\zeta), y(t), \zeta, \lambda^i(t))}{\partial x} - \frac{\partial \widetilde{H}_i(t, z(t), x(t|\zeta), \zeta, \widetilde{\lambda}^i(t))}{\partial x}, \quad t \in [0, \tau_i), \tag{1.3.30}$$

具有边界条件

$$(\lambda^i(t))^\top = \frac{\partial \Phi_i(x(\tau_i|\zeta))}{\partial x}, \tag{1.3.31}$$

$$\lambda^i(t) = 0, \quad t > \tau_i, \tag{1.3.32}$$

其中

$$y(t) = x(t - h|\zeta), \tag{1.3.33}$$

$$z(t) = x(t + h|\zeta), \tag{1.3.34}$$

$$\widetilde{\lambda}^i(t) = \lambda^i(t + h|\zeta), \tag{1.3.35}$$

$$H_i(t, x, y, \zeta, \lambda) = \mathcal{L}_i(t, x, y, \zeta) + \lambda^\top f(t, x, y, \zeta), \tag{1.3.36}$$

$$\widetilde{H}_i(t, z, x, \zeta, \widetilde{\lambda}) = \mathcal{L}_i(t + h, z, x, \zeta)e(\tau_i - t - h)$$

$$+ \widetilde{\lambda}^\top f(t + h, z, x, \zeta)e(\tau_i - t - h), \tag{1.3.37}$$

$e(\cdot)$ 是单位阶跃函数.

设定

$$z(t) = 0, \quad \forall\, t \in [T - h, T], \tag{1.3.38}$$

对于每个 $i = 0, 1, \cdots, N$, (1.3.30)—(1.3.35) 是相应的协态系统. 此外 $\lambda^i(\cdot|\zeta)$ 表示对应于 $\zeta \in \mathcal{Z}$ 的协态系统的解. 采用类似于注 1.3.5 中的思想, 该解可从 $t = \tau_i$ 到 $t = 0$ 后向求解得到.

定理 1.3.2 考虑问题 (Q3), 对每个 $i = 0, 1, \cdots, N$, 函数 g_i 的梯度可由下式表示:

$$\frac{\partial g_i(\zeta)}{\partial \zeta} = \int_0^{\tau_i} \frac{\partial H_i(t, x(t|\zeta), x(t - h|\zeta), \zeta, \lambda^i(t|\zeta))}{\partial \zeta} dt. \tag{1.3.39}$$

证明 设 $\zeta \in \mathcal{Z}$ 为任一参数向量, 并设 ρ 为关于 ζ 的任一扰动. 定义

$$\zeta(\epsilon) = \zeta + \epsilon\rho. \tag{1.3.40}$$

为简单起见, 令 $x(\cdot)$ 和 $x(\cdot; \epsilon)$ 分别表示系统 (1.3.25)-(1.3.26) 关于 ζ 和 $\zeta(\epsilon)$ 的解. 根据 (1.3.33)-(1.3.34) 定义 $y(\cdot), z(\cdot), y(\cdot; \epsilon), z(\cdot; \epsilon)$. 显然, 从 (1.3.25)-(1.3.26) 可以得到

$$x(t) = x^0 + \int_0^t f(s, x(s), y(s), \zeta) ds \tag{1.3.41}$$

和

$$x(t; \epsilon) = x^0 + \int_0^t f(s, x(s; \epsilon), y(s; \epsilon), \zeta(\epsilon)) ds. \tag{1.3.42}$$

于是

$$\Delta x(t) \equiv \int_0^t \left(\frac{\partial f(s, x(s), y(s), \zeta)}{\partial x} \Delta x(s) + \frac{\partial f(s, x(s), y(s), \zeta)}{\partial y} \Delta y(s) \right.$$
$$\left. + \frac{\partial f(s, x(s), y(s), \zeta)}{\partial \zeta} \rho \right) ds. \tag{1.3.43}$$

显然 $\Delta x(t)$ 满足:

$$\Delta \dot{x}(t) = \frac{\partial f(t, x(t), y(t), \zeta)}{\partial x} \Delta x(t) + \frac{\partial f(t, x(t), y(t), \zeta)}{\partial y} \Delta y(t) + \frac{\partial f(t, x(t), y(t), \zeta)}{\partial \zeta} \rho, \tag{1.3.44}$$

$$\Delta x(t) = 0, \quad t \leqslant 0. \tag{1.3.45}$$

现在, 根据 (1.3.28)-(1.3.29) 得到

$$g_i(\zeta(\epsilon)) = \Phi_i(x(\tau_i; \epsilon)) + \int_0^{\tau_i} \mathcal{L}_i(t, x(t; \epsilon), y(t; \epsilon), \zeta(\epsilon)) dt. \tag{1.3.46}$$

定义

$$\bar{\mathcal{L}}_i = \mathcal{L}_i(t, x(t), y(t), \zeta), \tag{1.3.47}$$

$$\widetilde{\mathcal{L}}_i = \mathcal{L}_i(t + h, z(t), x(t), \zeta), \tag{1.3.48}$$

$$\bar{f} = f(t, x(t), y(t), \zeta), \tag{1.3.49}$$

$$\widetilde{f} = f(t + h, z(t), x(t), \zeta), \tag{1.3.50}$$

$$\bar{H}_i = H_i(t, x(t), y(t), \zeta, \lambda^i(t)), \tag{1.3.51}$$

以及

$$\widetilde{H}_i = \widetilde{H}_i(t, z(t), x(t), \zeta, \widetilde{\lambda}^i(t)), \tag{1.3.52}$$

其中 $\lambda^i(t)$ 是对应于参数向量 ζ 的协态系统 (1.3.30)—(1.3.35) 的解, 并且 $\widetilde{\lambda}^i(t)$ 由 (1.3.35) 定义.

从 (1.3.46) 中, 可以得到

$$
\begin{aligned}
\Delta g_i(\zeta) &\equiv \left.\frac{dg_i(\zeta(\epsilon))}{d\epsilon}\right|_{\epsilon=0} = \frac{\partial g_i(\zeta)}{\partial \zeta}\rho \\
&= \frac{\partial \Phi_i(x(\tau_i))}{\partial x}\Delta x(\tau_i) \\
&\quad + \int_0^{\tau_i} \left(\frac{\partial \bar{\mathcal{L}}_i}{\partial x}\Delta x(t) + \frac{\partial \bar{\mathcal{L}}_i}{\partial y}\Delta y(t) + \frac{\partial \bar{\mathcal{L}}_i}{\partial \zeta}\rho\right)dt.
\end{aligned} \tag{1.3.53}
$$

根据 (1.3.45), 有

$$
\int_0^{\tau_i}\left(\frac{\partial \bar{\mathcal{L}}_i}{\partial y}\Delta y(t)\right)dt = \int_0^{\tau_i}\exp(\tau_i - t - h)\left(\frac{\partial \widetilde{\mathcal{L}}_i}{\partial x}\Delta x(t)\right)dt. \tag{1.3.54}
$$

因此, 从 (1.3.53)、(1.3.54)、(1.3.36) 和 (1.3.37), 能够得到

$$
\begin{aligned}
\Delta g_i(\zeta) &\equiv \left.\frac{dg_i\zeta(\epsilon)}{d\epsilon}\right|_{\epsilon=0} \\
&= \frac{\partial \Phi_i(x(\tau_i))}{\partial x}\Delta x(\tau_i) + \int_0^{\tau_i}\left[\frac{\partial \bar{H}_i}{\partial x}\Delta x(t) + \frac{\partial \widetilde{H}_i}{\partial x}\Delta x(t) - (\lambda^i(t))^\top \frac{\partial \bar{f}}{\partial x}\Delta x(t)\right. \\
&\quad\left. - (\widetilde{\lambda}^i(t))^\top \frac{\partial \bar{f}}{\partial x}\Delta x(t)e(\tau_i - t - h) + \frac{\partial \bar{H}_i}{\partial \zeta}\rho - (\lambda^i(t))^\top\frac{\partial \bar{f}}{\partial \zeta}\rho\right]dt. \tag{1.3.55}
\end{aligned}
$$

鉴于 (1.3.38)、(1.3.32) 和 (1.3.45), 能够得到

$$
\int_0^{\tau_i}\left[(\widetilde{\lambda}^i(t))^\top\frac{\partial \bar{f}}{\partial x}\Delta x(t)e(\tau_i - t - h)\right]dt = \int_0^{\tau_i}(\lambda^i(t))^\top\frac{\partial \bar{f}}{\partial x}\Delta y(t)dt. \tag{1.3.56}
$$

因此, 从 (1.3.55)、(1.3.56) 和 (1.3.44), 得到

$$
\begin{aligned}
\Delta g_i(\zeta) &= \frac{\partial \Phi_i(x(\tau_i))}{\partial x}\Delta x(\tau_i) \\
&\quad + \int_0^{\tau_i}\left[\frac{\partial \bar{H}_i}{\partial x}\Delta x(t) + \frac{\partial \widetilde{H}_i}{\partial x}\Delta x(t) + \frac{\partial \bar{H}_i}{\partial \zeta}\rho - (\lambda^i(t))^\top\Delta \dot{x}(t)\right]dt. \tag{1.3.57}
\end{aligned}
$$

使用等式 (1.3.30)、(1.3.31) 和 (1.3.45), 由分部积分得到

$$
\int_0^{\tau_i}\left(\frac{\partial \bar{H}_i}{\partial x} + \frac{\partial \widetilde{H}_i}{\partial x}\right)\Delta x(t)dt = \int_0^{\tau_i} -(\dot{\lambda}^i(t))^\top\Delta x(t)dt
$$

$$= -\frac{\partial \Phi_i(x(\tau_i))}{\partial x}\Delta x(\tau_i) + \int_0^{\tau_i} (\lambda^i(t))^\top \Delta \dot{x}(t) dt.$$

$$(1.3.58)$$

因此, 从 (1.3.57) 和 (1.3.58) 得到

$$\Delta g_i(\zeta) = \frac{\partial g_i(\zeta)}{\partial \zeta}\rho = \left(\int_0^{\tau_i} \frac{\partial \bar{H}_i}{\partial \zeta} dt \right)\rho.$$

由于 ρ 是任意的, 所以得到定理的结论. □

注 1.3.6 计算目标函数和约束函数值的过程类似于算法 1.3.2 中描述的过程. 通过使用定理 1.3.2 中给出的公式, 它们的梯度可以通过类似于算法 1.3.3 计算. 因此, 时滞最优参数选择问题也可以看作标准的数学规划问题来解决.

参 考 文 献

[1] Goh C J, Wang C M. A unified approach to optimization of structural members under general constraints. Structural Optimization, 1989, 1(4): 215-226.

[2] Evans L C. An Introduction to Mathematical Optimal Control Theory Version 0.2. Berkeley: Department of Mathematics University of California, Berkeley, 2005.

[3] Pei Y, Li Ch, Liang X. Optimal therapies of a virus replication model with pharmacological delays based on reverse transcriptase inhibitors and protease inhibitors. J. Phys. A: Math. Theor., 2017, 50: 1-17.

[4] Chen M, Pei Y, Liang X, Li C, Zhu M, Lv Y. A hybrid optimization problem at characteristic times and its application in agroecological system. Adv. Differ. Equ., 2016, 1: 1-13.

[5] Pontryagin L S, Boltyanskii V G, Gamkrelidze R V, Mischenko E F. The mathematical theory of optimal processes. John Wiley, 1962, 16(4): 493-494.

[6] Hofer E, Sagirow P. Optimal systems depending on parameters. AIAA Journal, 1968, 6(5): 953-956.

[7] Ahmed N U, Georganas N G. On optimal parameter selection. IEEE Tran. Auto. Cont., 1973, 18(3): 313-314.

[8] Boltyanskii V G, Trirogoff K N, Tarnove I, Leitmann G. Mathematical methods of optimal control. Tech., 1971, 14(4): 981-983.

[9] Hasdorff L. Gradient Optimization and Nonlinear Control. New York: Wiley, 1976.

[10] Teo K L, Goh C J, Wong K H. A Unified Computational Approach to Optimal Control Problems. London: Longman Scientiflc and Technical, EssexEngland, 1991.

第 2 章　脉冲微分方程及其最优参数选择问题

无论是在人们的日常生活中, 还是在自然现象中, 都存在着各种短时间内发生的行为, 比如为了预防传染病传播采取的疫苗接种行动, 卫星运行过程中的变轨行为等, 描述这类现象的数学工具就是脉冲微分方程[1]. 有些脉冲现象的发生并非完全依赖于时间, 而是根据系统状态的变化而实施的, 这类系统称为状态依赖的脉冲系统, 这是本章介绍的主要内容之一. 另外一个主要内容是把第 1 章的最优参数选择问题应用到脉冲微分系统, 给出该类问题的求解方法和数值算法[2, 4–8, 10–17].

2.1　脉冲微分方程基础理论

2.1.1　脉冲微分方程的描述

状态 $x(t)$ 的演化过程由下列方程描述

(i)

$$\dot{x}(t) = f(t, x), \tag{2.1.1}$$

其中 $f : \mathbb{R}_+ \times \Omega \to \mathbb{R}^n$, $\Omega \subset \mathbb{R}^n$ 为开集, $\mathbb{R}^n$ 是 n 维欧氏空间, $\mathbb{R}_+$ 是非负实轴;

(ii) 设集合 $M(t), N(t) \subset \Omega, t \in \mathbb{R}_+$;

(iii) 算子 $\varphi(t) : M(t) \to N(t), t \in \mathbb{R}_+$.

设 $x(t) = x(t, t_0, x_0)$ 是方程 (2.1.1) 由 (t_0, x_0) 出发的解. 点 $P_t = (t, x(t))$ 从初始点 $P_{t_0} = (t_0, x_0)$ 沿着曲线 $\{(t, x) : t \geqslant t_0, x = x(t)\}$ 运动, 一直到时刻 $t_1(t_1 > t_0)$, 点 P_t 遇到集合 $M(t)$. 在时刻 $t = t_1$, 算子 $\varphi(t)$ 将点 $P_{t_1} = (t_1, x(t_1))$ 映射到点 $P_{t_1^+} = (t_1, x_{t_1}^+) \in N(t_1)$, 这里 $x_{t_1}^+ = \varphi(t_1)x(t_1)$. 随后, 点 P_t 从 $P_{t_1^+} = (t_1, x_{t_1}^+)$ 出发, 仍然沿着方程 (2.1.1) 的解曲线 $x(t) = x(t, t_1, x_{t_1}^+)$ 运动, 一直到下一个时刻 $t_2(t_2 > t_1)$ 时遇到 $M(t)$. 然后, 再一次地, $P_{t_2} = (t_2, x(t_2))$ 被算子 $\varphi(t)$ 映射到点 $P_{t_2^+} = (t_2, x_{t_2}^+) \in N(t_2)$, 这里 $x_{t_2}^+ = \varphi(t_2)x(t_2)$. 与前面过程一样, 点 P_t 继续从 $(t_2, x_{t_2}^+)$ 出发, 沿着方程 (2.1.1) 的解曲线 $x(t) = x(t, t_2, x_{t_2}^+)$ 运动. 于是只要方程 (2.1.1) 的解存在, 该方程将会继续进行下去.

称以上所描述的运动变化过程为脉冲微分方程, 点 P_t 运动的曲线为积分曲线, 定义该积分曲线的函数为脉冲微分方程的解.

脉冲微分方程的解满足:

(a) 连续函数, 如果积分曲线与 $M(t)$ 不交或交于算子 $\varphi(t)$ 的不动点;

(b) 有有限个第一类间断点的分段连续函数, 如果积分曲线与 $M(t)$ 交于有限个 $\varphi(t)$ 的非不动点;

(c) 有可数个第一类间断点的分段连续函数, 如果积分曲线与 $M(t)$ 交于可数个 $\varphi(t)$ 的非不动点.

称点 P_t 遇到 $M(t)$ 的时刻 t_k 为脉冲时刻, 可以假定脉冲微分方程的解在 $t_k(k = 1, 2, \cdots)$ 是左连续的, 即

$$x(t_k^-) = \lim_{h \to 0^+} x(t - h) = x(t_k).$$

自由选取上述描述脉冲微分方程系统的 $M(t)$, $N(t)$ 和 $\varphi(t)$, 就能得到不同的系统. 下面考虑几种典型的脉冲微分系统.

1. 固定脉冲时刻的系统

设集合 $M(t)$ 是一系列平面 $t = t_k$, 这里 $\{t_k\}$ 是一个时间序列, 而且 $k \to \infty$ 时, $t_k \to \infty$. 定义算子 $\varphi(t)$ 在 $t = t_k$ 的值如下:

$$\varphi(t) : \Omega \to \Omega, \quad x \mapsto \varphi(t)x = x + I_k(x),$$

这里 $I_k : \Omega \to \Omega$. 相应地, $N(t)$ 在 $t = t_k$ 的值定义为 $N(t_k) = \varphi(t_k)M(t_k)$. 于是, 描述在固定时刻脉冲的脉冲微分方程:

$$\begin{cases} \dot{x}(t) = f(t, x), & t \neq t_k, \\ \Delta x = I_k(x), & t = t_k, k = 1, 2, \cdots, \end{cases} \tag{2.1.2}$$

这里 $t = t_k$ 时, $\Delta x(t_k) = x(t_k^+) - x(t_k)$, $x(t_k^+) = \lim\limits_{h \to 0^+} x(t_k + h)$. 那么, 脉冲微分方程系统 (2.1.2) 的解 $x(t)$ 满足如下:

(i) $\dot{x}(t) = f(t, x(t)), t \in (t_k, t_{k+1}]$;

(ii) $\Delta x(t_k) = I_k(x(t_k)), t = t_k, k = 1, 2, \cdots$.

2. 变化脉冲时刻的系统

设 $\{S\}$ 是一个由 $S_k : t = \tau(x)(k = 1, 2, \cdots)$ 给出, 且满足 $\tau_k(x) < \tau_{k+1}(x)$ 和 $\lim\limits_{k \to \infty} \tau_k(x) = \infty$ 的曲面序列, 则有下面的脉冲微分方程:

$$\begin{cases} \dot{x}(t) = f(t, x), & t \neq \tau_k(x), \\ \Delta x = I_k(x), & t = \tau_k(x), k = 1, 2, \cdots. \end{cases} \tag{2.1.3}$$

对于任意的 k, 脉冲时刻 $t_k = \tau_k(x(t_k))$, 即脉冲时刻依赖于系统 (2.1.3) 的解, 从而变化脉冲时刻的系统 (2.1.3) 比固定脉冲时刻的系统 (2.1.2) 更复杂. 这样会出现始于不同点的解有不同的不连续点, 一个解可以与同一曲面 $t = \tau_k(x)$ 相交几次, 把这种现象称为 "鞭打" 现象; 另外, 不同的解在某个时刻后也可以合为一个解, 把这种现象称为 "合流" 现象.

3. 脉冲自治系统

如果集合 $M(t)$, $N(t)$ 及算子 $\varphi(t)$ 不依赖于 t, 即 $M(t) \equiv M, N(t) \equiv N$, $\varphi(t) \equiv \varphi$ 且 $\varphi: M \to N$ 由 $\varphi x = x + I(x)$, $I: \Omega \to \Omega$ 给出, 得到下列的脉冲自治系统:

$$\begin{cases} \dot{x}(t) = f(x), & x \notin M, \\ \Delta x = I(x), & x \in M. \end{cases} \tag{2.1.4}$$

系统 (2.1.4) 的解 $x(t) = x(t, t_0, x_0)$ 在时刻 t 遇到集合 M 时, 算子 φ 立刻将点 $x(t) \in M$ 变换到点 $y(t) = x(t) + I(x(t)) \in N$. 由于系统 (2.1.4) 是自治系统, 点 $x(t)$ 可沿着系统 (2.1.4) 的轨线在集合 Ω 内运动.

2.1.2 半连续动力系统的基本概念及性质

为研究系统 (2.1.4) 及其一些特殊情况, 我们进一步考虑 "状态脉冲微分方程", 介绍有关半连续动力系统几何理论的基本知识[3].

微分方程

$$\begin{cases} \dfrac{dx_1}{dt} = f_1(x_1, x_2), \\ \dfrac{dx_2}{dt} = f_2(x_1, x_2), \end{cases} \tag{2.1.5}$$

初值为 p 的 Poincaré (庞加莱) 映射记作 $\pi(p, t)$.

定义 2.1.1 设状态脉冲微分方程

$$\begin{cases} \left. \begin{array}{l} \dfrac{dx_1}{dt} = f_1(x_1, x_2), \\ \dfrac{dx_2}{dt} = f_2(x_1, x_2), \end{array} \right\} (x_1, x_2) \notin M\{x_1, x_2\}, \\ \left. \begin{array}{l} \Delta x_1 = \alpha_1(x_1, x_2), \\ \Delta x_2 = \alpha_2(x_1, x_2), \end{array} \right\} (x_1, x_2) \in M\{x_1, x_2\}. \end{cases} \tag{2.1.6}$$

记 $\varphi = (x_1 + \alpha_1, x_2 + \alpha_2)^\top$. 把由 "状态脉冲微分方程" (2.1.6) 所定义的解映射 $\mathscr{F}$ 所构成的 "动力学系统" 称为**半连续动力系统**, 记为 $(\Omega, \mathscr{F}, \varphi, M)$. 其中 $\varphi(M) = N$, φ 称为脉冲映射, 其中 $M\{x_1, x_2\}$ 和 $N\{x_1, x_2\}$ 为 $\mathbb{R}_2^+ = \{(x_1, x_2) \in$

$\mathbb{R}^2 : x_1 \geqslant 0, x_2 \geqslant 0\}$ 平面上的直线或曲线, $M\{x_1, x_2\}$ 称为脉冲集, $N\{x_1, x_2\}$ 称为相集. 规定系统的映射初始点 p 不能在脉冲集上, 即 $p \in \Omega = \mathbb{R}_2^+ \setminus M\{x_1, x_2\}$.

定义 2.1.2　由半连续动力系统 (2.1.6) 所定义的解映射 $\mathcal{F}(p, t)$ 可以分以下情况描述:

1) 若 $\mathcal{F}(p, t) \cap M\{x_1, x_2\} = \varnothing$, 则对所有的 $t \in \mathbb{R}^+$ 半连续动力系统初值为 p 的解映射为 $\mathcal{F}(p, t) = \pi(p, t)$, 见图 2.1.1.

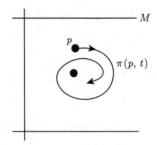

图 2.1.1　系统 (2.1.6) 的轨线示意图

2) 若存在时刻 t_1 有 $\mathcal{F}(p, t_1) = q_1 \in M\{x_1, x_2\}$, 脉冲映射 $\varphi(q_1) = \varphi(\mathcal{F}(p, t_1)) = p_1 \in N\{x_1, x_2\}$, 且 $\mathcal{F}(p_1, t) \cap M\{x_1, x_2\} = \varnothing$, 则半连续动力系统初值为 p 的映射 (见图 2.1.2(a)) 为

$$\mathcal{F}(p, t) = \begin{cases} \pi(p, t), & 0 \leqslant t < t_1, \\ q_1, & t = t_1, \\ \pi(q_1, t - t_1), & t > t_1. \end{cases} \tag{2.1.7}$$

3) 对于 $t > t_1$, 若 $\mathcal{F}(p_1, t) \cap M\{x_1, x_2\} \neq \varnothing$, 则可以重复 2) 的步骤, 定义半连续动力系统初值为 p 的解映射 $\mathcal{F}(p, t)$, 见图 2.1.2(b).

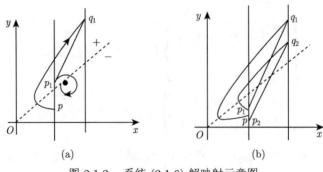

(a)　　　　　　　　　　　　(b)

图 2.1.2　系统 (2.1.6) 解映射示意图

性质 2.1.1 半连续动力系统 $(\Omega, \mathcal{F}, \varphi, M)$ 的解映射满足:

i) $\mathcal{F}(p, 0) = p$;

ii) $\mathcal{F}(\mathcal{F}(p, t_1), t_2) = \mathcal{F}(p, t_1 + t_2)$.

性质 2.1.2 连续动力系统的解映射 $\pi(p, t)$ 对 p 和 t 均连续, 而半连续动力系统的解映射 $\mathcal{F}(p, t)$ 在脉冲时刻对时间 t 不连续.

性质 2.1.3 半连续动力系统的解映射 $\mathcal{F}(p, t)$ 对初始值 p 具有连续性.

2.1.3 半连续动力系统的周期解

(1) 如果微分方程系统 (2.1.5) 的周期解值 Γ_0 不与脉冲集 $M\{x_1, x_2\}$ 相交, 则 Γ_0 也为半连续动力系统 (2.1.6) 的周期解.

(2) 若相集 $N\{x_1, x_2\}$ 中存在一点 p, 且存在 T_1 使得 $\mathcal{F}(p, T_1) = q_1 \in M\{x_1, x_2\}$, 以及脉冲映射 $\varphi(q_1) = \varphi(\mathcal{F}(p, T_1)) = p \in N$, 则 $\mathcal{F}(p, T_1)$ 称为**阶 1 周期解**, 其周期为 T_1 (见图 2.1.3), 则轨道 $\widehat{pp_1q_1} + \overline{pq_1} = \Gamma_1$ 称为**阶 1 环**, 孤立阶 1 环为**阶 1 极限环**. 这里, $\widehat{pp_1q_1}$ 是轨线段, $\overline{pq_1}$ 是直线段.

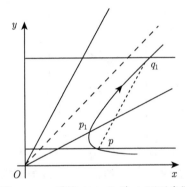

图 2.1.3 系统 (2.1.6) 阶 1 环示意图

定义 2.1.3 设 Γ 为阶 1 周期解 (阶 1 环). 如果对于任给的 $\varepsilon > 0$, 在相集上存在点 p 的 δ 邻域 $U(p, \delta), \delta > 0$, 对任意点 $p_1 \in U(p, \delta)$ 和以 p_1 为初始点的半连续动力系统的轨线 $\mathcal{F}(p_1, t)$, 存在 T, 使得当 $t > T$ 时有 $\rho(\mathcal{F}(p_1, t), \Gamma) < \varepsilon$, 则称 Γ 是**轨道稳定**.

(3) 设 $p_1 \in N\{x_1, x_2\}$ 且存在 T_1 有 $\mathcal{F}(p, T_1) = q_1 \in M\{x_1, x_2\}$, 而且脉冲映射 $\varphi(q_1) = p_2$, 又有 $\mathcal{F}(p_2, T_2) = q_2, \varphi(q_2) = p_1$, 则轨道 $\mathcal{F}(p_1, T_1 + T_2)$ 称为**阶 2 周期解**, 其周期为 $T_1 + T_2$ (见图 2.1.4).

(4) 类似地, 若存在 $p_i \in N\{x_1, x_2\}$ 和 $T_i(i = 1, 2, \cdots, k)$, 使 $\mathcal{F}(p_i, T_i) = q_i, \varphi(q_i) = p_{i+1} \in N$, 则称轨道 $\mathcal{F}(p_1, T_1 + T_2 + \cdots + T_k)$ 为**阶 k 周期解**, 其周期为 $T_1 + T_2 + \cdots + T_k$.

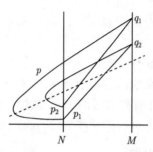

图 2.1.4　系统 (2.1.6) 阶 2 周期解示意图

接下来借助后继函数讨论状态脉冲微分方程周期解的存在性.

首先给出后继函数的定义. 假设脉冲集 M 和相集 N 均为直线, 如图 2.1.5 所示. 在相集 N 上定义坐标, 例如定义 N 与 x 轴的交点 Q 的坐标为 0, N 上任意一点 A 的坐标定义为 A 与 Q 的距离, 记为 a. 设由点 A 出发的轨线与脉冲集交于一点 C, 点 C 的脉冲相点为相集 N 上的点 B, 坐标为 b. 定义点 A 的后继点为 B, 则点 A 的**后继函数** $F(A) = b - a$.

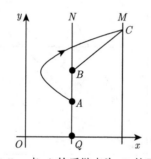

图 2.1.5　点 A 的后继点为 B 的示意图

引理 2.1.1　后继函数 $F(A)$ 是连续的.

定理 2.1.1　有阶 2 周期解必有阶 1 周期解.

考察 A 和 B 两点的后继函数有

$$F(A) = b - a > 0, \quad F(B) = a - b < 0.$$

由解对初值的连续性和脉冲映射的连续性, 易知后继函数关于初值是连续的. 因此, 在点 A 与 B 之间必存在一点 C 使 $F(C) = 0$, 从而 $\mathcal{F}(C, t)$ 为阶 1 周期解.

2.1.4　半连续动力系统的阶 1 奇异环 (同宿轨)

定义 2.1.4　阶 1 奇异环是指阶 1 环上有奇点 (即阶 1 环上的 Poincaré 映射的 α 极限集与 ω 极限集仅是同一奇点 A).

考虑扰动系统

$$
\begin{cases}
(x-y)(x+y)=c, & x<x_1, \\[2mm]
\left.\begin{array}{l}
\Delta x=-\alpha x, \\
\Delta y=-(\beta-\varepsilon)y,
\end{array}\right\} & x=x_1.
\end{cases}
\tag{2.1.8}
$$

当 $\varepsilon=0$ 时, 根据文献 [3] 系统存在阶 1 奇异环. 当 $\varepsilon>0$ 时, 通过分析和图 2.1.6 说明阶 1 同宿环分支的存在性.

当 $\varepsilon>0$ 时, 可以视为对系统 $\varepsilon=0$ 时的脉冲函数作了小扰动. 在未扰动时, 脉冲集 AA_1 线段的相集为 BB_1 线段, 点 A 的相点为点 B, 点 A_1 的相点为点 B_1. 扰动后脉冲集 AA_1 线段的相集为 $\bar{B}B_1$ 线段; 扰动后原阶 1 同宿环破裂, 不再存在阶 1 同宿环, 但由向量场知道 (如图 2.1.6), $AOBB_1A_1A$ 构成一个 Bendixon 区域 G. 因为 OA 和 OB 是轨线, AA_1 为脉冲集, B_1A_1 和 B_1B 为无切直线, 其上向量场的方向均由 G 外指向 G 内, G 内部无奇点, $\varphi(AA_1)=B_1\bar{B}\subset B_1B$, 因此在 G 内至少存在一个阶 1 周期解.

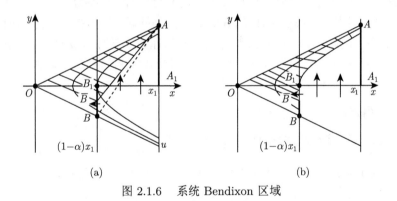

图 2.1.6　系统 Bendixon 区域

2.2　脉冲微分方程的最优参数选择问题

最优控制问题通常包括动力系统、目标函数以及状态和 (或) 控制变量的约束. 这些问题在工程、经济和金融等领域中有广泛的应用. 然而, 最优控制问题的研究在数学上具有挑战性. 由于大多数实际问题过于复杂而无法得到解析解, 因此用数值方法来解决这些问题是必不可少的. 各种最优控制问题的求解已经有许多计算方法, 例如文献 [4,5,9,15,17]. 特别地, 控制参数化技术[9] 是通过分段常数函数来近似控制函数, 其中其切换时间点是预先固定的, 而其高度则被视为决策变量. 相应的近似最优控制问题转化为最优参数选择问题, 可以将其视作数学

规划问题. 因此, 它可以通过各种有效的优化技术来解决, 例如顺序二次规划算法
(见 [9] 的 第 3 章), 现在也有许多可用优化软件包, 包括 MATLAB 环境中的优化
工具箱, NLPQL[8] (非线性二次规划算法) 和 FFSQP[11] (FORTRAN 可行的序列
二次规划) 等. 直观上, 如果把切换时间点作为决策变量, 我们会得到更好的解决
方案. 事实上, 目标函数和约束函数关于切换时间的梯度公式是可以求出来的, 详
见 [9] 第 5 章. 然而, 它们是不连续的, 因此不便于在数值计算中使用. 为了克服
这个困难, [10] 和 [6] 提出了 CPET (控制参数增强变换). 这是一种时间尺度变
换, 它通过引入一种称为增强控制的新函数, 将变化的切换时间点映射到新时间
尺度的预定切换时间点. 因此, 在应用 CPET 之后, 通过引入附加微分方程和称
为增强控制的新分段常数控制函数, 将以分段控制函数的切换时间点为决策变量
的最优参数选择问题简化为等价的最优参数选择问题, 其中切换时间点被映射到
新时间尺度的预定切换时间点.

本节介绍一类具有连续状态不等式约束的脉冲最优控制问题, 其中跳跃时间
点和跳跃高度都被作为决策变量. 首先, 使用时间尺度变换将变化的跳跃时间点
映射到新时间尺度中的预定跳跃时间点. 然后, 利用另一个变换将新的跳跃时间
点和跳跃高度变换成常微分方程扩展系统的初始条件, 从而得到一个具有周期性
边界条件和连续状态不等式约束的等价最优控制问题. 接着推导出近似最优控制
问题所需要的附加成本函数的梯度公式和周期性边界条件. 最后, 通过使用基于
梯度的优化技术寻找局部最优解, 每一个近似最优控制问题都可以作为非线性优
化问题来求解.

2.2.1　问题描述

考虑以下脉冲微分方程描述的过程:

$$\dot{x}(t) = f(t, x(t)), \quad 0 < t \leqslant T, \ t \neq t_i, \ i = 1, \cdots, N-1, \tag{2.2.1}$$

初始条件

$$x(0) = x^0, \tag{2.2.2}$$

中间跳跃条件

$$x(t_i) = \varphi^i(x(t_i - 0), \sigma), \quad i = 1, \cdots, N-1, \tag{2.2.3}$$

其中 $x = (x_1, \cdots, x_n)^\top \in \mathbb{R}^n$ 是状态向量, $x^0 = (x_1^0, x_2^0, \cdots, x_n^0)^\top \in \mathbb{R}^n$ 是初始
向量, $\sigma = (\sigma_1, \cdots, \sigma_m)^\top \in \mathbb{R}^m$ 是系统参数, 对于 $i = 1, \cdots, N-1$, t_i 是发生跳
跃的时刻, $x(t_i - 0) = \lim_{t \to t_i} x(t)$, T 是终端时刻. f 和 φ^i $(i = 1, \cdots, N-1)$ 是
给定的关于所有参数的连续可微函数. 假设下列条件满足:

$$\sigma_i^L \leqslant \sigma_i \leqslant \sigma_i^U, \quad i = 1, \cdots, m, \tag{2.2.4}$$

$$0 = t_0 \leqslant t_1 \leqslant \cdots \leqslant t_{N-1} \leqslant t_N = T, \qquad (2.2.5)$$

其中 σ_i^L 和 σ_i^U 是给定的常数. 方便起见, 令 Υ 和 Π 分别表示满足 (2.2.4) 和 (2.2.5) 的向量 $\sigma = (\sigma_1, \cdots, \sigma_m)^\top$ 和 $\xi = (t_1, \cdots, t_{N-1})^\top$ 所构成的集合. 令 $\mathring{\Upsilon}$ 和 $\mathring{\Pi}$ 分别表示 Υ 和 Π 的内部, 即 $\mathring{\Upsilon}$ 和 $\mathring{\Pi}$ 是使得 (2.2.4) 和 (2.2.5) 满足严格不等式所有的 σ 和 ξ.

对每个 $(\sigma, \xi) \in \Upsilon \times \Pi$, 由微分方程 (2.2.1) 确定的解轨迹 $x(\cdot|(\sigma, \xi))$ 光滑地运行, 直到 $t = t_1$. 在 $t = t_1$ 时刻轨迹经历中间跳跃, 其高度由 (2.2.3) 确定. 此后, 轨迹将继续光滑运行, 直到 $t = t_2$ 时刻再次经历中间跳跃, $\cdots$, 这一过程将持续到 $t = T$ 时刻, 这种轨迹称为对应于参数 $(\sigma, \xi) \in \Upsilon \times \Pi$ 的系统 (2.2.1)—(2.2.3) 的解. 为简洁起见, 记作 $x(t) = x(t|(\sigma, \xi))$.

最优控制问题可以正式表述如下:

问题 (Q4) 给定动力系统 (2.2.1)、(2.2.2) 和 (2.2.3), 寻找一个参数对 $(\sigma, \xi) \in \Upsilon \times \Pi$,

$$\min g^0(\sigma, \xi) = \min \Phi(x(t_1), \cdots, x(t_{N-1}), x(T)) + \int_0^T \mathcal{L}(t, x(t))dt, \qquad (2.2.6)$$

其中 Φ, $\mathcal{L}$ 是给定的连续可微的函数.

问题 (Q4) 的困难在于状态依赖于跳跃次数, 这些困难将在 2.3 节讨论.

2.2.2 时间尺度变换

首先构造一个从 $t \in [0, T]$ 到 $s \in [0, N]$ 的变换, 它将可变的跳跃时间点 $0 = t_0, t_1, t_2, \cdots, t_{N-1}, t_N = T$ 映射到新时间尺度的预定切换时间点 $s = 0, 1, \cdots, N$.

以下微分方程定义了所需转换:

$$\frac{dt(s)}{ds} = v(s), \qquad (2.2.7)$$

初始条件为

$$t(0) = 0, \qquad (2.2.8)$$

其中函数 $v(s)$ 被称为时间尺度控制, 它是一个分段常数函数, 在预先固定的切换时间点 $s = 1, 2, \cdots, N-1$ 处可能有间断, 即

$$v(s) = \sum_{i=1}^{N} \delta_i \chi_{[i-1,i)}(s), \qquad (2.2.9)$$

其中 $\chi_I(s)$ 是 I 的指示函数, 定义为

$$\chi_I(t) = \begin{cases} 1, & \text{当 } t \in I, \\ 0, & \text{其他,} \end{cases}$$

且对于 $i = 1, \cdots, N$, 参数 δ_i 满足以下条件:

$$\delta_i \geqslant 0, \ i = 1, \cdots, N \quad 和 \quad \sum_{i=1}^{N} \delta_i = T. \tag{2.2.10}$$

令 $\delta = (\delta_1, \cdots, \delta_{N-1})$ 和

$$\Xi = \left\{ \delta = (\delta_1, \cdots, \delta_{N-1}) : \delta_i \geqslant 0, i = 1, \cdots, N-1, \sum_{i=1}^{N-1} \delta_i = T \right\}.$$

如果 δ 已确定, 那么 $\delta_N = T - \sum_{i=1}^{N-1} \delta_i$ 和中间跳跃时间点 t_i ($i = 1, \cdots, N-1$) 由 δ 决定. 由于 $v(s)$ 是由 δ 确定的, 则 $v(s)$ 可写作 $v(s|\delta)$. 在经过时间尺度变换后, 脉冲微分方程组 (2.2.1) 简化为

$$\frac{dx(s)}{ds} = \widetilde{f}(\delta, t(s), x(s)), \quad s \in (0, N], \tag{2.2.11}$$

而中间跳跃条件 (2.2.3) 变化为

$$x(i) = \varphi^i(x(i-0), \sigma), \quad i = 1, \cdots, N-1, \tag{2.2.12}$$

其中为简洁, 采用了如下记号

$$x(s) = x(t(s|(\delta, \sigma)))$$

和

$$\widetilde{f}(\delta, t(s), x(s)) = v(s|\delta) f(t(s), x(t(s))),$$

则变换后的优化问题可以明确表述为

　　问题 $(\widetilde{Q}4)$　脉冲动力系统 (2.2.11) 和 (2.2.7) 具有初始条件 (2.2.2) 和 (2.2.8), 以及中间跳跃条件 (2.2.12), 寻求 $(\delta, \sigma) \in \Xi \times \Upsilon$,

$$\min \widetilde{g}^0(\delta, \sigma) = \min \widetilde{\Phi}(x(1), \cdots, x(N-1), x(N)) + \int_0^N \widetilde{\mathcal{L}}(\delta, t(s), x(t(s))) ds, \tag{2.2.13}$$

其中

$$\widetilde{\mathcal{L}}(\delta, t(s), x(t(s))) = v(s|\delta) \mathcal{L}(t(s), x(t(s))),$$

$$\widetilde{\Phi}(x(1), \cdots, x(N-1), x(N)) = \Phi(x(t_1), \cdots, x(t_{N-1}), x(T)).$$

值得注意, 问题 ($\widetilde{\mathrm{Q}}$4) 中的脉冲时间点是固定的. 但是由于中间跳跃条件 (2.2.12) 的存在, 问题 ($\widetilde{\mathrm{Q}}$4) 仍然难以解决, 为此, 进一步介绍另一种变换来解决这个新问题.

定义

$$y_i(s) = x(s + i - 1), \quad i = 1, \cdots, N, \tag{2.2.14}$$

$$\tau_i(s) = t(s + i - 1), \quad i = 1, \cdots, N. \tag{2.2.15}$$

令 $y = (y_1, y_2, \cdots, y_N)$, $\tau = (\tau_1, \tau_2, \cdots, \tau_N)$, 且对于 $i = 1, \cdots, N$, 记

$$\hat{f}_i(\delta, \tau_i(s), y_i(s)) = \widetilde{f}(\delta, t(s + i - 1), x(s + i - 1)), \quad s \in [0, 1],$$

$$\hat{\mathcal{L}}_i(\delta, \tau_i(s), y_i(s)) = \widetilde{\mathcal{L}}(\delta, t(s + i - 1), x(s + i - 1)), \quad s \in [0, 1],$$

$$\hat{h}_i(\tau_i(s), y_i(s)) = h(t(s + i - 1), x(s + i - 1)), \quad s \in [0, 1].$$

通过 (2.2.14) 和 (2.2.15), 脉冲微分方程组 (2.2.11) 和 (2.2.7) 转化为

$$\begin{cases} \dot{y}_i(s) = \hat{f}_i(\delta, \tau_i(s), y_i(s)), & s \in [0, 1], i = 1, \cdots, N, \\ \dot{h}_i(s) = \delta_i, & s \in [0, 1], i = 1, \cdots, N, \end{cases} \tag{2.2.16}$$

此时初始条件 (2.2.2) 和 (2.2.8) 以及中间跳跃条件 (2.2.12) 变为

$$\begin{cases} y_1(0) = x^0, \\ y_i(0) = \varphi^{i-1}(y_{i-1}, \sigma), & i = 2, \cdots, N, \\ \tau_1(0) = 0, \\ \tau_i(0) = \tau_{i-1}(1), & i = 2, \cdots, N. \end{cases} \tag{2.2.17}$$

新的等价优化问题可以明确表述为

问题 ($\hat{\mathrm{Q}}$4) 动力系统 (2.2.16) 具有初始条件 (2.2.17), 求 $(\delta, \sigma) \in \Xi \times \Upsilon$,

$$\min \hat{g}^0(\delta, \sigma) = \min \hat{\Phi}(y_1(1), y_2(1), \cdots, y_N(1)) + \sum_{i=1}^{N} \int_0^1 \hat{\mathcal{L}}_i(\delta, \tau_i(s), y_i(s)) ds. \tag{2.2.18}$$

由于问题 (Q4) 的方程右端和初始条件中都含有待选择的参数, 因而它是一个标准的最优参数选择问题. 下面的定理说明了问题 (Q4) 和问题 ($\hat{\mathrm{Q}}$4) 的等价性.

定理 2.2.1 问题 (Q4) 与问题 ($\hat{\mathrm{Q}}$4) 等价. 从某种意义上, 如果 (σ^*, ξ^*) 是问题 (Q4) 的最优解, 那么 (δ^*, σ^*) 是问题 ($\hat{\mathrm{Q}}$4) 的最优解, 其中 $\delta_i^* = t_i^* - t_{i-1}^*, i =$

$1, \cdots, N$. 另一方面如果 (δ^*, σ^*) 是问题 (Q4) 的最优解, 那么 (σ^*, ξ^*) 是问题 $(\hat{Q}4)$ 的最优解, 其中 $t_i^* = \sum_{j=1}^{i} \delta_j^*$.

由定理 2.2.1 可以看出, 求解问题 (Q4) 相当于求解问题 $(\hat{Q}4)$. 下面给出求解该优化问题所需的梯度公式.

2.2.3　梯度公式

对于每个 $i = 1, \cdots, N$, 哈密顿函数 H^i 由下式定义

$$H^i(s, \tau_i(s), y_i(s), \lambda^i(s), \delta, \sigma)$$
$$= \hat{\mathcal{L}}_i(\delta, \tau_i(s), y_i(s)) + (\lambda^i(s))^\top \hat{f}_i(\delta, \tau_i(s), y_i(s)), \qquad (2.2.19)$$

其中 $\lambda^i(s), i = 1, \cdots, N$ 是对应的协态变量, 由下列微分方程组决定

$$\left(\frac{d\lambda^i(s)}{ds} \right)^\top = -\frac{\partial H^i(s, \tau_i(s), y_i(s), \lambda^i(s), \delta, \sigma)}{\partial y_i}, \quad i = 1, \cdots, N. \qquad (2.2.20)$$

边界条件为

$$\left(\lambda^N(1) \right)^\top = \frac{\partial \hat{\Phi}(y_1(1), y_2(1), \cdots, y_N(1))}{\partial y_N}, \qquad (2.2.21)$$

$$\left(\lambda^i(1) \right)^\top = \frac{\partial \hat{\Phi}(y_1(1), y_2(1), \cdots, y_N(1))}{\partial y_i} + \left(\lambda^{i+1}(0) \right)^\top \frac{\partial \varphi^i(y_i(1), \sigma)}{\partial y_i}, \qquad (2.2.22)$$

其中 $i = 1, \cdots, N-1$.

定理 2.2.2[2]　目标函数 (2.2.18) 关于参数 δ 和 σ 的梯度由下式给出:

$$\nabla_\delta \hat{g}^0(\delta, \sigma) = \sum_{i=1}^{N} \int_0^1 \frac{\partial H^i(s, \tau_i, y_i, \lambda^i, \delta, \sigma)}{\partial \tau_i} \frac{\partial \tau_i(s)}{\partial \delta_i} + \frac{\partial H^i(s, \tau_i, y_i, \lambda^i, \delta, \sigma)}{\partial \delta} ds,$$
$$(2.2.23)$$

$$\nabla_\sigma \hat{g}^0(\delta, \sigma) = \sum_{i=1}^{N-1} \left(\lambda^{i+1}(0) \right)^\top \frac{\partial \varphi^i(y_i(1), \sigma)}{\partial \sigma}. \qquad (2.2.24)$$

证明　注意到

$$\frac{d}{ds} \left(\frac{\partial}{\partial \delta} y_i(s) \right) = \frac{\partial}{\partial \delta} \dot{y}_i(s),$$

有

$$\frac{\partial \hat{g}^0(\delta, \sigma)}{\partial \delta} = \sum_{i=1}^{N} \frac{\partial \hat{\Phi}}{\partial y_i} \frac{\partial y_i(1)}{\partial \delta} + \sum_{i=1}^{N} \int_0^1 \left(\frac{\partial \hat{\mathcal{L}}_i}{\partial \tau_i} + (\lambda^i(s)) \frac{\partial \hat{f}_i}{\partial \tau_i} \right) \frac{\partial \tau_i}{\partial \delta} ds$$

$$+ \sum_{i=1}^{N} \int_0^1 \left[\left(\frac{\partial \hat{\mathcal{L}}_i}{\partial y_i} + (\lambda^i(s))^\top \frac{\partial \hat{f}_i}{\partial y_i} \right) \frac{\partial y_i}{\partial \delta} \right.$$

$$\left. + \left(\frac{\partial \hat{\mathcal{L}}_i}{\partial \delta} + (\lambda^i(s))^\top \frac{\partial \hat{f}_i}{\partial \delta} \right) \right] ds - \sum_{i=1}^{N} \int_0^1 (\lambda^i(s))^\top \frac{\partial}{\partial s} \left(\frac{\partial}{\partial \delta} y_i(s) \right) ds$$

$$= \sum_{i=1}^{N} \frac{\partial \hat{\Phi}}{\partial y_i} \frac{\partial y_i(1)}{\partial \delta} + \sum_{i=1}^{N} \int_0^1 \left[\frac{\partial H^i}{\partial \tau_i} \frac{\partial \tau_i}{\partial \delta} + \frac{\partial H^i}{\partial y_i} \frac{\partial y_i}{\partial \delta} + \frac{\partial H^i}{\partial \delta} \right.$$

$$\left. - (\lambda^i(s))^\top \frac{\partial}{\partial s} \left(\frac{\partial}{\partial \delta} y_i(s) \right) \right] ds,$$

对于上述积分部分, 有

$$\sum_{i=1}^{N} \int_0^1 (\lambda^i(s))^\top \frac{\partial}{\partial s} \left(\frac{\partial}{\partial \delta} y_i(s) \right) ds$$

$$= \sum_{i=1}^{N} \left[(\lambda^i(1))^\top \frac{\partial y_i(1)}{\partial \delta} - (\lambda^i(0))^\top \frac{\partial y_i(0)}{\partial \delta} \right] - \sum_{i=1}^{N} \int_0^1 \left(\frac{d\lambda^i(s)}{ds} \right)^\top \frac{\partial y_i(s)}{\partial \delta} ds,$$

利用方程 (2.2.17), 有

$$\frac{\partial y_i(0)}{\partial \delta} = \begin{cases} 0, & i = 1, \\ \dfrac{\partial \varphi^{i-1}(y_{i-1}(1), \sigma)}{\partial y_{i-1}} \dfrac{\partial y_{i-1}(1)}{\partial \delta}, & i = 2, \cdots, N. \end{cases} \tag{2.2.25}$$

由等式 (2.2.21)、(2.2.22) 和 (2.2.25), 有

$$\sum_{i=1}^{N} \frac{\partial \hat{\Phi}}{\partial y_i} \frac{\partial y_i(1)}{\partial \delta} - (\lambda^i(1))^\top \frac{\partial y_i(1)}{\partial \delta} + (\lambda^i(0))^\top \frac{\partial y_i(0)}{\partial \delta} = 0,$$

且由 (2.2.20) 有

$$\sum_{i=1}^{N} \frac{\partial H^i}{\partial y_i} \frac{\partial y_i(s)}{\partial \delta} + \left(\frac{d\lambda_i(s)}{ds} \right)^\top \frac{\partial y_i(s)}{\partial \delta} = 0,$$

然后可得

$$\frac{\partial \hat{g}^0(\delta, \sigma)}{\partial \delta} = \sum_{i=1}^{N} \frac{\partial \hat{\Phi}}{\partial y_i} \frac{\partial y_i(1)}{\partial \delta} - (\lambda^i(1))^\top \frac{\partial y_i(1)}{\partial \delta} + (\lambda^i(0))^\top \frac{\partial y_i(0)}{\partial \delta}$$

$$+ \sum_{i=1}^{N} \int_{0}^{1} \left[\frac{\partial H^i}{\partial \tau_i} \frac{\partial \tau_i(s)}{\partial \delta} + \frac{\partial H^i}{\partial y_i} \frac{\partial y_i(s)}{\partial \delta} + \frac{\partial H^i}{\partial \delta} + \left(\frac{d\lambda_i(s)}{ds} \right)^{\top} \frac{\partial y_i(s)}{\partial \delta} \right] ds$$

$$= \sum_{i=1}^{N} \int_{0}^{1} \left(\frac{\partial H^i}{\partial \tau_i} \frac{\partial \tau_i(s)}{\partial \delta} + \frac{\partial H^i}{\partial \delta} \right) ds.$$

公式 (2.2.24) 的证明类似. □

算法 2.2.1

- 步骤 1　对于每个给定的 $(\delta, \sigma) \in \Xi \times \Upsilon$. 首先, 当 $i = 1$ 时, 从 $s = 0$ 到 $s = 1$ 求解动力系统 (2.2.16), 得到 $y_1(s), 0 \leqslant s \leqslant 1$. 然后用 (2.2.17) 计算初始值 $y_2(0)$, 据此计算出 $y_2(s), 0 \leqslant s \leqslant 1$, 获得初值 $y_3(0)$, 从而算出 $y_3(s)$, 持续此过程直到获得 $y_N(s), 0 \leqslant s \leqslant 1$.
- 步骤 2　计算目标函数 $\hat{g}^0(\delta, \sigma)$ 的值.
- 步骤 3　类似于步骤 1, 从 $s = 1$ 到 $s = 0$ 向后求解协态动力系统 (2.2.20)—(2.2.22).
- 步骤 4　根据定理 2.2.2 计算梯度 $\nabla_\delta \hat{g}^0(\delta, \sigma)$ 和 $\nabla_\sigma \hat{g}^0(\delta, \sigma)$.
- 步骤 5　将问题 $(\widetilde{Q}4)$ 作为数学规划问题求解.

参 考 文 献

[1] Bainov D D, Simeonov P S. Impulsive Differential Equation: Periodic Solutions and Applications. London: Longman, 1993.

[2] 李瑞. 脉冲切换系统最优控制理论及应用. 成都: 电子科技大学出版社, 2010.

[3] 陈兰荪. 害虫治理与半连续动力系统几何理论. 北华大学学报 (自然科学版), 2011, 12(1): 1-9.

[4] Miele A. Gradient Algorithms for the Optimization of Dynamic Systems. New York: Academic Press, 1980, 16: 1-52.

[5] Craven B D. Control and Optimization. London: Chapman and Hall, 1995.

[6] Lee H W J, Teo K L, Rehbock V, Jennings L S. Control parametrization enhancing technique for time-optimal control problems. Dynamic Systems and Applications, 1997, 6(2): 243-262.

[7] Papamichail I, Adjiman C S. A rigorous global optimization algorithm for problems with ordinary diffierential equations. Journal of Global Optimization, 2002, 24: 1-33.

[8] Zhou J L, Tits A. User's guide for FFSQP version 3.7: a Fortran code for solving optimization programs possibly minimax, with general inequality constraints and linear equality constraints generating feasible iterates. Institute for Systems Research, University of Maryland, Technical Report SRC-TR-92-107r5, College Park, MD 20742, 1997.

[9]   Teo K L, Goh C J, Wong K. H. A Unified Computational Approach to Optimal Control Problems. London: Longman Scientific and Technical, EssexEngland, 1991.

[10] Teo K L. Control parametrization enhancing transform to optimal control problems. Nonlinear Analysis, Annals of Operations Research, 1985, 5: 485-500.

[11] Schittkowski K. NLPQL: A Fortran subroutine solving constrained nonlinear programming problems. Operations Research Annalysis, 1984, 5: 485-500.

[12] Jennings L S, Teo K L. Computational algorithm for functional inequality constrained optimization problems. Automatica, 1990, 26: 371-376.

[13] Sun X L, Li D. Value-estimation function method for constrained global optimization. Journal of Optimization Theory and Applications, 1999, 102: 385-409.

[14] Esposito W R, Floudas C A. Deterministic global optimization in nonlinear optimal control problems. Journal of Global Optimization, 2001, 17: 97-126.

[15] Yiu K F C, Teo K L, Mak K L. Airfoil design via optimal control theory. Journal of Industrial and Management Optimization, 2005, 1: 133-148.

[16] Wu Z Y, Lee H W J, Bai F S, Zhang L S. Quadratic smoothing approximation to L1 exact penalty function in global optimization. Journal of Industrial and Management Optimization, 2005, 1: 533-548.

[17] Feng Z G, Teo K L, Zhao Y. Branch and bound method for sensor scheduling in discrete time. Journal of Industrial and Management Optimization, 2005, 1: 499-512.

第 3 章　数学规划中的精确惩罚函数方法

惩罚函数是处理约束优化问题的常用方法. 精确惩罚函数方法与传统的惩罚函数方法相比, 不需要求解一系列无约束优化问题, 而是构造一个函数, 它不需要依赖某些未知参数, 同时它的无约束极小点恰好是原约束问题的最优解[1]. 对于连续不等式这类比较复杂的约束问题[2], 本章介绍一类精确惩罚函数方法, 并给出相应的收敛结果和算法.

3.1　问题的提出

考虑以下形式的半无限规划问题:

$$\min \ f(x) \tag{3.1.1a}$$

$$\text{s.t.} \quad \varphi_i(x,\omega) \leqslant 0, \quad \omega \in \Omega_i, i \in \varsigma, \tag{3.1.1b}$$

$$g_i(x) \leqslant 0, \quad i \in \ell, \tag{3.1.1c}$$

$$h_i(x) = 0, \quad i \in \varepsilon, \tag{3.1.1d}$$

$$a_j \leqslant x_j \leqslant b_j, \quad j = 1, \cdots, n, \tag{3.1.1e}$$

这里 $x = [x_1, \cdots, x_n]^\top \in \mathbb{R}^n$ 是一个决策变量; $f, g_i, h_i : \mathbb{R}^n \to \mathbb{R}$ 和 $\varphi_i : \mathbb{R}^n \times \Omega_i \to \mathbb{R}$ 是连续可微的函数; a_j 和 b_j 是满足条件 $a_j < b_j$ 的常数; $\Omega_i \subset \mathbb{R}$ 是正测度的紧区间. 把这个问题称为问题 (P).

如果 $\varsigma = \varnothing$, 那么问题 (P) 是一个标准的非线性规划问题, 可以利用传统的方法来求解, 如序列二次规划方法[3,4]. 因此, 问题 (P) 的主要困难是连续不等式约束 (3.1.1b). 该类不等式主要应用在信号处理[5]、电路设计[6,7] 和最优控制[8,9] 等领域. 由于在 Ω_i 中每个点均定义了约束, 因此 (3.1.1b) 中的每个连续不等式约束实际上定义了无限个约束.

3.2　精确惩罚函数

设

$$\chi \stackrel{\triangle}{=} \{x \in \mathbb{R}^n : a_j \leqslant x_j \leqslant b_j, j = 1, \cdots, n\}.$$

在 χ 上定义一个约束违反函数:

$$G(x) \triangleq \sum_{i \in \varepsilon} [h(x)]^2 + \sum_{i \in \ell} [\max\{g_i(x), 0\}]^2 + \sum_{i \in \varsigma} \int_{\Omega_i} [\max\{\varphi_i(x, \omega), 0\}]^2 d\omega.$$

显然, 当且仅当条件 (3.1.1b)—(3.1.1d) 都满足时, $G(x) = 0$. 根据莱布尼茨规则,

$$\frac{\partial G(x)}{\partial x} = 2 \sum_{i \in \varepsilon} h_i(x) \frac{\partial h_i(x)}{\partial x} + 2 \sum_{i \in \ell} \max\{g_i(x), 0\} \frac{\partial g_i(x)}{\partial x}$$

$$+ 2 \sum_{i \in \varsigma} \int_{\Omega_i} \max\{\varphi_i(x, \omega), 0\} \frac{\partial \varphi_i(x, \omega)}{\partial x} d\omega, \tag{3.2.1}$$

因此, 约束违反函数是连续可微的.

设 $\epsilon \in [0, \bar{\epsilon}]$ 是一个新的决策变量, $\bar{\epsilon} > 0$ 是给定的上界. 在 $\chi \times [0, \bar{\epsilon}]$ 上定义如下的惩罚函数:

$$F_\sigma(x, \epsilon) \triangleq \begin{cases} f(x), & \text{当 } \epsilon = 0, \quad G(x) = 0, \\ f(x) + \epsilon^{-\alpha} G(x) + \sigma \epsilon^\beta, & \text{当 } \epsilon \in (0, \bar{\epsilon}], \\ \infty, & \text{当 } \epsilon = 0, \quad G(x) \neq 0, \end{cases}$$

其中 σ 是惩罚参数, α 和 β 是满足条件 $0 \leqslant \beta \leqslant \alpha$ 的正常数, 且 $\alpha > 0$ 及 $\beta > 2$.

惩罚函数 F_σ 的工作原理: 当 σ 充分大时, $\sigma \epsilon^\beta$ 迫使 ϵ 的值变小, 反过来导致 $\epsilon^{-\alpha} G(x)$ 加大对约束违反的惩罚. 因此, 在 σ 充分大的情况下求解惩罚函数的最优值解可能是原始问题 (P) 的可行点.

考虑惩罚函数 F_σ 在 $\chi \times [0, \bar{\epsilon}]$ 上求解极小值:

$$\min_{(x, \epsilon) \in \chi \times [0, \bar{\epsilon}]} F_\sigma(x, \epsilon).$$

该问题被称为问题 (P_σ). 对于固定的 $\sigma > 0$ 和 $x \in \chi$, 问题 (P_σ) 的子问题

$$\min_{\epsilon \in [0, \bar{\epsilon}]} F_\sigma(x, \epsilon)$$

被称为问题 $(\mathrm{P}_{\sigma, x})$.

3.3 主要结论和算法

引理 3.2.1[2] 设 $\sigma > 0$ 并且 $x \in \chi$ 是任意固定的数. 如果

$$\delta = \frac{\sigma \beta \bar{\epsilon}^{\alpha+\beta}}{\alpha}, \quad \tau = \left(\frac{\alpha G(x)}{\sigma \beta}\right)^{\frac{1}{\alpha+\beta}},$$

$$
\epsilon^* = \begin{cases} \tau, & G(x) < \delta, \\ \bar{\epsilon}, & G(x) \geqslant \delta, \end{cases}
$$

那么问题 $(P_{\sigma,x})$ 有唯一的全局最优值 $\epsilon = \epsilon^*$. 此外, 问题 $(P_{\sigma,x})$ 没有任何非全局局部极小值.

引理 3.2.2[2]　对于每个 $\sigma > 0$ 和 $x \in \chi$, 设

$$
\tau(\sigma, x) = \left(\frac{\alpha G(x)}{\sigma \beta} \right)^{\frac{1}{\alpha+\beta}},
$$

那么对于所有充分大的 $\sigma > 0$, 问题 $(P_{\sigma,x})$ 具有唯一的全局最优解.

引理 3.2.3[2]　设 (x^*, ϵ^*) 是问题 (P_σ) 的局部解, 那么, 当且仅当 $\epsilon^* = 0$ 时, x^* 是问题 (P) 的局部解.

定理 3.2.1[2]　对于每一个 $\sigma > 0$, 问题 (P_σ) 都有一个最优解.

定理 3.2.2[2]　设 $\{\sigma_k\}_{k=1}^\infty$ 是惩罚参数的一个递增序列, 使得当 $k \to \infty$ 时有 $\sigma_k \to \infty$. 设 $(x^{k,*}, \epsilon^{k,*})$ 是问题 (P_{σ_k}) 的局部解. 假设 $\{F_{\sigma_k}(x^{k,*}, \epsilon^{k,*})\}$ 是有界的, 且当 $k \to \infty$ 时有 $x^{k,*} \to x^*$. 那么 x^* 是问题 (P) 的一个可行解.

定理 3.2.3[2]　设 $\{\sigma_k\}_{k=1}^\infty$ 是惩罚参数的一个递增序列, 使得当 $k \to \infty$ 时有 $\sigma_k \to \infty$. 设 $(x^{k,*}, \epsilon^{k,*})$ 是问题 (P_{σ_k}) 的全局解. 那么序列 $\{x^{k,*}\}_{k=1}^\infty$ 至少有一个极限点并且任一极限点都是问题 (P) 的全局解.

定理 3.2.4[2]　设 $\{\sigma_k\}_{k=1}^\infty$ 是惩罚参数的一个递增序列, 使得当 $k \to \infty$ 时有 $\sigma_k \to \infty$. 设 $(x^{k,*}, \epsilon^{k,*})$ 是问题 (P_{σ_k}) 的局部解. 假设 $\{F_{\sigma_k}(x^{k,*}, \epsilon^{k,*})\}$ 是有界的. 那么对于所有充分大的 k, $x^{k,*}$ 是问题 (P) 的一个局部解.

算法 3.3.1　输入初始值 $x^0 \in \chi$、初始的惩罚参数 $\sigma^0 > 0$、容差 ρ 和最大的惩罚参数 $\sigma_{\max}$.

- 步骤 1　令 $\bar{\varepsilon} \to \varepsilon_0$ 和 $\sigma^0 \to \sigma$.
- 步骤 2　把 (x^0, ε^0) 作为初值, 用标准的非线性二次动态规划方法求解问题 (P). 令 (x^*, ε^*) 表示得到的局部最小值.
- 步骤 3　如果 $\varepsilon^* < \rho$, 则停止, 相应的 x^* 便是问题 (P) 的局部最优解. 否则令 $10\sigma \to \sigma$, 开始第四步.
- 步骤 4　如果 $\sigma < \sigma_{\max}$, 则令 $(x^*, \varepsilon^*) \to (x^0, \varepsilon^0)$, 从第二步开始计算. 否则, 停止计算: 本算法无法找到问题 (P) 的最优解.

如果算法 3.3.1 无法找到问题 (P) 的最优解, 则有两种方法可以补救: ① 选择不同的初始值; ② 调整惩罚函数中参数 α 和 β 的值. 更多的关于惩罚函数和精确惩罚函数的内容可以参阅文献 [10–15].

参 考 文 献

[1] 张光澄. 非线性最优化计算方法. 北京: 高等教育出版社, 2005.

[2] Lin Q, Loxton R, Teo K L, Wu Y H, Yu C. A new exact penalty method for semi-infinite programming problems. Journal of Computational and Applied Mathematics, 2014, 261: 271-286.

[3] Luenberger D G, Ye Y. Linear and nonlinear programming. International Encyc. Socia. Behav. Scien., 2008, 67(2): 8868-8874.

[4] Nocedal J, Wright S J. Numerical optimization. Spri., 2006, 9(4): 29-76.

[5] Nordebo S, Zang Z, Claesson I. A semi-infinite quadratic programming algorithm with applications to array pattern synthesis. IEEE Trans. Circuits Syst. II, 2001, 48(3): 225-232.

[6] Brayton R, Hachtel G D, Sangiovanni-Vincentelli A L. A survey of optimization techniques for integrated-circuit design. Proc. IEEE, 1981, 69(10): 1334-1362.

[7] Panier E R, Tits A L. A globally convergent algorithm with adaptively refined discretization for semi-infinite optimization problems arising in engineering design. IEEE Trans. Automat. Cont., 1989, 34(8): 903-908.

[8] Jiang C, Lin Q, Yu C, Teo K L, Duan G. An exact penalty method for free terminal time optimal control problem with continuous inequality constraints. Jou. Optim. Theor. Appl., 2012, 154(1): 30-53.

[9] Wang L Y, Gui W H, Teo K L, Loxton R, Yang C H. Time delayed optimal control problems with multiple characteristic time points: computation and industrial applications. Jour. Indus. Manag. Optim., 2009, 5(4): 705-718.

[10] Teo K L, Goh C J. A simple computational procedure for optimization problems with functional inequality constraints. IEEE Trans. Automat. Contr., 1987, 32(10): 940-941.

[11] Jennings L S, Teo K L. A computational algorithm for functional inequality constrained optimization problems. Autom., 1990, 26(2): 371-375.

[12] Teo K L, Rehbock V, Jennings L S. A new computational algorithm for functional inequality constrained optimization problems. Autom., 1993, 29(3): 789-792.

[13] Yu C, Teo K L, Zhang L, Bai Y. A new exact penalty function method for continuous inequality constrained optimization problems. Jour. Indus. Manag. Optim.,2010, 6(4): 895-910.

[14] Yu C, Teo K L, Zhang L, Bai Y. On a refinement of the convergence analysis for the new exact penalty function method for continuous inequality constrained optimization problem. Jour. Indus. Manag. Optim., 2012, 8(2): 485-491.

[15] 倪勤. 最优化方法与程序设计. 北京: 科学出版社, 2009.

第二部分
应用部分

第 4 章 具有阶段结构和时滞效应的 SIS 流行病模型的最优控制问题

本章主要以具有病程和药物治疗效应的 SIS 模型为例, 介绍具有时滞效应和控制变量的时滞微分方程的最优控制问题. 利用庞特里亚金最小 (最大) 值原理, 给出最优解, 并通过最优状态、控制和伴随函数的前向扫描方法, 给出最优解和最优控制的数值结果. 最后探求时滞和控制对疾病流行的影响[1].

4.1 引　　言

种群动力学模型是一个快速发展的研究领域, 它在研究种群间的相互关系及其相互作用中起着重要的作用. 流行病数学模型的研究重点是定性分析、持久性、渐近稳定性、周期解的存在性和唯一性. 许多有影响力的结论已经建立, 并且可以在相关文献和书籍中找到. 近年来, 人们对具有阶段结构的数学模型的研究越来越感兴趣, 特别是对具有阶段结构和时滞的传染病模型的研究[2-7], 数学分析可以提供有关如何最好地控制传染病暴发的宝贵信息. 有关流行病最优控制的论文发表了很多, 如 T.Burden[8] 等人运用了最优控制理论研究了肿瘤细胞、免疫效应细胞和细胞因子白细胞介素-2 之间的数学模型, 以便更好地确定在什么情况下肿瘤可以被消除; R.V.Culshaw[9] 提出了一种 HIV(人类免疫缺陷病毒) 药物治疗的最优控制模型, 描述了由自然杀伤细胞水平衡量的 HIV 与特异性免疫反应之间的相互作用; 作者基于健康的 CD4+T 细胞和免疫效应细胞的水平, 通过最大化收益、减少化疗的系统成本, 将肿瘤的治疗问题归结为一个最优控制问题, 并通过解析延拓计算了最优系统的数值解.

D.Kirschner 通过描述免疫系统与 HIV 相互作用的 ODE(常微分方程) 模型, 在早期治疗中通过动态治疗方案引入化疗, 然后求解最佳的化疗策略[10]. G.Zaman[11] 考虑了一个具有时滞效应的 SIR 传染病控制模型, 利用最优控制方法最小化被感染个体传播的概率, 并使易感和恢复个体的总数最大化. J.Muller[12] 考虑了一个具有疫苗接种和分离混合的年龄结构 SIR 模型, 并研究两个优化问题: 在给定的水平上寻找具有最小成本的策略和在给定的成本下找到最优治疗效果的策略. 然而, 以上工作和文献都忽略了染病的过程和感染期. 2008 年, J. Q. Li 等人提出了一个具有阶段结构的传染病模型. 根据感染的发展过程将感染期划分为早期和晚期, 并且不同阶段的感染个体具有不同的传播疾病能力. 恒定感染率和指数型的自然死亡率, 以及与疾病相关的死亡率, 都被纳入到模型中. 此外, 在模型中恢复时间被认为是瞬时的. 但是有很多疾病, 感染者在经历一段染病期后才能恢复成为易感人群, 所以考虑恢复时滞因素, 基于 J. Q. Li[5] 的工作, 研究一个具有时滞效应的 SIS 模型的最优控制问题是非常有意义的.

本章的结构如下: 首先建立一个具有时滞效应和病程的流行病 SIS 模型, 然后在第 3 节中讨论保持时滞稳定性的判据. 在第 4 节中, 给出了二阶段传染病个体最优治疗的最优控制问题, 利用庞特里亚金最大原理对最优控制进行了描述和求解. 在第 5 节中, 用数值方法求解了由此产生的最优系统, 并讨论了相应结论的生物意义.

4.2　基础模型的描述

基于 J. Q. Li[5] 的工作, 考虑到不同阶段感染者的恢复和染病期 $\tau_i\,(i=1,2)$ 以及垂直传播的强度, 建立如下时滞模型:

$$
\begin{cases}
\dfrac{dS(t)}{dt} = \alpha + bS + pbI_1 - \beta S(I_1 + \sigma I_2) - \mu S \\
\qquad\quad + \gamma_1 I_1(t - \tau_1) + \gamma_2 I_2(t - \tau_2), \\
\dfrac{dI_1(t)}{dt} = (1-p)bI_1 + \beta S(I_1 + \sigma I_2) - mI_1, \\
\dfrac{dI_2(t)}{dt} = \varepsilon I_1 - nI_2,
\end{cases}
\tag{4.2.1}
$$

其中 $m = \mu + \varepsilon + \gamma_1 + d_1$, $n = \mu + \gamma_2 + d_2$. 变量 $S(t)$, $I_1(t)$ 和 $I_2(t)$ 分别表示 t 时刻易感者、早期感染者和后期感染者的个体数量. 参数 α 是个体的输入率, μ 是种群的自然死亡率, β 是感染个体在 I_1 状态传播疾病的传染系数, $\sigma\beta$ 是感染个体在 I_2 状态传播此疾病的传染系数, 而 $\sigma > 1$ 意味着感染个体在早期传播疾病的能力强于后期, 反之相反. 参数 ε 是感染者从感染态 I_1 转移到感染态 I_2 的速率. 对于 $i = 1, 2$, γ_i 是处于 I_i 状态的感染个体的自然恢复率, d_i 是处于 I_i 状态的感染个体的因病死亡率. 参数 d_i 等于零表明疾病对 I_i 型的个体来说并不是致命的[5].

此外, 对模型做出如下假设:

($\mathbf{H_1}$)　假定易感者和早期感染者的出生率由参数 b 表示, 且后期感染者不具备生育能力.

($\mathbf{H_2}$)　假设处于早期感染的个体生育的下一代个体中染病的比例为 $1-p\,(0 < p < 1)$, 没有染病的个体的比例为 p.

(**H$_3$**)　　假设自然死亡率大于出生率, 即 $\mu > b$.

(**H$_4$**)　　为了简化计算, 假设 $\tau_1 = \tau_2 = \tau$.

对于系统 (4.2.1), 规定 $S(t), I_1(t), I_2(t)$ 的非负初始值如下：

$$S(t) = S_0 > 0, \quad I_1(t) = I_{10} \geqslant 0, \quad I_2(t) = I_{20} \geqslant 0, \quad t \in [-\tau, 0].$$

下面对系统 (4.2.1) 进行定性分析. 首先, 对相应的无时滞模型进行分析, 即时滞 $\tau = 0$. 显然, 该模型具有正不变集：

$$\Gamma = \left\{ (S, I_1, I_2) : S > 0, I_1 \geqslant 0, I_2 \geqslant 0, \; S + I_1 + I_2 \leqslant \frac{\alpha}{\mu - b} \right\}.$$

根据下一代传播谱系矩阵[13], 定义一个基本再生数 R_0:

$$R_0 = \frac{\alpha\beta(\sigma\varepsilon + n)}{n(\mu - b)(m + pb - b)}.$$

如果 $R_0 \leqslant 1$, 则无时滞系统 (4.2.1) 在区域 Γ 的边界处存在唯一的无病平衡点 $E_0 = \left(\dfrac{\alpha}{\mu - b}, 0, 0 \right)$. 否则, 该系统具有唯一的地方病平衡点 $E^*(S^*, I_1^*, I_2^*)$, 其中

$$S^* = \frac{(m + pb - b)n}{\beta(\sigma\varepsilon + n)}, \qquad I_1^* = \frac{n}{\varepsilon}I_2^*,$$

$$I_2^* = \frac{\alpha\beta\varepsilon(\sigma\varepsilon + n) - \varepsilon n(\mu - b)(m + pb - b)}{\beta(\sigma\varepsilon + n)(mn - bn - \gamma_1 n - \gamma_2 \varepsilon)}.$$

利用文献 [5] 中的方法, 得到平衡点 E_0 和 E^* 的稳定性的一些结果.

　　定理 4.2.1　假设 $\tau = 0$. 如果 $R_0 \leqslant 1$, 那么 (4.2.1) 的无病平衡点 E_0 是全局渐近稳定的, 否则当 $R_0 > 1$ 时, E_0 是不稳定的.

　　定理 4.2.2　假设 $\tau = 0$. 当 $R_0 > 1$ 时, 若 (4.2.1) 的地方病平衡点 E^* 存在, 那么它是局部渐近稳定的.

　　接下来, 研究更加符合实际的带有恢复时滞的模型, 即对应的时滞参数 $\tau > 0$, 分析系统的稳定性随时滞不变化的判定依据. 首先, 对于 $\tau > 0$, 通过模型 (4.2.1) 在 E_0 点的雅可比矩阵, 得到如下结果.

　　定理 4.2.3　当 $\tau > 0$ 时, 如果 $R_0 < 1$, 那么 (4.2.1) 的平衡点 E_0 的稳定性没有变化.

　　定理 4.2.4　假设 $P_1 > 0, P_1 P_2 - P_3 > 0$. 当 $\tau > 0$ 时, (4.2.1) 的平衡点 E^* 的稳定性无变化, 其中 $P_1 = A^2 - 2B, P_2 = B^2 - 2AC - D^2, P_3 = C^2 - E^2$, 且

$$A = \frac{(m + pb - b)I_1^*}{S^*} - \beta S^* + \mu - 2b + m + n + pb,$$

$$B = \beta S^*(b - \mu - n - \varepsilon\sigma) + (m + pb - b)(\mu + n - b)$$

$$+ n(\mu - b) + \frac{(m + pb - b)(m + n - b)I_1^*}{S^*},$$

$$C = \frac{n(m + pb - b)(m - b)I_1^*}{S^*}, \quad D = -\frac{\gamma_1(m + pb - b)I_1^*}{S^*},$$

$$E = -\frac{(n\gamma_1 + \varepsilon\gamma_2)(m + pb - b)I_1^*}{S^*}.$$

注　从生物学意义的角度, 以上结论表明: 无论恢复时滞的大小如何, 无病平衡点和地方病平衡点的定性行为都没有发生变化.

4.3　最优控制问题

预防和控制是减少传染病传播的重要方式和手段, 在近年来疾病控制研究中变得非常重要, 引起了许多学者的重视[14-21]. 尽量减少因动物和人类传染病造成的损失仍然是疾病防控中心的主要任务. 一些关于传染病传播的问题都需要迫切回答[22]: 例如, 疾病流行将会持续多长时间? 采取什么样的治疗措施可以有效地控制疾病流行? 如何评估疫苗接种或治疗策略在降低流行病严重程度方面的作用? 在疾病的流行期内最终有多少人将会受到感染?

为了方便起见, 假设 $u_1(t)$ 和 $u_2(t)$ 分别表示对两个阶段染病者具有治疗作用的控制变量. 定义控制集

$$U = \{u(t) = (u_1(t), u_2(t)) : u_i(t) \text{ 是可测的}, 0 \leqslant u_i(t) \leqslant 1, t \in [0, T], i = 1, 2\},$$
$$(4.3.1)$$

其中 T 是给定的常数, 表示观测时间. 治疗策略可以通过控制变量降低感染者的数量来执行: 控制 $u_1(t)$ 降低单位时间内接受药物治疗的早期感染个体的比例, 而 $u_2(t)$ 降低后期染病个体单位时间内接受药物治疗的比例. 假设当控制等于 1 时, 两种药物治疗都能达到最高的药效. 为了反映控制或治疗的作用, 模型 (4.2.1) 改写为如下形式:

$$\begin{cases} \dot{S}(t) = \alpha + bS + pbI_1 - \beta S(I_1 + \sigma I_2) - \mu S + \gamma_1 I_1(t - \tau) \\ \qquad + \gamma_2 I_2(t - \tau) + u_1(t)I_1 + u_2(t)I_2, \\ \dot{I}_1(t) = (1 - p)bI_1 + \beta S(I_1 + \sigma I_2) - mI_1 - u_1(t)I_1, \\ \dot{I}_2(t) = \varepsilon I_1 - nI_2 - u_2(t)I_2, \end{cases} \qquad (4.3.2)$$

其中初始条件为

$$S(t) = S_0, I_1(t) = I_{10}, I_2(t) = I_{20}, u_1(t) = u_{10}, u_2(t) = u_{20}, \quad -\tau \leqslant t \leqslant 0.$$
$$(4.3.3)$$

定义目标函数

$$J(u_1(t), u_2(t)) = \int_0^T \left[I_1(t) + I_2(t) + \frac{1}{2} \left(\epsilon_1 u_1^2(t) + \epsilon_2 u_2^2(t) \right) \right] dt. \qquad (4.3.4)$$

通常情况下, 通过选择 $u_1(t)$ 和 $u_2(t)$ 的二次项的线性组合对控制问题进行建模. 参数 ϵ_i $(i = 1, 2)$ 代表治疗成本所占的权重. 目标函数 J 确定了所关注的优化问题, 即确定最优的治疗策略, 使得总体目标在有限时间间隔 $[0, T]$ 中将两个阶段的感染个体的数量和成本最小化, 即

问题 (Q) 对于给定的动力系统 (4.3.2) 和 (4.3.3), 寻找 $u_1(t)$ 和 $u_2(t)$, 最小化目标函数 (4.3.4), 即

$$\min_{(u_1(t), u_2(t)) \in U} J(u_1(t), u_2(t)).$$

接下来分三种不同情况讨论最优控制策略.
- 策略 1 对早期和后期染病者进行两种药物治疗 (控制 $u_1(t)$ 和 $u_2(t)$).
- 策略 2 仅对早期染病者进行药物治疗 (仅控制 $u_1(t)$).
- 策略 3 仅对后期染病者进行药物治疗 (仅控制 $u_2(t)$).

下面, 主要证明策略 1 下最优控制解的存在性和唯一性, 其他两个控制策略可以类似证明. 对于策略 1, 由于 $u_1(t) \neq 0, u_2(t) \neq 0$, 则基本再生数为

$$R_{12}(t) = \frac{\alpha\beta(\sigma\varepsilon + n + u_2(t))}{(\mu - b)(m + u_1(t) + pb - b)(n + u_2(t))}.$$

当控制变量 $u_1(t)$ 和 $u_2(t)$ 增加时, $R_{12}(t)$ 的值减小. 对于许多确定性流行病模型, 当且仅当 $R_{12} > 1$ 时疾病可以在易感人群中传播. 因此, 基本再生数 R_{12} 通常被认为是确定疾病能否侵入并持续在新的宿主种群中传播的阈值. 在这个模型中, 如果 $R_{12} < 1$, 那么种群中的疾病就会消除; 如果 $R_{12} > 1$, 那么就会存在唯一的疾病流行平衡点:

$$S_\infty = \frac{(m + u_1 + pb - b)(n + u_2)}{\beta(u_2 + \sigma\varepsilon + n)}, \quad I_{1\infty} = \frac{n + u_2}{\varepsilon} I_{2\infty},$$

$$I_{2\infty} = \frac{\alpha\beta\varepsilon(\sigma\varepsilon + n + u_2) - (\mu - b)(m + u_1 + pb - b)(n + u_2)\varepsilon}{\beta(\sigma\varepsilon + n + u_2)[(m - b)(n + u_2) - \gamma_1(n + u_2) - \gamma_2\varepsilon - u_2\varepsilon]}.$$

1. **最优解的存在性**

在流行病动力学中, 稳定性、存在性和最优控制理论是很重要的研究课题. 首先, 给出控制系统 (4.3.2) 解的存在性的证明. 在这个控制问题中, 假设控制变量 $u_1(t)$ 和 $u_2(t)$ 满足约束 (4.3.1) 且状态变量 $I_i(t)$ 是受到控制变量 $u_i(t) \in U(i = 1, 2)$ 的调控. 假设 $S(\theta), I_1(\theta), I_2(\theta)$ 是非负连续函数, 其中 $\theta \in [-\tau, 0]$, 且 $S(\theta) = S_0 > 0, I_1(\theta) = I_{10} \geqslant 0, I_2(\theta) = I_{20} \geqslant 0$, 则 (4.3.2) 改写为如下形式:

$$\dot{V}(t) = AV(t) + F(V(t), V_\tau(t)) + C(u, V(t)), \tag{4.3.5}$$

其中 $V_\tau(t) = V(t - \tau)$,

$$V(t) = \begin{bmatrix} S(t) \\ I_1(t) \\ I_2(t) \end{bmatrix}, \quad A = \begin{bmatrix} b - \mu & pb & 0 \\ 0 & (1-b)p - m & 0 \\ 0 & \varepsilon & -n \end{bmatrix},$$

$$C(t) = \begin{bmatrix} u_1(t)I_1(t) + u_2(t)I_2(t) \\ -u_1(t)I_1(t) \\ -u_2(t)I_2(t) \end{bmatrix},$$

$$F(V(t), V_\tau(t)) = \begin{bmatrix} \alpha - \beta S(t)(I_1(t) + \sigma I_2(t)) + \gamma_1 I_1(t - \tau) + \gamma_2 I_2(t - \tau) \\ \beta S(t)(I_1(t) + \sigma I_2(t)) \\ 0 \end{bmatrix}.$$

由于 (4.3.2) 是一个具有有界系数的非线性系统, 设

$$G(V(t), V_\tau(t)) = AV(t) + F(V(t), V_\tau(t)). \tag{4.3.6}$$

等式 (4.3.6) 右边的第二项满足

$$|F(V_1(t), (V_1)_\tau(t)) - F(V_2(t), (V_2)_\tau(t))| \leqslant M_1|V_1(t) - V_2(t)| + M_2|(V_1)_\tau(t) - (V_2)_\tau(t)|,$$

其中 M_1 和 M_2 是正常数, 与状态变量 $S(t)$, $I_1(t)$ 和 $I_2(t)$ 无关, 且

$$|V_1(t) - V_2(t)| = |S_1(t) - S_2(t)| + |I_{11}(t) - I_{12}(t)| + |I_{21}(t) - I_{22}(t)|,$$
$$|(V_1)_\tau(t) - (V_2)_\tau(t)| = |(S_1)_\tau(t) - (S_2)_\tau(t)| + |(I_{11})_\tau(t) - (I_{12})_\tau(t)|$$
$$+ |(I_{21})_\tau(t) - (I_{22})_\tau(t)|,$$

其中对于 $i = 1, 2$,

$$(S_i)_\tau = S_i(t - \tau), \quad (I_{1i})_\tau(t) = I_1(t - \tau), \quad (I_{2i})_\tau(t) = I_2(t - \tau).$$

此外, 得到

$$|G(V_1, V_{1\tau}) - G(V_2, V_{2\tau})| \leqslant L(|V_1(t) - V_2(t)| + |(V_1)_\tau(t) - (V_2)_\tau(t)|),$$

其中 $L = \max\{M_1, M_2, \|A\|\} < \infty$. 因此, 函数 G 是一致利普希茨连续的. 从 U 的定义以及 $S(t), I_1(t)$ 和 $I_2(t) \geqslant 0$ 的限制, 可以看出系统 (4.3.2) 的解的存在性[23].

定理 4.3.1 *存在最优控制对 $(u_1^*(t), u_2^*(t)) \in U$, 使得*

$$J(u_1^*(t), u_2^*(t)) = \min_{u_i \in U} J(u_1(t), u_2(t)), \quad i = 1, 2,$$

满足初始条件 (4.3.3) 和控制系统 (4.3.2).

证明 运用 D. L. Lukes[23] 中的结果来证明最优控制对 (u_1^*, u_2^*) 的存在性. 由于控制变量和状态变量是非负值, 根据定义, 控制变量 $u_i(t) \in U$ 也是凸闭的, 且最优系统的有界性决定了最优控制存在所需的紧性. 因此函数 (4.3.4) 中的被积函数

$$I_1(t) + I_2(t) + \frac{\epsilon_1 u_1^2(t) + \epsilon_2 u_2^2(t)}{2}$$

在控制集 U 上是凸的. 另外, 可以很容易地看到, 存在常数 $\rho > 1$ 及正数 η_1 和 η_2 使得

$$J(u_1, u_2) \geqslant \eta_2 + \eta_1(|u_1|^2 + |u_2|^2)^{\rho/2},$$

这就完成了最优控制的存在性证明. □

2. 最优控制的特性

下面运用庞特里亚金最大值原理[24] 确定最优控制 $u_1(t)$ 和 $u_1(t)$ 的精确公式. 因为最优控制是存在的, 为了得到最优解, 设

$$X(t) = (S(t), I_1(t), I_2(t)), \quad X_\tau(t) = (S_\tau(t), I_{1\tau}(t), I_{2\tau}(t)),$$

$$S_\tau(t) := S(t - \tau), \quad I_{1\tau}(t) = I_1(t - \tau), \quad I_{2\tau}(t) := I_2(t - \tau),$$

$$u(t) = (u_1(t), u_2(t)), \quad \lambda(t) = (\lambda_1(t), \lambda_2(t), \lambda_3(t)),$$

其中 $\lambda_1, \lambda_2, \lambda_3$ 是伴随变量. 定义控制问题的哈密顿函数如下:

$$H(X, X_\tau, u, \lambda) = I_1 + I_2 + \frac{\epsilon_1 u_1^2 + \epsilon_2 u_2^2}{2} + \lambda_1(t)[\alpha + bS + pbI_1 - \beta S(I_1 + \sigma I_2)$$

$$- \mu S + \gamma_1 I_1(t - \tau) + \gamma_2 I_2(t - \tau) + u_1 I_1 + u_2 I_2]$$

$$+ \lambda_2(t)[(1-p)bI_1 + \beta S(I_1 + \sigma I_2) - m I_1 - u_1 I_1]$$

$$+ \lambda_3(t)(\varepsilon I_1 - n I_2 - u_2 I_2). \tag{4.3.7}$$

为了简单起见, 引入指示函数

$$\chi_{[0,T-\tau]}(t) = \begin{cases} 1, & 0 \leqslant t \leqslant T - \tau, \\ 0, & T - \tau \leqslant t \leqslant T. \end{cases}$$

如果考虑上面定义的 $X(t)$ 和 $X_\tau(t)$, 那么在 $[0, T]$ 上有一个可微函数 $\lambda(t)$ 满足下面方程组, 即状态方程

$$\dot{V}(t) = H_\lambda(X, X_\tau, u, \lambda)(t) \tag{4.3.8}$$

和最优条件

$$0 = H_u(X, X_\tau, u, \lambda)(t), \tag{4.3.9}$$

以及伴随方程

$$-\dot{\lambda}(t) = H_X(X, X_\tau, u, \lambda)(t) + \chi_{[0,T-\tau]}(t)H_{X_\tau}(X, X_\tau, u, \lambda)(t) \mid (t + \tau), \tag{4.3.10}$$

其中 H_λ, H_u, H_X 和 H_{X_τ} 分别表示 H 关于 λ, u, X 和 X_τ 的导数. 现在在 (4.3.7) 中应用哈密顿函数 $H(X, X_\tau, u, \lambda)$ 的必要条件, 然后得到以下结果.

定理 4.3.2 设 $S^*(t), I_1^*(t)$ 和 $I_2^*(t)$ 为与最优控制变量 $u_1^*(t)$ 和 $u_2^*(t)$ 和最优控制问题 (4.3.2)—(4.3.4) 相关的最优状态解, 则存在三个伴随变量 $\lambda_1(t), \lambda_2(t)$ 和 $\lambda_3(t)$ 满足

$$\begin{cases} \dot{\lambda}_1(t) = -\lambda_1(t)(b - \beta(I_1 + \sigma I_2) - \mu) - \lambda_2(t)\beta(I_1 + \sigma I_2), \\ \dot{\lambda}_2(t) = -1 - \lambda_1(t)(pb - \beta S + u_1) + \lambda_2(t)[(1-p)b \\ \qquad + \beta s - m - u_1] - \lambda_3(t)\varepsilon - \chi_{[0,T-\tau]}(t)\lambda_1(t+\tau)\gamma_1, \\ \dot{\lambda}_3(t) = -1 - \lambda_1(t)(-\beta S\sigma + u_2) - \lambda_2(t)S\beta\sigma + \lambda_3(t)(n + u_2) \\ \qquad - \chi_{[0,T-\tau]}(t)\lambda_1(t+\tau)\gamma_2, \end{cases} \tag{4.3.11}$$

横截条件 (或边界条件) 为

$$\lambda_i(T) = 0, \quad i = 1, 2, 3. \tag{4.3.12}$$

此外, 最优控制如下:

$$u_1^* = \max\left\{\min\left\{\frac{(\lambda_2(t) - \lambda_1(t))I_1(t)}{\epsilon_1}, 1\right\}, 0\right\}, \tag{4.3.13}$$

$$u_2^* = \max\left\{\min\left\{\frac{(\lambda_3(t) - \lambda_1(t))I_2(t)}{\epsilon_2}, 1\right\}, 0\right\}. \tag{4.3.14}$$

证明 使用哈密顿函数 (4.3.7) 和最优条件 (4.3.9) 确定伴随方程和横截条件. 将 $X(t)$ 与 $X_\tau(t)$ 区分开来, 设 $X(t) = X^*(t)$ 及 $X_\tau(t) = X_\tau^*(t)$, 得到

$$-\lambda_1'(t) = H_{S^*}(t) + \chi_{[0,T-\tau]}(t)H_{S_\tau^*}(t) \mid (t+\tau),$$

$$-\lambda_2'(t) = H_{I_1^*}(t) + \chi_{[0,T-\tau]}(t)H_{I_1^*\tau}(t) \mid (t+\tau),$$

$$-\lambda_3'(t) = H_{I_2^*}(t) + \chi_{[0,T-\tau]}(t)H_{I_2^*\tau}(t) \mid (t+\tau).$$

将相应的导数代入上述不等式并通过重新排列, 得到伴随方程 (4.3.11). 通过最优条件 (4.3.9) 得到

$$\frac{\partial H}{\partial u_1} = \epsilon_1 u_1 + \lambda_1(t)I_1(t) - \lambda_2(t)I_1(t) = 0, \quad \frac{\partial H}{\partial u_2} = \epsilon_2 u_2 + \lambda_1(t)I_2(t) - \lambda_3(t)I_2(t) = 0,$$

这意味着

$$u_1 = \frac{(\lambda_2(t) - \lambda_1(t))I_1(t)}{\epsilon_1}, \quad u_2 = \frac{(\lambda_3(t) - \lambda_1(t))I_2(t)}{\epsilon_2}.$$

利用 (4.3.1) 中控制集的性质得

$$u_1^*(t) = \begin{cases} 0, & \frac{(\lambda_2(t) - \lambda_1(t))I_1(t)}{\epsilon_1} \leqslant 0, \\ \frac{(\lambda_2(t) - \lambda_1(t))I_1(t)}{\epsilon_1}, & 0 < \frac{(\lambda_2(t) - \lambda_1(t))I_1(t)}{\epsilon_1} < 1, \\ 1, & \frac{(\lambda_2(t) - \lambda_1(t))I_1(t)}{\epsilon_1} \geqslant 1, \end{cases}$$

$$u_2^*(t) = \begin{cases} 0, & \frac{(\lambda_3(t) - \lambda_1(t))I_2(t)}{\epsilon_2} \leqslant 0, \\ \frac{(\lambda_3(t) - \lambda_1(t))I_2(t)}{\epsilon_2}, & 0 < \frac{(\lambda_3(t) - \lambda_1(t))I_2(t)}{\epsilon_2} < 1, \\ 1, & \frac{(\lambda_3(t) - \lambda_1(t))I_2(t)}{\epsilon_2} \geqslant 1. \end{cases}$$

用紧凑的符号重写为

$$u_1^* = \max\left\{\min\left\{\frac{(\lambda_2(t)-\lambda_1(t))I_1(t)}{\epsilon_1},1\right\},0\right\},$$

$$u_2^* = \max\left\{\min\left\{\frac{(\lambda_3(t)-\lambda_1(t))I_2(t)}{\epsilon_2},1\right\},0\right\}.$$

这就完成了证明. □

在定理 4.3.2 中 (4.3.13) 和 (4.3.14) 是最优控制方式. 此外, 目标函数关于 $u_1^*(t)$ 和 $u_2^*(t)$ 的二阶导数是正的, 这表明最优问题在控制 $u_1^*(t)$ 和 $u_2^*(t)$ 上是最小的. 利用控制的显式表达形式, 伴随状态方程及初始和横截条件构成了最优系统:

$$
\begin{cases}
\dot{S}(t) = \alpha + bS + pbI_1 - \beta S(I_1 + \sigma I_2) - \mu S + \gamma_1 I_1(t-\tau) \\
\qquad + \gamma_2 I_2(t-\tau)\max\left\{\min\left\{\dfrac{(\lambda_2(t)-\lambda_1(t))I_1(t)}{\epsilon_1},1\right\},0\right\}I_1 \\
\qquad + \max\left\{\min\left\{\dfrac{(\lambda_3(t)-\lambda_1(t))I_2(t)}{\epsilon_2},1\right\},0\right\}I_2, \\[4pt]
\dot{I}_1(t) = (1-p)bI_1 + \beta S(I_1 + \sigma I_2) - mI_1 \\
\qquad - \max\left\{\min\left\{\dfrac{(\lambda_2(t)-\lambda_1(t))I_1(t)}{\epsilon_1},1\right\},0\right\}I_1, \\[4pt]
\dot{I}_2(t) = \varepsilon I_1 - nI_2 - \max\left\{\min\left\{\dfrac{(\lambda_3(t)-\lambda_1(t))I_2(t)}{\epsilon_2},1\right\},0\right\}I_2, \\[4pt]
\dot{\lambda}_1(t) = -\lambda_1(t)(b - \beta(I_1+\sigma I_2)-\mu) - \lambda_2(t)\beta(I_1+\sigma I_2), \\[4pt]
\dot{\lambda}_2(t) = -1 - \lambda_1(t)\left(pb - \beta S + \max\left\{\min\left\{\dfrac{(\lambda_2(t)-\lambda_1(t))I_1(t)}{\epsilon_1},1\right\},0\right\}\right) \\
\qquad + \lambda_2(t)\left[(1-p)b + \beta S - m - \max\left\{\min\left\{\dfrac{(\lambda_2(t)-\lambda_1(t))I_1(t)}{\epsilon_1},1\right\},0\right\}\right] \\
\qquad - \lambda_3(t)\varepsilon - \chi_{[0,T-\tau]}(t)\lambda_1(t+\tau)\gamma_1, \\[4pt]
\dot{\lambda}_3(t) = -1 - \lambda_1(t)\left(-\beta\sigma S + \max\left\{\min\left\{\dfrac{(\lambda_3(t)-\lambda_1(t))I_2(t)}{\epsilon_2},1\right\},0\right\}\right) \\
\qquad - \lambda_2(t)S\beta\sigma + \lambda_3(t)\left(n + \max\left\{\min\left\{\dfrac{(\lambda_3(t)-\lambda_1(t))I_2(t)}{\epsilon_2},1\right\},0\right\}\right) \\
\qquad - \chi_{[0,T-\tau]}(t)\lambda_1(t+\tau)\gamma_2,
\end{cases}
$$

$$\tag{4.3.15}$$

其中 (4.3.15) 具有初始条件 (4.3.3) 和横截条件 (4.3.12).

3. 最优系统的唯一性

接下来, 讨论最优控制问题解的唯一性. 由于最优控制依赖于伴随变量和状态变量, 通过证明最优系统有唯一解, 我们认为最优控制也是唯一的. 因为 $S(t)$, $I_1(t)$ 和 $I_2(t)$ 是有界的, 则伴随方程 (4.3.11) 右端的有界性依赖于终端时刻 T. 因此, 存在一个依赖于状态方程的系数及 $S(t), I_1(t)$ 和 $I_2(t)$ 一致有界性的正常数 D, 使得在 $[0,T]$ 上满足 $|\lambda_i(t)| < DT$.

定理 4.3.3 对于足够小的 T, 最优解是唯一的.

证明 假设 (S, I_1, I_2) 和 $(\bar{S}, \bar{I}_1, \bar{I}_2)$ 是最优系统 (4.3.15) 的两个不同的解. 令 $m_0 > 0$, 则

$$S = e^{m_0 t}h, \quad I_1 = e^{m_0 t}q, \quad I_2 = e^{m_0 t}f,$$

$$\lambda_1 = e^{-m_0 t}w, \quad \lambda_2 = e^{-m_0 t}v, \quad \lambda_3 = e^{-m_0 t}j. \tag{4.3.16}$$

$$\overline{S} = e^{m_0 t}\overline{h}, \quad \overline{I}_1 = e^{m_0 t}\overline{q}, \quad \overline{I}_2 = e^{m_0 t}\overline{f},$$

$$\overline{\lambda_1} = e^{-m_0 t}\overline{w}, \quad \overline{\lambda_2} = e^{-m_0 t}\overline{v}, \quad \overline{\lambda_3} = e^{-m_0 t}\overline{j}. \tag{4.3.17}$$

另外, 令

$$u_1^* = \max\left\{\min\left\{\frac{(v-w)q}{\epsilon_1}, 1\right\}, 0\right\}, \quad u_2^* = \max\left\{\min\left\{\frac{(j-w)f}{\epsilon_2}, 1\right\}, 0\right\},$$

$$\overline{u_1^*} = \max\left\{\min\left\{\frac{(\bar{v}-\bar{w})\bar{q}}{\epsilon_1}, 1\right\}, 0\right\}, \quad \overline{u_2^*} = \max\left\{\min\left\{\frac{(\bar{j}-\bar{w})\bar{f}}{\epsilon_2}, 1\right\}, 0\right\}.$$

例如, 将 (4.3.16) 代入最优系统 (4.3.15) 的第三和第六个微分方程, 化简后得到以下方程:

$$m_0 f + \dot{f} = \varepsilon q - nf - f\max\left\{\min\left\{\frac{(j-w)f}{\epsilon_2}, 1\right\}, 0\right\},$$

$$-m_0 j + \dot{j} = -e^{m_0 t} - w - \beta h\sigma e^{m_0 t} + \max\left\{\min\left\{\frac{(j-w)f}{\epsilon_2}, 1\right\}, 0\right\} - \beta h\sigma v e^{m_0 t}$$

$$+j\left(n + \max\left\{\min\left\{\frac{(j-w)f}{\epsilon_2}, 1\right\}, 0\right\}\right) - \chi_{[0,T-\tau]}(t)e^{-m_0\tau}\gamma_2 w.$$

接下来把 h 与 $\bar{h}$, q 与 $\bar{q}$ 等式子代入以上两个方程, 并做减法. 然后用适当的函数差值乘以每个方程, 并从 0 到 T 积分, 即考虑 $j - \bar{j}$ 方程乘以 $j - \bar{j}$ 后, 从零到终端时刻积分得到

$$\frac{1}{2}[j(0) - \bar{j}(0)]^2 + m\int_0^T (j-\bar{j})^2 dt$$

$$= \int_0^T (j-\bar{j})(\overline{wh}-wh)\beta e^{m_0 t}\sigma dt + \int_0^T \left[w\max\left\{\min\left\{\frac{(j-w)f}{\epsilon_2},1\right\},0\right\}\right.$$

$$\left. -\bar{w}\max\left\{\min\left\{\frac{(\bar{j}-\bar{w})\bar{f}}{\epsilon_2},1\right\},0\right\}\right](j-\bar{j})dt$$

$$+\int_0^T \beta e^{m_0 t}\sigma(vh-\overline{vh})(j-\bar{j})dt - \int_0^T n(j-\bar{j})^2 dt$$

$$+\int_0^T \left[\bar{j}\max\left\{\min\left\{\frac{(\bar{j}-\bar{w})\bar{f}}{\epsilon_2},1\right\},0\right\} - j\max\left\{\min\left\{\frac{(j-w)f}{\epsilon_2},1\right\},0\right\}\right]$$

$$\times (j-\bar{j})dt + \int_0^T (w-\bar{w})(j-\bar{j})\gamma_2\chi_{[0,T-\tau]}(t)e^{-m_0\tau}dt.$$

为了获得唯一性的结论, 上述方程中有几项需要估计. 由于 $0<t<T$, $e^{m_0 t}<e^{m_0 T}$ 和 $0<\chi_{[0,T-\tau]}(t)e^{-m_0\tau}<1$, 所以有

$$\frac{1}{2}[j(0)-\bar{j}(0)]^2 + m\int_0^T (j-\bar{j})^2 dt$$

$$= e^{m_0 T}\beta\sigma\int_0^T (j-\bar{j})(\overline{wh}-wh)dt + \int_0^T \left[w\max\left\{\min\left\{\frac{(j-w)f}{\epsilon_2},1\right\},0\right\}\right.$$

$$\left. -\bar{w}\max\left\{\min\left\{\frac{(\bar{j}-\bar{w})\bar{f}}{\epsilon_2},1\right\},0\right\}\right](j-\bar{j})dt$$

$$+\beta e^{m_0 T}\sigma\int_0^T (vh-\overline{vh})(j-\bar{j})dt - \int_0^T n(j-\bar{j})^2 dt$$

$$+\int_0^T \left[\bar{j}\max\left\{\min\left\{\frac{(\bar{j}-\bar{w})\bar{f}}{\epsilon_2},1\right\},0\right\} - j\max\left\{\min\left\{\frac{(j-w)f}{\epsilon_2},1\right\},0\right\}\right]$$

$$\times (j-\bar{j})dt + \gamma_2\int_0^T (w-\bar{w})(j-\bar{j})dt.$$

现在我们将具体分析 $\int_0^T (j-\bar{j})(\overline{wh}-wh)dt$. 为了得到这一估计, 使用柯西不等式来将线性项分离成二次项, 同时结合 $\overline{wh}-wh = \overline{wh}-\overline{w}h+\overline{w}h-wh$, 得到

$$\int_0^T (j-\bar{j})(\overline{wh}-wh)dt$$

$$= \int_0^T (j-\bar{j})(\overline{wh}-\overline{w}h+\overline{w}h-wh)dt$$

$$= \int_0^T (j - \overline{j})\overline{w}(\overline{h} - h)dt + \int_0^T (j - \overline{j})h(w - \overline{w})dt$$

$$+ \frac{M_1 + M_2}{2} \int_0^T (j - \overline{j})^2 dt + \frac{M_1}{2} \int_0^T (h - \overline{h})^2 dt + \frac{M_2}{2} \int_0^T (w - \overline{w})^2 dt.$$

在上面的估计中, M_1 和 M_2 分别是 $\overline{w}$ 和 $\overline{h}$ 的上界.

为了完成唯一性的证明, 将等式 $(h - \overline{h}), (q - \overline{q}), (f - \overline{f}), (v - \overline{v})$ 和 $(j - \overline{j})$ 的积分表达式相加, 并将这些项结合起来得到

$$\frac{1}{2}[h(T) - \overline{h}(T)]^2 + \frac{1}{2}[q(T) - \overline{q}(T)]^2 + \frac{1}{2}[f(T) - \overline{f}(T)]^2 + \frac{1}{2}[w(0) - \overline{w}(0)]^2$$

$$+ \frac{1}{2}[v(0) - \overline{v}(0)]^2 + \frac{1}{2}[j(0) - \overline{j}(0)]^2 + (m_0 - b)\int_0^T (h - \overline{h})^2 dt$$

$$+ (m_0 - (1 - pb) + m)\int_0^T (q - \overline{q})^2 dt + (m_0 + n)\int_0^T (f - \overline{f})^2 dt$$

$$+ (m_0 + \mu - b)\int_0^T (w - \overline{w})^2 dt + (m_0 - (1 - pb))\int_0^T (v - \overline{v})^2 dt$$

$$+ (m + n)\int_0^T (j - \overline{j})^2 dt$$

$$\leqslant C_1 e^{mt}\left[\int_0^T (h - \overline{h})^2 dt + \int_0^T (q - \overline{q})^2 dt + \int_0^T (f - \overline{f})^2 dt + \int_0^T (w - \overline{w})^2 dt \right.$$

$$\left. + \int_0^T (v - \overline{v})^2 dt + \int_0^T (j - \overline{j})^2 dt \right] + C_2\left[\int_0^T (h - \overline{h})^2 dt + \int_0^T (q - \overline{q})^2 dt \right.$$

$$\left. + \int_0^T (f - \overline{f})^2 dt + \int_0^T (w - \overline{w})^2 dt + \int_0^T (v - \overline{v})^2 dt + \int_0^T (j - \overline{j})^2 dt \right].$$

利用变量在初值和终值的非负性, 化简得到表达式

$$(m_0 - D - C e^{m_0 t})\left[\int_0^T (h - \overline{h})^2 dt + \int_0^T (q - \overline{q})^2 dt + \int_0^T (f - \overline{f})^2 dt \right.$$

$$\left. + \int_0^T (w - \overline{w})^2 dt + \int_0^T (v - \overline{v})^2 dt + \int_0^T (j - \overline{j})^2 dt \right] \leqslant 0,$$

其中 D 和 C 依赖于状态的所有系数和界限性.

对于最优系统是唯一的, 选择 m_0, 使得 $m_0 - D - C e^{m_0 t} > 0$. 由于自然对数是一个递增函数, 那么

$$\ln\left(\frac{m_0 - D}{C}\right) > m_0 t.$$

对于 m_0 的选择, 有 $T < \ln\left(\dfrac{m_0 - D}{C}\right)$. 由于最优控制的特征直接依赖于状态和伴随解的唯一性, 因此最优控制是唯一的. □

对于策略 2 和策略 3, 基本再生数被定义为

$$R_1 = \frac{\alpha\beta(\sigma\varepsilon + n)}{(\mu - b)(m + u_1 + pb - b)n}$$

及

$$R_2 = \frac{\alpha\beta(\sigma\varepsilon + n + u_2)}{(\mu - b)(m + pb - b)(n + u_2)}.$$

且其对应的正流行病平衡点如下:

$$(S_\infty^*, I_1^*\infty, I_2^*\infty) = \left(\frac{(m + u_1 + pb - b)n}{\beta(\sigma\varepsilon + n)}, \frac{n}{\varepsilon}I_2^*\infty, I_2^*\infty\right)$$

及

$$(S_\infty^0, I_1^0\infty, I_2^0\infty) = \left(\frac{(m + u_1 + pb - b)n}{\beta(\sigma\varepsilon + n)}, \frac{n}{\varepsilon}I_2^0\infty, I_2^0\infty\right),$$

其中

$$I_2^*\infty = \frac{\alpha\beta\varepsilon(\sigma\varepsilon + n) - (\mu - b)(m + u_1 + pb - b)n\varepsilon}{\beta(\sigma\varepsilon + n)(mn - bn - \gamma_1 n - \gamma_2\varepsilon)},$$

且

$$I_2^0\infty = \frac{\alpha\beta\varepsilon(\sigma\varepsilon + n + u_2) - (\mu - b)(m + pb - b)(n + u_2)\varepsilon}{\beta(\sigma\varepsilon + n + u_2)[(m - b)(n + u_2) - \gamma_1(n + u_2) - \gamma_2\varepsilon - u_2\varepsilon]}.$$

它们的最优性系统可以从 (4.3.15) 中得到.

4.4　数 值 模 拟

在状态或控制变量中带有时滞的微分控制系统在模拟各种实际现象中起着重要的作用. 许多论文一直致力于研究带有时滞 (其他术语: 延迟、滞育、遗传) 的最优控制问题和最优必要条件的推导[25]. 在本节, 给出了一些数值结果, 以便将时滞和最优控制引入到 SIS 模型中, 从而揭示了时滞对最优控制方案产生的影响.

DDE 问题的最优控制在机理、意义和方法等方面[26] 不同于 ODE 问题. 本节在 MATLAB 的基础上, 考虑时滞 SIS 模型、控制系统、初始条件、伴随方程和横截条件, 通过求解由六个常微分方程和边界条件组成的最优系统, 得到最优控制策略. 关于该方法的收敛性和稳定性的信息可以在文献 [26] 中找到. 最优控制策略的具体算法如下:

- 步骤 1 在区间 $[-\tau, T]$ 上给出 $(u_1(t), u_2(t)) = (u_{10}, u_{20})$ 的初始值.
- 步骤 2 利用初始条件 $(S(t), I_1(t), I_2(t))_{[-\tau, 0]} = (S_0, I_{10}, I_{20})$ 及 $(u_1(t), u_2(t))$ 的初值, 根据最优系统在区间 $[0, T]$ 上的微分方程, 向前求解系统 (4.3.2) 的解 $(S(t), I_1(t), I_2(t))$.
- 步骤 3 利用横截条件 $(\lambda_1(T), \lambda_2(T), \lambda_3(T)) = (0, 0, 0)$, $(u_1(t), u_2(t))$ 及 $(S(t), I_1(t), I_2(t))$ 的值, 按照区间 $[T-\tau, T]$ 上的最优系统 (4.3.15) 和 $\chi_{[T-\tau, T]}(t) = 0$ 向后求解协态 $(\lambda_1(t), \lambda_2(t), \lambda_3(t))$.
- 步骤 4 利用横截条件 $(\lambda_1(T-\tau), \lambda_2(T-\tau), \lambda_3(T-\tau))$ 和 $(u_1(t), u_2(t))$ 与 $(S(t), I_1(t), I_2(t))$ 的值, 根据其在区间 $[0, T-\tau]$ 上的最优系统 (4.3.15) 的微分方程和 $\chi_{[0, T-\tau]}(t) = 1$, 向后解出 $(\lambda_1(t), \lambda_2(t), \lambda_3(t))$.
- 步骤 5 通过输入新的 $(S(t), I_1(t), I_2(t))$ 和 $(\lambda_1(t), \lambda_2(t), \lambda_3(t))$ 到最优控制的表达式中, 更新 (4.3.13) 和 (4.3.14) 中的 $(u_1(t), u_2(t))$.
- 步骤 6 验证收敛. 如果此迭代中的变量值与最后一次迭代的值充分接近, 则将当前值作为解输出. 如果值不接近, 则返回到步骤 2.

在下面的例子中, 分别模拟治疗 10 天和 100 天的情形. 参数的取值如下:

$$\alpha = 0.3, \ \beta = 0.7, \ b = 0.25, \ \mu = 0.3, \ \sigma = 0.2, \ \gamma_1 = 0.1, \ \gamma_2 = 0.006, \ e = 0.03,$$

$$d_1 = 0.2, \ d_2 = 0.3, \ p = 0.7, \varepsilon_1 = \varepsilon_2 = 0.6.$$

模拟图形有助于比较三种控制策略下治疗前后的易感人群 $S(t)$、早期感染人群 $I_1(t)$ 和后期感染人群 $I_2(t)$ 的动力学行为 (见图 4.4.1).

首先, 为了研究终端时间 T 对状态系统的动力学和最优性条件的影响, 选择 $\tau = 1$, 分别在间隔 $[0, 3.5]$, $[0, 8]$ 和 $[0, 15]$ 上对混合控制和早期控制 $u_1(t)$ 进行仿真 (图 4.4.1和图 4.4.2). 进一步, 在时间间隔 $[0, 1]$, $[0, 3]$ 和 $[0, 4]$ (图 4.4.3) 上对后期控制 $u_2(t)$ 进行模拟. 显然, 终端时间 T 极大地影响早期最优控制策略 $u_1(t)$. 例如, 对于终端时间 $T = 3.5$, 在图 4.4.2 中存在一个 $\varsigma \in [0, 3.5]$, 使得早期染病者的最佳早期治疗策略 $u_1(t)$ 具有以下形式:

$$u_1(t) = \begin{cases} 1, & t \in [0, \varsigma], \\ u_1^*(t), & t \in (\varsigma, 3.5], \end{cases}$$

即当 $T = 3.5$ 时, 最优的治疗策略为: 在流行病开始时实施最大的治疗措施并持续该措施直到到达开关时间 ς. 但是对于终端时间 $T = 8$, 从图 4.4.2 可以看出, 在区间 $[0, 8]$ 中存在 $\varsigma_1 < \varsigma_2$, 使得最优的早期治疗策略 $u_1(t)$ 具有以下形式之一:

$$u_1(t) = \begin{cases} u_1^*(t), & t \in [0, \varsigma_1], \\ 1, & t \in (\varsigma_1, \varsigma_2], \\ u_1^*(t), & t \in (\varsigma_2, 8]. \end{cases}$$

这意味着要实现目标最优, 不一定要求在疾病流行的初期和后期时实施最大的治疗措施, 但在疾病流行的中期一定要实施最大的治疗措施.

其次, 从图 4.4.1到图 4.4.3 中可以看出, 最佳治疗方案对易感 $S(t)$ 和早期感染者 $I_1(t)$ 的群体具有非常理想的效果, 特别是在策略 1 和策略 2 中, 但在策略 3 中, 当终端时间 T 接近 2 时, $S(t), I_1(t)$ 和 $I_2(t)$ 的群体数量保持在没有治疗的水平.

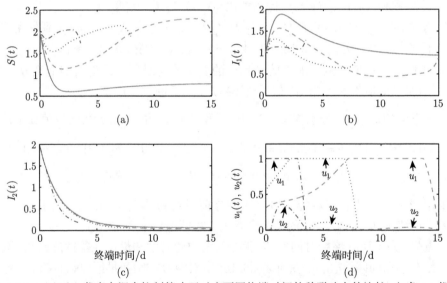

图 4.4.1   (a)–(c) 代表在混合控制策略下对应不同终端时间的种群动态的比较. 红色 '-' 代表没有控制. 其他线条代表具有控制 $u_1(t)$ 和 $u_2(t)$, 其中蓝色 '-.' 代表终端时间为 $T = 3.5$ 时的图形; 黑色 ':' 表示终端时间 $T = 8$ 时的图形; 棕色 '- -' 代表终端时间 $T = 15$ 时的图形.
(d) 代表不同终端时间的最优控制策略

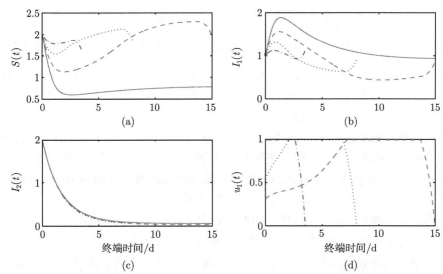

图 4.4.2　(a)–(c) 代表对应不同终端时间, 对早期染病者进行控制治疗时种群动态的比较. 红色 '-' 代表没有控制. 其他线条代表具有控制 $u_1(t)$, 其中蓝色 '- ·' 代表终端时间为 $T = 3.5$ 时的图形; 黑色 ':' 代表终端时间 $T = 8$ 时的图形; 紫色 '- -' 代表终端时间 $T = 15$ 时的图形. (d) 代表相应的最优控制策略

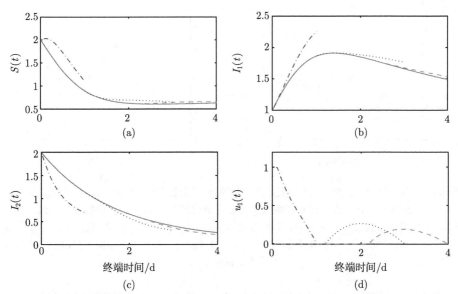

图 4.4.3　(a)–(c) 代表对应不同终端时间, 对后期染病者进行控制治疗时种群动态的比较. 红色 '-' 代表没有控制. 其他线条代表具有控制 $u_2(t)$, 其中蓝色 '- ·' 代表终端时间为 $T = 1$ 时的图形; 黑色 ':' 表示终端时间 $T = 3$ 时的图形; 棕色 '- -' 代表终端时间 $T = 4$ 时的图形. (d) 代表相应的最优控制策略

第三, 当终端时间 T 依次取 $1, 2, \cdots, 10$ 时, 在最优控制策略下, 图 4.4.4(a) 描绘了总成本 $\int_0^T (u_1^*(t) + u_2^*(t))dt$ 和总染病者的数量 $\int_0^T (I_1^*(t) + I_2^*(t))dt$ 的变化情况. 曲线绿 ':*' 表明, 当仅对后期感染者实施最优控制策略 $u_2(t)$ 时, 最优成本在 $T = 2$ 时获得峰值, 然后逐渐减少. 但曲线红 '-*' 和蓝 '-*' 显示, 当我们对早期感染者实施最优控制 $u_1(t)$ 和对两期染病者实施最优的混合控制 $u_1(t)$ 与 $u_2(t)$ 时, 在 T 很小时, 最优控制 $u_1(t)$ 下的最优总成本小于最优混合控制 $u_1(t)$ 和 $u_2(t)$ 的总最优成本, 但最优总成本随着终端时间 T 的增加而越来越接近. 曲线红 '−◇' 和蓝 '−◇' 表明, 对任意终端时间 T, 对早期感染者实施最优控制 $u_1(t)$ 与对两期感染者实施最佳混合控制 $u_1(t)$ 和 $u_2(t)$ 时, 总感染人数大约相等. 但仅对后期染病者实施最佳控制 $u_2(t)$ 时, 总感染人数大于其他的两种最优控制策略. 因此, 对于本节所建立的 SIS 模型, 可以通过对早期染病者的优化治疗策略来最小化疾病的总病例. 该结论可由图 4.4.4(b) 清晰地看出, 这表明对早期病人实施最优控制策略 $u_1(t)$ 所对应的基本再生数几乎等于对两期病人实施混合最优控制 $u_1(t)$ 和 $u_2(t)$ 下的基本再生数.

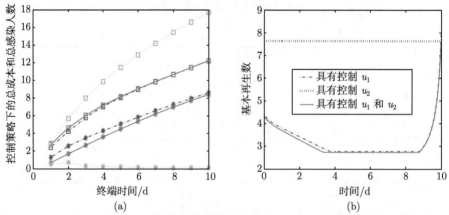

图 4.4.4　(a) 当 $\tau = 2$ 时, 在不同的最优控制策略下的总成本和总感染人数. 红色 '-*', 绿色 ':*' 和蓝色 '-*' 分别表示在对早期染病者进行最优控制 $u_1(t)$, 后期染病者进行最优控制 $u_2(t)$ 及混合控制 $u_1(t)$ 与 $u_2(t)$ 下的总成本. 红色 '−◇', 绿色 ':◇' 和蓝色 '−◇' 分别代表以上相应最优控制下的总感染人数. (b) 当 $\tau = 2$ 和 $T = 10$ 时, 不同最优控制策略下的基本再生数

最后, 通过图 4.4.5 研究时滞的影响可知, 显然, 对固定终端时间, 较长的染病期需要较低的总成本. 随着染病期的增加, 总染病人数趋于一个稳定值. 因此, 对于一个具有较短染病期的疾病, 人们要花费更多的成本来控制疾病以达到最优的控制目标. 相反, 对于具有较长染病期的疾病, 花费较低的成本就可以控制疾病.

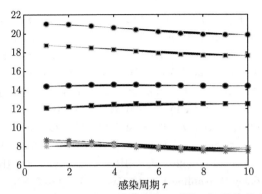

图 4.4.5　对固定的终端时间 $T = 10$ 天, 当染病周期 τ 增加时, 最优总成本、最优总感染人数以及最优目标函数值的变化情况. 红色 '-.*', 绿色 ':*' 和蓝色 '-*' 分别表示在最优控制 $u_1(t)$, 最优控制 $u_2(t)$ 和最优混合控制 $u_1(t)$ 与 $u_2(t)$ 下的总成本. 红色 '-.◇', 绿色 ':◇' 和蓝色 '-◇' 分别表示三种最优控制下的总感染者. 红色 '-.o', 绿色 ':o' 和蓝色 '-o' 分别表示三种最优控制下的目标函数值

4.5　讨　　论

本章考虑了一个带有病程和染病期的时滞流行病 SIS 模型, 给出了不稳定性随时滞变化的判据. 为了控制疾病的传播, 引入了基于庞特里亚金的最大值最优控制技术. 首先, 从控制系统推导出基本再生数. 然后, 给出了最优控制系统的存在性, 重点讨论了最优控制理论在最小化传染病传播中的应用, 并通过感染人数和控制成本的最小值来衡量控制措施的最优性. 我们还给出了最优控制问题的必要条件. 此外, 从最优控制技术得到的数值模拟和结果表明: ① 终端时间极大地影响着对早期染病者的最优控制策略. 详细地说, 对于较短的终端时间, 最优的控制方案是: 在流行病开始时采取最大的控制措施并持续到切换时间; 但对于较长的终端时间, 在流行病控制的初期和后期, 不一定采取最强的控制措施, 但是在中期一定要采取最强的控制措施. ② 对于本章的 SIS 模型, 仅通过优化早期染病者的治疗策略就能使总病例数最小化. ③ 对于具有一个较短的染病期的疾病来说, 需要花费更多的成本来达到最优控制的目标.

参 考 文 献

[1] Pei Y, Chen M, Liang X, Xia Z, Lv Y. Optimal control problem in an epidemic disease SIS model with stages and delays. Int. J. Biomath., 2016, 9(5): 1-22.

[2] Xiao Y N, Chen L S. On an SIS epidemic model with stage structure. J. Syst. Sci. Complex., 2003, 16: 275-288.

[3] Xiao Y N, Chen L S. Analysis of a SIS epidemic model with stage structure and a delay. J. Commun. Nonlinear Sci., 2001, 6: 35-39.

[4] Tian X H, Xu R. Stability analysis of a delayed SIR epidemic model with stage structure and nonlinear incidence. J. Discrete Dyn. Nat. Soc., 2009, 2009: 1-17.

[5] Li J Q, Ma Z E, Zhang F Q. Stability analysis for an epidemic model with stage structure. J. Appl. Math. Comput., 2008, 9: 1672-1679.

[6] Cai L M, Li X Z. Mini Ghosh. Global stability of a stage-structured epidemic model with a nonlinear incidence. J. Discrete Dyn. Nat. Soc., 2009, 214: 73-82.

[7] Xu R, Ma Z E. Global stability of a SIR epidemic model with nonlinear incidence rate and time delay. J. Nonlinear Anal., 2001, 47: 3175-3189.

[8] Burden T, Ernstberger J, Fister K R. Optimal control applied to immunotherapy. J. Discrete And Continuous Dynamical Systems-Series B, 2004, 4: 135-146.

[9] Culshaw R V, Ruan S G, Spiteri R J. Optimal HIV treatment by maximising immune response. J. Math. Biol., 2004, 48: 545-562.

[10] Kirschner D, Lenhart S, Serbin S. Optimal control of the chemotherapy of HIV. J. Math. Biol., 1997, 35: 775-792.

[11] Zaman G, Kang Y H, Jung I H. Stability analysis and optimal vaccination of an SIR epidemic model. J. Biosystems, 2008, 93: 240-249.

[12] Muller J. Optimal vaccination patterns in age-structured populations: endemic case. Mathematical and Computer Modelling, 2000, 31: 149-160.

[13] Driessche P, Watmough J. Reproduction numbers and sub-threshold endemic equilibria for compartmental models of disease transmission. J. Math. Biol., 2002, 180: 29-48.

[14] Fleming W, Rishel R. Deterministic and Stochastic Optimal Control. New York: Springer-Verlag. 1975.

[15] Behncke H. Optimal control of deterministic epidemics. J. Optimal Control Applications and Methods, 2000, 21: 269-285.

[16] Kowalewski A. Optimal control of a distributed hyperbolic system with multiple time-varying lags. Int. J. Control, 1998, 71: 419-435.

[17] Kong D X. Maximum principle in nonlinear hyperbolic systems and its applications. Nonlinear Anal., 1998, 32: 871-880.

[18] Swierniak A, Ledzewicz U, Schattler H. Optimal control for a class of compartmental models in cancer chemotherapy. Int. J. Appl. Math. Comput., 2003, 13: 357-368.

[19] Cimen T, Banks S P. Nonlinear optimal tracking control with application to super-tankers for autopilot design. Automatica, 2004, 40: 1845-1863.

[20] David J, Tran H, Banks H. HIV model analysis and estimation implementation under optimal control based treatment strategies. Int. J. Pure and Applied Mathematics, 2009, 1: 357-392.

[21] Hattaf K, Rachik M, et al. Optimal control of treatment in a basic virus infection model. Applied Mathematical Sciences, 2009, 3: 949-958.

[22] Pei Y Z, Liu S Y, Chen L S. Two different vaccination strategies in an SIR epidemic model with saturated infectious force. International Journal of Biomathematics, 2008, 2: 147-160.

[23] Lukes D L. Differential equations: classical to controlled. Mathematics in Science and Engineering, 1982, 162: 1-322.

[24] Pontryagin L S, Boltyanskii V G, Gamkrelidze R V, Mishchenko E F. The Mathematical Theory of Optimal Processes. New York: Gordon and Breach Science Publishers, 1962: 6.

[25] Gollmann L, Kern D, Maurer H. Optimal control problems with delays in state and control variables subject to mixed control-state constraints. Optim. Control Appl. Meth., 2008, 30: 341-365.

[26] Baker C T H, Paul C A H, Will D R. Issues in the numerical solution of evolutionary delay differential equations. Adv. Comput. Math., 1995, 3: 171-196.

第 5 章 基于 RTIs 和 PIs 的药理时滞效应的病毒复制模型的最佳治疗方法

本章主要以具有药理时滞的病毒复制模型为例, 介绍控制变量和状态变量均带有时滞效应的微分方程的最优控制问题. 有关这个优化问题的求解方法很少有文献提到, 利用变分原理推导出该优化问题行之有效的必要条件 (见 1.2 节), 进而模拟评价 RTIs (逆转录酶抑制剂)、PIs (蛋白酶抑制剂) 和 CDT (联合药物治疗) 等具有药理时滞的治疗措施对疾病控制的影响[1].

5.1 引 言

状态或控制变量带有时滞的微分方程控制系统在许多实际应用中都具有重要的意义. 例如: 蒸发和净化过程[2,3]、色谱[4]、航空模型[5]、人类免疫应答[6]、流体对流、电子电路、激光器[7-9]、光传播[10]、粘弹性[11]、传感器[11]、经济和管理问题[12]. 在过去的 20 年中, 学者们已经研究了许多方法来处理时滞系统, 例如文献 [13–16]. M. Basin 等在 [13] 中提出了具有控制输入和二次目标函数的线性时滞系统的最优调节器. G. P. Cai 在 [14] 中开发了一种线性时滞系统的最优控制方法. 利用这种方法, 可以通过一个特定的变换, 将具有时滞的微分方程改写成不存在时滞的形式, 然后应用经典的最优控制理论来解决这一问题. Q. Chai 等在文献 [15] 中对以状态时滞为控制变量的非线性时滞系统, 提出了一种有效的数值方法来求解目标函数的梯度, 并推广到多时滞的非线性系统. 在文献 [16] 和 [17] 中, 作者提出了具有状态时滞的非线性控制系统的最优策略. 文献 [16] 介绍了一类具有时滞的 SIR 传染病模型的最优控制策略. 而文献 [17] 中所考虑的最优控制问题更为普遍, 它将不等式约束应用于控制变量. 文献 [18] 研究了一类具有阶段和时滞的流行病模型的最优控制问题. 此外, 许多学者还密切关注与物理相关的最优控制问题. 提出了一种在最优场上引入固定载波频率约束的控制策略[19]. M. Feito 和 F. J. Cao[20] 研究了一种反馈时滞对质心速度瞬时最大化的影响.

近年来, 在细胞水平、化学浓度水平[21-24] 和时空水平 [25,26] 上药物受噪声影响的行为已经引起了许多学者们的关注. 特别地, 许多学者对涉及病毒动力学的最优控制模型如 HIV、HBV 等进行了研究[27-33]. 在 [27] 中 H. R. Joshi 探讨了描述 HIV 和 T 细胞的相互作用的免疫系统的最优药物治疗策略. 文献 [28] 将细胞内时滞结合到模型中, 以改善治疗 HIV 的方法. 在 [29] 和 [30] 中, 利用最优控制理论推导出了同时感染 HIV 和 TB 患者的最优治疗策略. 文献 [31] 的作者研究了基于中西医结合的抗乙肝病毒感染的最优联合治疗方案. 这些已发表的最优控制理论和方法仅限于状态变量中存在时滞的动力系统. 本章采用一种新的方法来求解状态和控制变量中均带有常时滞的非线性微分控制系统的优化问题, 并将这些结果应用于探讨基于 RTIs、PIs 和 CDT 的药理时滞及细胞内时滞的病毒复制模型的最佳治疗方案, 获取一些医疗建议.

本章结构如下: 在第 2 节中, 阐述了常时滞最优控制问题的形成, 并给出了最优控制问题的求解方法. 第 3 节给出了用 RTIs、PIs 和 CDT 治疗及带有 Beddington-DeAngelis 功能反应的病毒复制模型的例子. 此外, 进行了四种数值模拟, 以获取一些医疗建议.

5.2 具有药理时滞效应的病毒复制模型的优化控制问题及求解

M. A. Nowak 和 C. R. Bangham[34] 建立了一个数学模型研究未感染细胞 x, 感染细胞 y 和自由病毒粒子 v 之间的关系:

$$
\begin{cases}
\dfrac{dx(t)}{dt} = \lambda - \beta(t)x(t)v(t) - dx(t), \\[2mm]
\dfrac{dy(t)}{dt} = \beta(t)x(t)v(t) - py(t), \\[2mm]
\dfrac{dv(t)}{dt} = k(t)y(t) - \alpha v(t),
\end{cases}
\tag{5.2.1}
$$

其中常数 $\lambda > 0$ 是健康细胞的生成率, $d > 0$ 是健康细胞的死亡率. 感染细胞由未感染的细胞和游离病毒以 $\beta(t)x(t)v(t)$ 的速率产生. 感染细胞以速率 $k(t)$ 产生自由病毒粒子, 以速率 p 死亡. 自由病毒粒子以速率 α 消除. 为了描述各种药物治疗的效果, 参数 $\beta(t)$ 和 $k(t)$ 是随时间变化的, 稍后详细说明.

在系统 (5.2.1) 中, 病毒动力学模型的感染率被假定为病毒 v 和未感染细胞 x 的双线性函数. 然而, 实际发生率在 v 和 x 的整个范围内未必是线性的. 因此, 假设病毒复制模型的感染率是 Beddington-DeAngelis 功能反应 $\beta x(t)v(t)/(1+ax(t)+bv(t))$, 其中 a 和 b 是非负常数, 表示 Beddington-DeAngelis 中的感染率[35,36]. 此外, 上述数学模型中, 在免疫应答的情况下没有考虑病毒复制的时滞. 如 A. V. Herz 等[37] 所示, 细胞内时滞对于确定游离病毒的半衰期具有重要意义. 因此, 在模型 (5.2.1) 中结合两个时滞和 Beddington-DeAngelis 功能反应, 得到以下系统:

$$\begin{cases} \dfrac{dx(t)}{dt} = \lambda - \dfrac{\beta x(t)v(t)}{1 + ax(t) + bv(t)} - dx(t), \\[3mm] \dfrac{dy(t)}{dt} = \dfrac{\beta x(t-\tau_1)v(t-\tau_1)}{1 + ax(t-\tau_1) + bv(t-\tau_1)}\mathrm{e}^{-m\tau_1} - py(t), \\[3mm] \dfrac{dv(t)}{dt} = k(t)y(t-\tau_2)\mathrm{e}^{-n\tau_2} - \alpha v(t), \end{cases} \quad (5.2.2)$$

其中参数 τ_1 表示从病毒进入未感染细胞到新病毒粒子产生的时间 [37,38]. 参数 τ_2 表示新产生的病毒粒子成熟后具有感染性所需的时间, 即新生成病毒的成熟时间 [39-41]. 常数 $m > 0$ 和 $n > 0$ 分别是感染细胞和新病毒在 $[t-\tau_1, t]$ 和 $[t-\tau_2, t]$ 期间的死亡率. $\mathrm{e}^{-m\tau_1}$ 和 $\mathrm{e}^{-n\tau_2}$ 分别表示在时滞期间感染细胞和病毒的存活率.

在文献 [37] 中, 作者们假定 RTIs、PIs 和 CDT 等药物治疗具有 100% 有效性, 即 $\beta(t) = 0$ 和 $k(t) = 0$, 则模型 (5.2.2) 变为

$$\begin{cases} \dfrac{dx(t)}{dt} = \lambda - dx(t), \\[3mm] \dfrac{dy(t)}{dt} = -py(t), \\[3mm] \dfrac{dv(t)}{dt} = -\alpha v(t). \end{cases} \quad (5.2.3)$$

显然, 药物的功效与药物浓度和新陈代谢有关, 因此假设药物具有 100% 的有效性是不合理的. 在 HIV-1 中, RTIs 阻断了未感染细胞的感染, 而 HIV 病毒的 PIs 阻断了已感染细胞产生新的感染病毒. 在该模型中, 作者的假设意味着一旦药物治疗 $u_1(t)$ 和 $u_2(t)$ 在 $t = 0$ 时刻进行, $\beta(t)$ 和 $k(t)$ 立即就会被降为 0. 然而, 在使用任意抗病毒药物后, 由于药物吸收, 分布和渗透到靶细胞需要时间, 药理作用会有短暂的时滞 [37]. 因此假设 RTIs 和 PIs 分别具有 $u_1(t-\tilde{\tau}_1)$ 和 $u_2(t-\tilde{\tau}_2)$ 的效率. 为简单起见, 假设 $\tau_1 = \tilde{\tau}_1$, $\tau_2 = \tilde{\tau}_2$. 因此, 可以得到如下的控制系统:

$$\begin{cases} \dot{x}(t) = \lambda - dx(t) - \dfrac{[\beta - u_1(t)]x(t)v(t)}{1 + ax(t) + bv(t)}, \\[3mm] \dot{y}(t) = \dfrac{[\beta - u_1(t-\tau_1)]x(t-\tau_1)v(t-\tau_1)}{1 + ax(t-\tau_1) + bv(t-\tau_1)}\mathrm{e}^{-m\tau_1} - py(t), \\[3mm] \dot{v}(t) = [k - u_2(t-\tau_2)]\mathrm{e}^{-n\tau_2}y(t-\tau_2) - \alpha v(t), \end{cases} \quad (5.2.4)$$

初始条件

$$x(t) = x_0, \quad y(t) = y_0, \quad v(t) = v_0, \quad u_i(t) = u_{i0}, \quad \min\{-\tau_1, -\tau_2\} \leqslant t \leqslant 0.$$
$$(5.2.5)$$

将控制系统 (5.2.4) 的基本再生数

$$R_0 = \frac{\lambda(k - u_2(t))(\beta - u_1(t))\mathrm{e}^{-m\tau_1}\mathrm{e}^{-n\tau_2}}{p\alpha(d + a\lambda)}$$

定义为当一个病毒粒子被引入到健康细胞群体时, 在其平均寿命 $1/\alpha$ 内产生的新病毒的平均数. 基本再生数 $R_0(t)$ 取决于参数值和控制变量 $u_1(t)$ 和 $u_2(t)$. 此外, 当 $u_1(t)$ 或 $u_2(t)$ 增加时, $R_0(t)$ 减小. $R_0(t)$ 的生物学意义在于它作为阈值参数. 通过 [39], 可以证明: 如果 $R_0 \leqslant 1$, 感染细胞和病毒都会灭绝, 感染也将消失. 而如果 $R_0 > 1$, 则存在唯一的内部平衡点. 当时滞 $\tau_1 = 0$ 和 $\tau_2 = 0$ 时, 系统 (5.2.4) 唯一内部平衡点如下:

$$x^* = \frac{p\alpha + \lambda b(k - u_2(t))}{(k - u_2(t))(\beta - u_1(t) + bd) - ap\alpha},$$

$$y^* = \frac{\lambda(k - u_2(t))(\beta - u_1(t))\left(1 - \dfrac{1}{R_0}\right)}{p[(k - u_2(t))(\beta - u_1(t) + bd) - ap\alpha]},$$

$$v^* = \frac{\lambda(k - u_2(t))^2(\beta - u_1(t))\left(1 - \dfrac{1}{R_0}\right)}{p\alpha[(k - u_2(t))(\beta - u_1(t) + bd) - ap\alpha]}.$$

5.2.1 不同剂量的优化治疗方案

现在考虑病毒复制系统 (5.2.4) 并使用有界的勒贝格可测控制, 将目标函数定义为

$$J = -x(T) + y(T) + v(T) + \int_0^T \frac{\epsilon_1 u_1^2(t) + \epsilon_2 u_2^2(t)}{2} dt, \tag{5.2.6}$$

其中 T 为治疗的终端时刻. 在目标函数中 ϵ_1 和 ϵ_2 分别是逆转录酶和蛋白酶抑制剂的权重. 控制变量的平方反映了逆转录酶和蛋白酶抑制剂副作用的严重程度[42].

定义如下控制集

$$U = \{u = (u_1, u_2) : u_i(t) \text{ 是可测的}, 0 \leqslant u_i(t) \leqslant s_i, \ i = 1, 2, \quad 0 \leqslant t \leqslant T\}.$$

常数 s_1 和 s_2 分别是 RTIs 与 PIs 对感染细胞和病毒粒子的最大药效. 由于药物疗效和剂量呈正相关, s_1 和 s_2 也可视为药物抑制靶标的最大耐受剂量. 此外, 由于服用的药物不能完全被吸收, 并且被吸收的药物也不一定全部达到疗效, 因此假设最大治疗效果 (或最大耐受剂量) 满足

$$0 \leqslant s_1 \leqslant \beta, \quad 0 \leqslant s_2 \leqslant k. \tag{5.2.7}$$

问题 (Q)　给定动力系统 (5.2.4) 和 (5.2.5), 选择控制变量 $u_i(t)$ $(i = 1, 2)$,

$$\min_{(u_1(t), u_2(t)) \in U} J(u_1(t), u_2(t)),$$

满足条件 (5.2.7).

问题 (Q) 的意义即为寻求最优控制对 $(u_1^*, u_2^*) \in U$, 使得在终端时刻最大化未感染细胞、最小化感染细胞和病毒载量以及最小化控制的总成本.

为了应用定理 1.2.1 来解决优化问题, 引入指示函数 $(i = 1, 2)$:

$$\chi_i[t_0, T - \tau_i](t) = \begin{cases} 1, & \text{若 } t_0 \leqslant t < T - \tau_i, \\ 0, & \text{若 } T - \tau_i \leqslant t \leqslant T, \end{cases}$$

以及哈密顿函数

$$
\begin{aligned}
H = {} & \frac{\epsilon_1 u_1^2 + \epsilon_2 u_2^2}{2} + \lambda_1(t) \left[\lambda - dx(t) - \frac{(\beta - u_1(t))x(t)v(t)}{1 + ax(t) + bv(t)} \right] \\
& + \lambda_2(t) \left[\frac{(\beta - u_1(t - \tau_1))x(t - \tau_1)v(t - \tau_1)}{1 + ax(t - \tau_1) + bv(t - \tau_1)} e^{-m\tau_1} - py(t) \right] \\
& + \lambda_3(t)[(k - u_2(t - \tau_2))e^{-n\tau_2}y(t - \tau_2) - \alpha v(t)].
\end{aligned}
$$

5.2.2　最优控制与求解

运用定理 1.2.1, 可以得到优化问题 (5.2.4)—(5.2.6) 的必要条件.

定理 5.2.1　设 $(x^*(t), y^*(t), v^*(t))$ 是最优问题 (5.2.4)—(5.2.6) 中与最优控制 $(u_1^*(t), u_2^*(t))$ 相关的最优状态解, 则伴随变量 $\lambda_1(t)$, $\lambda_2(t)$ 和 $\lambda_3(t)$ 满足

$$
\begin{cases}
\dot{\lambda}_1(t) = d\lambda_1(t) + \dfrac{[\beta - u_1^*(t)]v^*(t)[1 + bv^*(t)]}{[1 + ax^*(t) + bv^*(t)]^2} [\lambda_1(t) - \chi_{[0, T - \tau_1]}(t) e^{-m\tau_1} \lambda_2(t + \tau_1)], \\[3mm]
\dot{\lambda}_2(t) = p\lambda_2(t) - \chi_{[0, T - \tau_2]}(t)[k - u_2^*(t)] e^{-n\tau_2} \lambda_3(t + \tau_2), \\[3mm]
\dot{\lambda}_3(t) = \alpha\lambda_3(t) + \dfrac{[\beta - u_1^*(t)]x^*(t)[1 + ax^*(t)]}{[1 + ax^*(t) + bv^*(t)]^2} [\lambda_1(t) - \chi_{[0, T - \tau_1]}(t) e^{-m\tau_1} \lambda_2(t + \tau_1)],
\end{cases}
$$

$$(5.2.8)$$

横截条件 (或边界条件) 为

$$\lambda_1(T) = -1, \quad \lambda_2(T) = 1, \quad \lambda_3(T) = 1. \tag{5.2.9}$$

此外, 最优控制如下

$$u_1^* = \max\left\{ \min\left\{ \frac{x^*(t)v^*(t)[-\lambda_1(t) + \chi_{[0, T - \tau_1]}(t)\lambda_2(t + \tau_1)e^{-m\tau_1}]}{[1 + ax^*(t) + bv^*(t)]\epsilon_1}, s_1 \right\}, 0 \right\},$$

$$(5.2.10)$$

$$u_2^* = \max\left\{\min\left\{\frac{\chi_{[0,T-\tau_2]}\lambda_3(t+\tau_2)y^*(t)\mathrm{e}^{-n\tau_2}}{\epsilon_2}, s_2\right\}, 0\right\}. \tag{5.2.11}$$

应用控制的这种精确表达式, 伴随方程、状态方程以及初始条件、横截条件共同构成了最优系统. 下面给出与每个状态方程及其伴随方程相关的最优系统:

$$\begin{cases}
\dot{x}^*(t) = \lambda - dx^*(t) - \dfrac{(\beta - u_1^*(t))x^*(t)v^*(t)}{1 + ax^*(t) + bv^*(t)}, \\[2mm]
\dot{y}^*(t) = \dfrac{(\beta - u_1^*(t-\tau_1))x^*(t-\tau_1)v^*(t-\tau_1)}{1 + ax^*(t-\tau_1) + bv^*(t-\tau_1)}\mathrm{e}^{-m\tau_1} - py^*(t), \\[2mm]
\dot{v}^*(t) = (k - u_2^*(t-\tau_2))\mathrm{e}^{-n\tau_2}y^*(t-\tau_2) - \alpha v^*(t), \\[2mm]
\dot{\lambda_1}(t) = d\lambda_1(t) + \dfrac{[\beta - u_1^*(t)]v^*(t)[1 + bv^*(t)]}{[1 + ax^*(t) + bv^*(t)]^2}[\lambda_1(t) - \chi_{[0,T-\tau_1]}(t)\mathrm{e}^{-m\tau_1}\lambda_2(t+\tau_1)], \\[2mm]
\dot{\lambda_2}(t) = p\lambda_2(t) - \chi_{[0,T-\tau_2]}(t)[k - u_2^*(t)]\mathrm{e}^{-n\tau_2}\lambda_3(t+\tau_2), \\[2mm]
\dot{\lambda_3}(t) = \alpha\lambda_3(t) + \dfrac{[\beta - u_1^*(t)]x^*(t)[1 + ax^*(t)]}{[1 + ax^*(t) + bv^*(t)]^2}[\lambda_1(t) - \chi_{[0,T-\tau_1]}(t)\mathrm{e}^{-m\tau_1}\lambda_2(t+\tau_1)],
\end{cases}$$
$$\tag{5.2.12}$$

它具有初始条件 (5.2.5) 和横截条件 (5.2.9).

定理 5.2.1 讨论了一个最优问题 (5.2.4)—(5.2.6) 的必要条件, 该问题涉及药物和细胞内时滞. 如果药物时滞被忽略, 则可以分别用状态方程中的 $u_1(t)$ 和 $u_2(t)$ 替换 $u_1(t-\tau_1)$ 和 $u_2(t-\tau_2)$ 来推导出相应的必要条件, 同时将最优控制 $u_1^*(t)$ 和 $u_2^*(t)$ 中的 $\chi_{[0,T-\tau_1]}\lambda_2(t+\tau_1)$ 和 $\chi_{[0,T-\tau_2]}\lambda_3(t+\tau_2)$ 替换为 $\lambda_2(t)$ 和 $\lambda_3(t)$.

5.2.3 数值算法

基于离散化和插值的方法, 我们设计了状态和控制变量具有时滞的最优控制问题的数值算法.

- 步骤 1 以相同的步长, 离散化区间 $[0,T]$, 时滞 τ_1 和 τ_2.
- 步骤 2 在区间 $[0,T]$ 上, 取初始值 $(u_1(t), u_2(t)) = (u_{10}, u_{20})$.
- 步骤 3 使用初始条件, 通过调用 DDE 软件包前向求解 $[0,T]$ 上的状态方程.
- 步骤 4 从左到右翻转矩阵 $[-T,0]$, $(u_1(t), u_2(t))$ 和 $(x(t), y(t), v(t))$. 通过横截条件 $(\lambda_1(-T), \lambda_2(-T), \lambda_3(-T)) = (-1, 1, 1)$ 以及 $(u_1(t), u_2(t))$ 和 $(x(t), y(t), v(t))$ 的翻转值, 求解区间 $[-T, 0]$ 上的 $(\lambda_1(t), \lambda_2(t), \lambda_3(t))$. 在区间 $[-T, -T+\tau_i]$ 上的最优状态意味着 $\chi_{[-T, -T+\tau_i]}(t) = 0$.

- 步骤 5　利用横截条件 $(\lambda_1(-T+\tau_i), \lambda_2(-T+\tau_i), \lambda_3(-T+\tau_i))$ 以及 $(u_1(t), u_2(t))$ 和 $(x(t), y(t), v(t))$ 的翻转值, 并根据区间 $[-T+\tau_i, 0]$ 上的最优状态, 前向求解 $(\lambda_1(t), \lambda_2(t), \lambda_3(t))$. 此时 $\chi_{[-T+\tau_i, 0]}(t) = 1$.

- 步骤 6　通过替换 $(x(t), y(t), v(t))$ 和 $(\lambda_1(t), \lambda_2(t), \lambda_3(t))$ 来更新 (5.2.10) 和 (5.2.11) 中 $(u_1(t), u_2(t))$ 的值来表示最优控制.

- 步骤 7　检查收敛性. 如果此次迭代中的变量值非常接近上次迭代中的值, 则输出当前值作为最优解. 如果不接近, 则返回到步骤 2.

5.3　数　值　模　拟

使用文献 [16] 中建议的参数值, 取 $d = 0.1$, $\alpha = 0.1$, $\lambda = 0.9$, $p = 0.2$, $a = 0.2$, $b = 0.3$, $m = 0.3$, $n = 0.4$, $\tau_1 = 3$, $\tau_2 = 2$, $\epsilon_1 = 0.5$, $\epsilon_2 = 0.5$, $s_1 = \beta$, $s_2 = k$. 治疗时间为 $T = 50$ 天.

模拟 1　不同感染率和释放率的治疗方案.

(1) 设 $k = 0.6$. 为了针对不同的感染率制定不同的治疗方案, 分别取 $\beta = 0.3$ 和 $\beta = 0.03$. 相应的治疗方案由图 5.3.1(a) 中的红色 '-' 线和蓝色 '- -' 线表示. 在图 5.3.1(b) 中描述了它们的状态动力学以及相应的 $\beta = 0.3$ 时有无治疗的状态 (紫色 '-o').

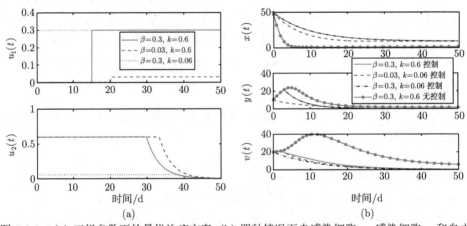

图 5.3.1　(a) 三组参数下的最优治疗方案; (b) 四种情况下未感染细胞 x, 感染细胞 y 和自由病毒颗粒 v 的动力学

图 5.3.1(b) 表明在没有治疗的感染期 (大约前 15 天), 自由病毒粒子急剧增加, 未感染细胞急剧下降. 因此, 必须从开始治疗到大约第 33 天服用全剂量的 PIs 来抑制产生新的病毒粒子, 然后在剩余的治疗时间内逐渐减少药物剂量. 对于较高

的感染率 $\beta = 0.3$, 患者从第 15 天直至治疗结束时服用全剂量的 RTIs. 但是对于较低的感染率 $\beta = 0.03$, 在治疗的第 20 天之后直到治疗完成, 应该采取低剂量和全剂量的 RTIs 来预防未感染细胞感染病毒. 在末端时刻, 感染细胞和自由病毒粒子保持在非常低的水平, 同时未感染的细胞保持在较高水平.

(2) 设 $\beta = 0.3$. 为了确定针对不同病毒释放率的最佳治疗方案, 参数 k 可分别为 0.6 和 0.06. 在图 5.3.1(a) 和图 5.3.1(b) 中分别用红色 '-' 线和黑色 '-' 线表示相应的最佳治疗方案和状态动力学. 与较大的自由病毒释放率 $k = 0.6$ 相比, 对于低释放率 $k = 0.06$ 和低耐受剂量, 在整个治疗期内服用全剂量的 RTIs, 以抑制相对较高的感染率 $\beta = 0.3$. 与此同时, 患者在最初 40 天内服用低剂量的 PIs, 然后逐渐减少剂量.

综上所述, 医学上我们应该根据不同病毒粒子的感染率, 制定适当具体的治疗方案. 在治疗效果上, 上述最佳治疗方案导致感染细胞和病毒载量在前 15 天快速下降, 然后在剩余的治疗期间缓慢下降. 此外, 最佳治疗方案大大降低了病毒载量和感染细胞的峰值.

模拟 2 三种治疗方案 (CDT、RTIs、PIs) 的比较.

为了对比三个治疗方案, 如单独服用 RTIs、PIs 或 CDT, 取 $k = 0.6, \beta = 0.3$. 图 5.3.2 说明了三种治疗方案的最优控制和状态变量. 图 5.3.2 (b) 显示 CDT 是最佳的, 不仅感染的细胞和自由病毒衰减最快, 而且在治疗期结束时未感染细胞水平较高, 感染细胞和自由病毒水平较低. 另外, 图 5.3.2 (b) 显示, 对于较高水平的未感染细胞和较低水平的游离病毒, 单独服用 RTIs 的治疗策略优于单独服用 PIs 的治疗策略. 再结合相应的最优目标函数值 (CDT 为 -5.3472, 单独 RTIs 为 -4.8113, 单独 PIs 为 4.7575), CDT 是最有效的治疗方案.

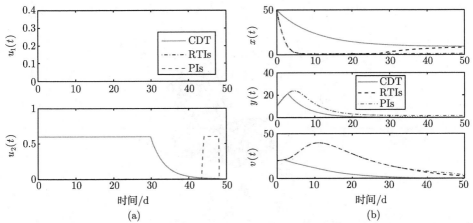

图 5.3.2 (a) CDT、PIs 和 RTIs 的最佳治疗方案; (b) 未感染细胞 x、感染细胞 y 和自由病毒粒子 v 的相应状态动力学

模拟 3　不同最大耐受剂量治疗效果的比较.

以最大耐受剂量 s_1 和 s_2 作为变量, 图 5.3.3 描绘了目标函数 J 的曲面和其相应的等高线以及未感染细胞、感染细胞和自由病毒粒子在终端时间 T 的曲面. 对固定的 s_1, 随着 s_2 的增加, J 没有明显的变化. 但是对固定的 s_2, 它会随着 s_1 的增加呈抛物线下降. 图 5.3.3 (b) 表明, 当 (s_1, s_2) 位于曲线 L 右侧时, 最优目标 J 较小, 表 5.3.1 列举了对不同 (s_1, s_2) 的具体计算结果. 事实表明当 RTIs 的耐受剂量达到最大值而 PIs 的耐受剂量较低时, 可以实现最佳治疗方案. 进一步, 图 5.3.3(c) 显示了当最大耐受剂量 s_1 和 s_2 变化时, 未感染细胞、感染细胞以及自由病毒粒子在终端时刻 T 的水平. 此外, 使用不同最大耐受剂量组合 (s_1, s_2) 进行控制, 可以产生多种治疗方案 (见图 5.3.4 (a)) 和相应的状态动力学 (见图 5.3.4 (b)), 这对于治疗疾病具有指导意义. 最后, 还发现最大耐受剂量和治疗效果之间没有简单的单调关系. 因此, 合理的用药比例在治疗过程中至关重要.

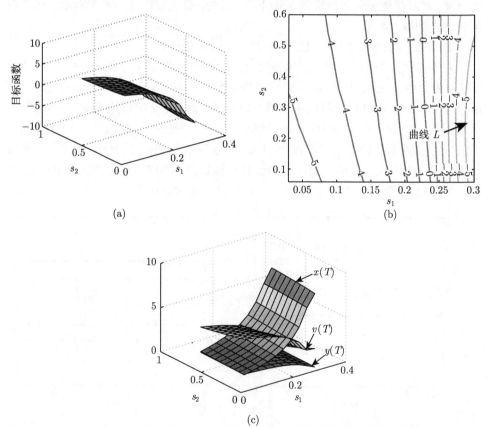

图 5.3.3　(a) 最大耐受剂量 s_1 和 s_2 的目标函数; (b) 平面 s_1-s_2 中目标函数曲面的等高线; (c) 未感染细胞 x、感染细胞 y、游离病毒颗粒 v 在终端时刻的相应负载

表 **5.3.1** 不同最大耐受剂量治疗效果的比较

最大耐受剂量	$x(T)$	$y(T)$	$v(T)$	J	控制
$s_1 = \beta, s_2 = k$	9.2564	0.0042	0.2695	-5.3422	有
$s_1 = 0.8\beta, s_2 = 0.8k$	5.0121	0.802	2.6897	-0.1742	有
$s_1 = 0.6\beta, s_2 = 0.6k$	3.0891	1.1984	3.8261	2.5935	有
$s_1 = 0.8\beta, s_2 = 0.6k$	4.9427	0.8133	2.9955	-0.035	有
$s_1 = \beta, s_2 = 0.4k$	8.6231	0.0173	1.3472	-6.0263	有
$s_1 = 0, s_2 = 0$	1.3093	1.5592	5.7206	—	没有

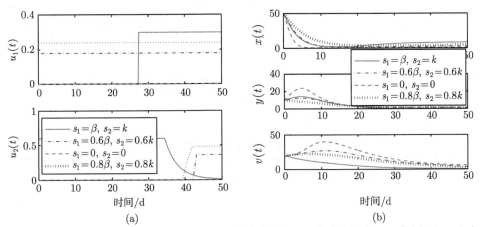

(a)　　　　　　　　　　　　(b)

图 5.3.4　(a) 不同最大耐受剂量下的不同最优控制策略; (b) 未感染细胞 x、感染细胞 y 和自由病毒粒子 v 的相应状态动力学. 此时 $\beta = 0.3, k = 0.6$

模拟 4　有无药物时滞的治疗方案和疗效的比较.

由于很少有研究从数学角度关注最佳治疗方案中的药理时滞, 因此探索药理时滞如何影响治疗方案和治疗效果是一项非常必要的工作. 为此, 采用模拟 2 中的参数, 两个药物时滞仍取 $\tau_1 = 3$ 和 $\tau_2 = 2$. 经计算, 最佳治疗策略如图 5.3.5 (a) 所示, 状态动力学如图 5.3.5 (b) 所示. 图 5.3.5 (a) 显示, 药理学时滞导致病人至少提前 12 天服用 RTIs 和至少提前 5 天停止 PIs. 通常, 时滞项会引起振荡行为, 如图 5.3.5 (b) 所示药理和细胞内时滞不仅增强了感染细胞和自由病毒粒子的振荡, 而且增大了它们的峰值. 此外, 有药物时滞的状态方程与没有时滞的状态方程相比, 感染细胞的衰变和自由病毒粒子的清除更快. 最后, 表 5.3.2 中的数据表明, 当考虑药物时滞时, 治疗效果很好.

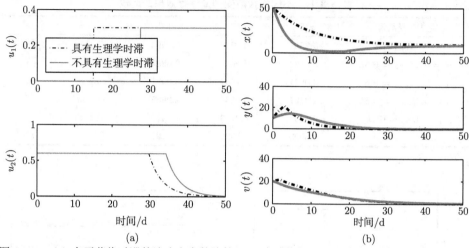

图 5.3.5　(a) 有无药物时滞的治疗方案的比较; (b) 未感染细胞 x、感染细胞 y 和自由病毒粒子 v 相应的状态动力学的比较

表 5.3.2　有无药物时滞治疗效果的比较

	有药物时滞	无药物时滞
J	-5.3422	-4.5293
$x(T)$	9.2564	8.6968
$y(T)$	0.0042	0.0089
$v(T)$	0.2695	0.3947

5.4　讨　　论

　　本章建立了具有 Beddington-DeAngelis 型发病率以及药物和细胞内时滞的病毒复制模型, 利用 1.2 节介绍的控制变量和状态变量包含时滞的最优问题的必要条件, 给出了基于单独服用 RTIs、单独服用 PIs 以及两者结合的最佳治疗方案. 最后, 通过数值模拟表明 ① 应根据不同病毒粒子的感染率确定适当的、具体的治疗方案; ② 最优联合用药是最有效的; ③ 在治疗过程中, 由于最大耐受剂量与治疗效果之间的非单调关系, 必须制定合适的药物比例; ④ 在考虑药物时滞的情况下, 疗效较好.

　　最后指出, 本章所得到的相关方法可应用于处理电子电路、倒立摆、智能机器人、无摩擦定位装置、混合电动车等与物理相关的最优问题.

参 考 文 献

[1] Pei Y, Li Ch, Liang X. Optimal therapies of a virus replication model with pharma-cological delays based on reverse transcriptase inhibitors and protease inhibitors. J. Phys. A: Math. Theor., 2017, 50: 1-17.

[2] Chai Q, Yang C H, Teo K L, Gui W. H. Time-delayed optimal control of an industrial-scale evaporation process sodium aluminate solution. Control. Eng. Pract., 2012, 20: 618-628.

[3] Wang L Y, Gui W H, Teo K L, Loxton R C, Yang C H. Time delayed optimal control problems with multiple characteristic time points: computation and industrial applications. J. Ind. Manag. Optim., 2009, 5(4): 705-718.

[4] Verstraeten M, Pursch M, Eckerle P, Luong J, Desmet G. Modelling the thermal behaviour of the low-thermal mass liquid chromatography system. J. Chromatogr. A., 2011, 1218(16): 2252-2263.

[5] Denis-Vidal L, Jauberthie C, Joly-Blanchard G. Identifiability of a nonlinear delayed-differential aerospace model. IEEE. T. Automat. Contr., 2006, 51(1): 154-158.

[6] Stengel R F, Ghigliazza R, Kulkarni N, Laplace O. Optimal control of innate immune response. Optim. Contr. Appl. Met., 2010, 23(2): 91-104.

[7] Ahlers G, Cross M C, Hohenberg P C, Safran S. The amplitude equation near the convective threshold: application to time-dependent heating experiments. J. Fluid. Mech., 1981, 110(110): 297-334.

[8] Talla Mbé J H, Talla A F, Chengui G R, Coillet A, Larger L, Woafo P. Mixed-mode oscillations in slow-fast delayed optoelectronic systems. Phys. Rev. E., 2015, 91: 1-9.

[9] Mannella R, Moss F, Mcclintock P V. Postponed bifurcations of a ring-laser model with a swept parameter and additive colored noise. Phys. Rev. A., 1987, 35(6): 2560-2566.

[10] Nakajima K, Izumi K, Asada H. Negative time delay of light by a gravitational concave lens. Phys. Rev. D., 2014, 90(084026): 1-7.

[11] Richard J P. Time-delay systems: an overview of some recent advances and open problems. Automatica, 2003, 39(10): 1667-1694.

[12] Kamien M I, Schwartz N L. Dynamic Optimization: The Calculus of Variations and Optimal Control in Economics & Management. North Holland, 1998, 31(1): 1252-1257.

[13] Basin M, Rodriguez-Gonzalez J, Martinez-Zuniga R. Optimal control for linear sys-tems with time delay in control input. J. Franklin. I., 2006, 51(1): 91-97.

[14] Cai G P, Huang J Z, Yang S X. An optimal control method for linear systems with time delay. Comput. Struct., 2003, 81(15): 1539-1546.

[15] Chai Q, Loxton R, Teo K L, Yang C. A class of optimal state-delay control problems. Nonlinear Anal-Real., 2013, 14(3): 1536-1550.

[16] Zaman G, Kang Y H, Jung I H. Optimal treatment of an SIR. Epidemic model with time delay, BioSystems, 2009, 98(1): 43-50.

[17] Göllmann L, Kern D, Maurer H. Optimal control problems with delays in state and control variables subject to mixed control-state constraints. Optim. Contr. Appl. Met., 2010, 30(4): 341-365.

[18] Pei Y, Chen M, Liang X, Zhu M. Optimal control problem in an epidemic disease sis model with stages and delays. Int. J. Biomath., 2016, 9(5): 131-152.

[19] Kumar P, Malinovskaya S A, Malinovsky V S. Optimal control of multilevel quantum systems in the field-interaction representation. Phys. Rev. A., 2014, 90(3): 033427.

[20] Feito M, Cao F J. Time-delayed feedback control of a flashing ratchet. Physical Review E Statistical Nonlinear & Soft Matter Physics, 2007, 76(1): 061113.

[21] Berg H C, Purcell E M. Physics of chemoreception. Biophys. J., 1977, 20(2): 193-219.

[22] Bialek W, Setayeshgar S. Physical limits to biochemical signaling. P. Natl. Acad. Sci. Usa., 2005, 102(29): 10040-10045.

[23] Rappel W J, Herbert L. Receptor noise and directional sensing in eukaryotic chemotaxis. Phys. Rev. Lett., 2008, 100: 228101.

[24] Godec A, Metzler R. Signal focusing through active transport. Physical Review E Statistical Nonlinear & Soft Matter Physics, 2015, 92(1): 010701.

[25] Kolesov G, Wunderlich Z, Laikova O N, Gelfand M S, Mirny L A. How gene order is influenced by the biophysics of transcription regulation. Proc. Natl. Acad. Sci. USA, 2007, 104(35): 13948-13953.

[26] Pulkkinen O, Metzler R. Distance matters: the impact of gene proximity in bacterial gene regulation. Phys. Rev. Lett., 2013, 110(19): 198101.

[27] Joshi H R. Optimal control of an hiv immunology model. Optim. Contr. Appl. Met., 2010, 23(4): 199-213.

[28] Hattaf K, Yousfi N. Optimal control of a delayed hiv infection model with immune response using an efficient numerical method. Isrn Biomathematics, 2012, (S1): 7 pages.

[29] Silva C J, Torres D F M. A tb-hiv/aids coinfection model and optimal control treatment. Discrete & Continuous Dynamical Systems-Series A (DCDS-A), 2015, 35(9): 4639-4663.

[30] Agusto F B, Adekunle A I. Optimal control of a two-strain tuberculosis-hiv/aids co-infection model. Biosystems, 2014, 119(1): 20-44.

[31] Su Y, Sun D. Optimal control of anti-hbv treatment based on combination of traditional chinese medicine and western medicine. Biomedical Signal Processing & Control, 2015, 15(9): 41-48.

[32] Evans L C. An introduction to mathematical optimal control theory version 0.2. Berkeley: Department of Mathematics University of California, Berkeley, 2008.

[33] Chen M, Pei Y, Liang X, Li C, Zhu M, Lv Y. A hybrid optimization problem at characteristic times and its application in agroecological system. Advances in Difference Equations, 2016, (1): 1-13.

[34] Nowak M A, Bangham C R. Population dynamics of immune responses to persistent viruses. Science, 1996, 272(5258): 74-79.

[35] Huang G, Ma W, Takeuchi Y. Global properties for virus dynamics model with beddington-deangelis functional response. Appl. Math. Lett., 2009, 22(11): 1690-1693.

[36] Li D, Ma W. Asymptotic properties of a hiv-1 infection model with time delay. Journal of Mathematical Analysis & Applications, 2007, 335(1): 683-691.

[37] Herz A V, Bonhoeffer S, Anderson R M, May R M, Nowak M A. Viral dynamics in vivo: limitations on estimates of intracellular delay and virus decay. P. Natl. Acad. Sci. Usa., 1996, 93(14): 7247-7251.

[38] Shi X, Zhou X, Song X. Dynamical behavior of a delay virus dynamics model with CTL immune response. Nonlinear Analysis: Real World Applications, 2010, 11: 1795-1809.

[39] Hattaf K, Tridane A, Tridane A. Stability analysis of a virus dynamics model with general incidence rate and two delays. Elsevier Science Inc., 2013, 221(9): 514-521.

[40] Xiang H, Feng L X, Huo H F. Stability of the virus dynamics model with beddington-deangelis functional response and delays. Appl. Math. Model., 2013, 37(7): 5414-5423.

[41] Tam J. Delay effect in a model for virus replication. Ima. J. Appl. Math., 1999, 16(1): 29-37.

[42] Laarabi H, Abta A, Hattaf K. Optimal control of a delayed sirs epidemic model with vaccination and treatment. Acta Biotheoretica, 2015, 63(2): 87-97.

第 6 章　带有特征时间和状态时滞的渔业资源管理优化问题

本章以带有选择性捕捞的渔业资源优化管理为例, 介绍带有特征时间的状态时滞生物模型的优化控制问题及应用. 与上两章的优化问题不同, 本章把时滞和参数视为控制变量, 考虑在一些离散的、关键的时间点 (被称为特征时间) 上优化问题, 难点在于计算特征时间点的梯度. 该方法在移动边缘计算和资源分配中有重要的应用[1].

6.1　引　言

近年来, 30%多的渔业资源处于过度开发、耗尽或正在恢复的状态. 作为维持渔业管理、恢复耗尽的渔业资源以及维护生态系统的重要工具, MPAs(海洋保护区) 得到了高度重视[2]. 另外值得一提的是, 许多学者关于水生栖息地保护区对渔业资源开发的影响问题进行了数学建模和动力学分析. B. Dubey 等人提出一个数学模型来研究水生环境中渔业资源系统的动力学. 这个水生环境包含自由捕鱼区和严格禁止捕鱼的保护区[3]. 同时, 他们讨论了该系统的生物和生态学平衡点. V. Krivan 和 D. Jana 研究了捕捞区和保护区之间的自由扩散、种群的密度制约效应对单一种群的最大可持续产量和种群数量的影响[4]. Y. Lv 等人提出并研究了斑块环境下, 具有 Holling II 类功能反应的食饵-捕食者的渔业资源模型[5]. 此外, X. Zou 和 K. Wang 研究了随机环境下和具有保护区的生物种群的动力学性质[6]. 据我们所知, 很少有学者研究具有海洋保护区和选择收获问题的渔业资源模型.

选择性收获能减少渔业养殖的投资, 有利于繁殖和保护幼年的鱼类[7]. 人们一般通过限制捕捞超过一定年龄或大小的鱼来实施选择性捕捞, 这与商业利润以及渔业保护是密切相关的[8]. 习惯上, 在捕鱼的时候, 渔夫会把小鱼扔回水中而把捕捞的大鱼用于消费, 这种类型的收获可以通过调整渔网网格的大小来实现. 当网放置在水中时, 除了能够游过网格的小鱼, 他们能捕获所有的大鱼[9,10]. 学者们通常会在收获项中添加时滞来模拟选择性收获问题[8]. 然而, 在人类开发的生态系统中, 选择合适的年龄或尺寸大小鱼类捕捞是一个具有挑战性的科学问题. 因此, 通过优化收获时滞以获得最大渔业产量和改善渔业资源是一个有趣的和具有挑战性的数学问题.

状态或控制变量中带有时滞的微分控制系统在许多实际应用中发挥了重要作用[11-16]. 在过去的二十年里, 许多方法一直被开发用来处理时滞系统, 如文献 [17-20]. 文献 [17] 提出了最优调节器处理控制输入和二次成本函数中带有时滞的线性系统, 并且验证了该调节器的性能优于无时滞线性系统的最佳线性调节器. 文献 [18] 中处理了一个一般的非线性时滞系统, 其中状态时滞被视为控制变量, 这是一个非标准的最优控制问题. 在此文献中, 作者还提出了确定成本函数梯度的一种有效的数值方法, 根据这一方法, 文献 [19, 20] 研究了带有状态时滞的非线性控制系统的最优策略. 文献 [19] 介绍了 SIR 时滞传染病模型的最优控制策略. 文献 [20] 考虑了更一般的最优控制问题, 此文中作者对控制变量添加了不等式约束, 并研究了约束对控制的影响. L. Gollmann 等人在文献 [20] 中考虑了微生物分批发酵中非线性时滞系统的参数识别问题.

尽管学者们在涉及时滞的优化问题上取得了大量的成果, 但是他们把时滞看作一个常数而不是控制参数. 众所周知, 在种群的生命周期中滞后、冬眠、从不成熟发育为成熟的等时滞现象是普遍存在的, 并且这些时滞现象可以通过温度和激素来调节[21]. 另一方面, 渔业管理系统中, 与年龄 (或大小) 选择相关的产量控制到目前为止仍然是一个崭新的课题.

本章的内容如下: 在第 2 节中, 提出了一个具有保护区和渔业资源选择性收获的食饵-捕食者模型. 在第 3 节中, 建立了渔业管理优化问题. 第 4 节提出了解决优化问题的方法. 最后, 通过模拟仿真说明算法的有效性, 同时, 讨论年龄选择和扩散率对产量和种群数量的影响.

6.2 模型建立

本节研究基于以下一个合理的具有保护区的食饵-捕食者系统[5]:

$$
\begin{cases}
\dfrac{dx}{dt} = rx\left(1 - \dfrac{x}{k}\right) - \sigma_1 x + \sigma_2 y - \dfrac{\mu_1 xz}{\alpha + x} - q_1 E_1 x, \\
\dfrac{dy}{dt} = sy\left(1 - \dfrac{y}{l}\right) + \sigma_1 x - \sigma_2 y, \\
\dfrac{dz}{dt} = \dfrac{\beta_1 xz}{\alpha + x} - dz - q_2 E_2 z.
\end{cases}
\tag{6.2.1}
$$

方程 (6.2.1) 是由两个斑块组成的食饵-捕食者系统. 第一个是可以进行捕鱼活动的开放斑块, 而第二个是禁止捕捞的保护区. 两个相邻斑块之间的鱼群可以自由扩散. 此外, 模型 (6.2.1) 中的函数和参数解释如下.

(1) 变量 $x(t)$ 和 $y(t)$ 分别表示开放区和保护区斑块内食饵种群在时刻 t 的密度, $z(t)$ 表示捕食种群在时刻 t 的密度.

(2) 参数 $r(>0)$ 和 $s(>0)$ 分别表示开放和保护区斑块内食饵种群的内禀增长率, $k(>0)$ 和 $l(>0)$ 分别表示开放区和保护区斑块内食饵种群的环境容纳量.

(3) 参数 $\sigma_1(>0)$ 和 $\sigma_2(>0)$ 分别表示食饵种群从开放区到保护区和从保护区到开放区的扩散率.

(4) 参数 $q_1(>0)$ 和 $q_2(>0)$ 分别是开放区内对食饵 x 和捕食者 z 的捕捞系数. 常数 $E_1(>0)$ 和 $E_2(>0)$ 分别是开放区内对食饵和捕食者种群的捕捞努力量. 捕捞努力量定义在给定时间内对实施捕鱼作业的船只数量的某种标准化度量 (标准化对衡量不同大小和类型船只的捕捞效率是必要的)[21].

(5) $\dfrac{\mu_1 x z}{\alpha + x}$ 代表捕食者的捕食功能反应, 其中, $\alpha(>0)$ 表示 Holling II 类功能反应的半饱和系数[5], 常数 $\mu_1(>0)$ 表示最大吸收速率, $\beta_1(>0)$ 表示生物量转化的比例, $d(>0)$ 表示捕食者的自然死亡率.

(6.2.1) 描述了一个只为食饵种群提供海洋保护区的渔业管理的模型. 然而, 通常情况下大型鱼类 (捕食者) 比食饵有更高的流动性, 而且由于其商业价值更可能成为捕捞的目标[22]. 模型 (6.2.1) 的假设与这些显然的事实是相反的, 因此, 建立一个更一般化的模型:

$$
\begin{cases}
\dfrac{dx}{dt} = rx\left(1 - \dfrac{x}{k}\right) - \sigma_1 x + \sigma_2 y - \dfrac{\mu_1 x z}{\alpha_1 + x} - q_1 E_1 x, \\[2mm]
\dfrac{dy}{dt} = sy\left(1 - \dfrac{y}{l}\right) + \sigma_1 x - \sigma_2 y - \dfrac{\mu_2 y w}{\alpha_2 + y}, \\[2mm]
\dfrac{dz}{dt} = \dfrac{\beta_1 x z}{\alpha_1 + x} - d_1 z - \sigma_3 z + \sigma_4 w - q_2 E_2 z, \\[2mm]
\dfrac{dw}{dt} = \dfrac{\beta_2 y w}{\alpha_2 + y} - d_2 w + \sigma_3 z - \sigma_4 w.
\end{cases}
\tag{6.2.2}
$$

(6) 变量 $w(t)$ 代表保护区内捕食者种群在时刻 t 的密度. $\dfrac{\mu_2 y w}{\alpha_2 + y}$ 是保护区内捕食者的功能反应, 其中, $\alpha_2 > 0$ 是 Holling II 类功能反应的半饱和系数, 常数 $\mu_2(>0)$ 是最大吸收速率, $\beta_2(>0)$ 表示生物量转化的比例, $d_2(>0)$ 是保护区内捕食者种群的自然死亡率. 参数 $\sigma_3(>0)$ 和 $\sigma_4(>0)$ 分别表示捕食者从开放区到保护区和从保护区到开放区的扩散率.

上述两个收获函数被称为非选择性捕捞, 它们与时滞无关[23]. 然而, 几个世纪以来, 作为一种管理可再生资源的工具, 人们一直沿用着选择性地捕捞动物个体. 文献 [8–10] 通过将时滞 τ_1 和 τ_2 加入捕捞项中, 表示所收获的鱼类个体要超过一定的年龄或大小, 则上述模型被修改成如下选择性收获模型:

$$\begin{cases} \dfrac{dx}{dt} = rx\left(1 - \dfrac{x}{k}\right) - \sigma_1 x + \sigma_2 y - \dfrac{\mu_1 xz}{\alpha_1 + x} - q_1 E_1 x(t - \tau_1), \\[3mm] \dfrac{dy}{dt} = sy\left(1 - \dfrac{y}{l}\right) + \sigma_1 x - \sigma_2 y - \dfrac{\mu_2 yw}{\alpha_2 + y}, \\[3mm] \dfrac{dz}{dt} = \dfrac{\beta_1 xz}{\alpha_1 + x} - d_1 z - \sigma_3 z + \sigma_4 w - q_2 E_2 z(t - \tau_2), \\[3mm] \dfrac{dw}{dt} = \dfrac{\beta_2 yw}{\alpha_2 + y} - d_2 w + \sigma_3 z - \sigma_4 w. \end{cases} \tag{6.2.3}$$

(7) 时滞 $\tau_1 > 0$ 和 $\tau_2 > 0$ 是两个常量, 分别代表食饵种群 x 和捕食者种群 z 从出生到达捕捞年龄或尺寸大小所花费的时间.

系统 (6.2.3) 的初始条件为

$$(\phi_1(\theta), \phi_2(\theta), \phi_3(\theta), \phi_4(\theta)) \in C_+ = C([-\tau, 0], \mathbb{R}_+^4), \quad \phi_i(0) > 0, i = 1, 2, 3, 4, \tag{6.2.4}$$

其中 $\tau = \max\{\tau_1, \tau_2\}, \mathbb{R}_+^4 = \{(x, y, z, w) \in \mathbb{R}^4 : x \geqslant 0, y \geqslant 0, z \geqslant 0, w \geqslant 0\}$. 因此, 解的存在性、唯一性、对初值的连续依赖性显然满足.

引理 6.2.1 对合适的 $q_1 E_1$ 和 $q_2 E_2$, 对所有的 $t \geqslant 0$, 系统 (6.2.3) 具有非负初始条件的解均为非负的 (采用与文献 [5] 的定理 2.1 相同的方法可以证明, 此处省略). 进一步, 如果 $\mu_1 > \beta_1$ 且 $\mu_2 > \beta_2$, 则系统 (6.2.3) 具有非负初始条件的解一致有界.

证明 当 $\tau_1 = \tau_2 = 0$, 容易验证系统 (6.2.3) 具有非负初始条件的解均为非负的. 当 $\tau_1 \neq 0, \tau_2 \neq 0$ 时, 我们选择优化的收获策略 $q_1 E_1$ 和 $q_2 E_2$, 使得对所有的 $x(\theta) \in C([-\tau_1, 0], \mathbb{R}^+), y(0) > 0, z(\theta) \in C([-\tau_2, 0], \mathbb{R}^+)$ 和 $w(0) > 0$. 下面证明解的有界性. 令

$$M(t) = x(t) + y(t) + z(t) + w(t),$$

则 $M(t)$ 关于系统 (6.2.3) 的导数为

$$\frac{dM}{dt} = rx\left(1 - \frac{x}{k}\right) - \frac{(\mu_1 - \beta_1)xz}{\alpha_1 + x} - q_1 E_1 x(t - \tau_1) + sy\left(1 - \frac{y}{l}\right)$$

$$\times \frac{(\mu_2 - \beta_2)yw}{\alpha_2 + y} - q_2 E_2 z(t - \tau_2) - d_1 z - d_2 w.$$

取 $\delta = \min\{d_1, d_2\}$, 由 $\mu_1 > \beta_1$ 和 $\mu_2 > \beta_2$ 得到

$$M(t) \leqslant e^{-\delta t}\left(M(0) - \frac{H}{\delta}\right) + \frac{H}{\delta}.$$

从而当 $t \to +\infty$ 时, $M < H/\delta$. 因此, 由 $M(t)$ 的定义知, 存在一个常数 $M_1 > 0$ 使得对充分大的 t, $x(t) \leqslant M_1, y(t) \leqslant M_1, z(t) \leqslant M_1, w(t) \leqslant M_1$ 成立. □

模拟 1　文献 [4] 研究了包括非密度依赖和密度依赖的多种扩散方式. 为了方便, 在仿真中考虑相同的扩散系数, 即 $\sigma_1 = \sigma_2 = \sigma_3 = \sigma_4$. 此外, 令

$$r = 2, k = 8, \quad \mu_1 = 0.9, \mu_2 = 0.02, \quad \alpha_1 = 0.7, \alpha_2 = 0.7,$$

$$\beta_1 = 0.8, \beta_2 = 0.01, \quad q_1 = 0.8, q_2 = 0.8, \quad s = 1, l = 12,$$

$$d_1 = 0.3, d_2 = 0.25, \quad E_1 = 0.2, E_2 = 0.1, \quad \tau_1 = 1, \tau_2 = 2. \tag{6.2.5}$$

图 6.2.1 描述了创建保护区以及非密度依赖制约扩散对种群水平的影响, 并且揭示了, 相对保护区来说, 开放区内食饵和捕食者的数量振荡幅度更大. 同时, 由于缺乏捕食者, 保护区内食饵种群的数量稳定在环境容纳量. 建立了保护区后, 开放区内的食饵和捕食者的振荡幅度减小, 并且由于增加了扩散率, 两个区域的捕食者明显增加, 所以保护区增加了鱼类丰度, 保护了生物多样性和生态系统的结构. 在另一方面, 可以看到两个斑块间非密度依赖的扩散模式对种群丰度的影响很大.

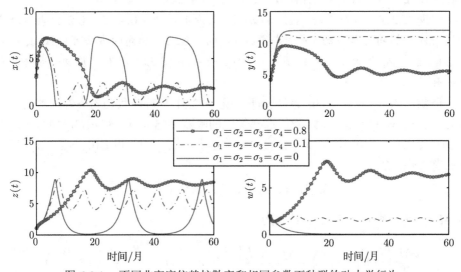

图 6.2.1　不同非密度依赖扩散率和相同参数下种群的动力学行为

6.3　渔业资源管理问题

为了构建一个选择性收获的最优问题, 引入以下初步定义[18].

令 $X(t) = (x(t), y(t), z(t), w(t))^\top$ 为状态向量, $\tau = (\tau_1, \tau_2)^\top$ 为年龄向量, $E = (E_1, E_2)^\top$ 为捕捞努力量向量, $\sigma = (\sigma_1, \sigma_2, \sigma_3, \sigma_4)^\top$ 为扩散率向量. 对年龄、

捕捞努力量以及扩散率实施以下边界限制:

$$\widetilde{\tau}_i \leqslant \tau_i \leqslant \bar{\tau}_i, \quad i = 1, 2, \tag{6.3.1}$$

$$\widetilde{E}_j \leqslant E_j \leqslant \bar{E}_j, \quad j = 1, 2 \tag{6.3.2}$$

和

$$\widetilde{\sigma}_k \leqslant \sigma_k \leqslant \bar{\sigma}_k, \quad k = 1, 2, 3, 4, \tag{6.3.3}$$

其中 $\widetilde{\tau}_i$, $\bar{\tau}_i$, $\widetilde{E}_j$, $\bar{E}_j$, $\widetilde{\sigma}_k$ 和 $\bar{\sigma}_k$ 为给定的常数, 满足条件 $0 \leqslant \widetilde{\tau}_i < \bar{\tau}_i$, $\widetilde{E}_j < \bar{E}_j$ 和 $\widetilde{\sigma}_k < \bar{\sigma}_k$.

分量满足条件 (6.3.1) 的任意向量 τ 称为可容许状态时滞向量, 该向量的集合用 Γ 表示. 分量满足条件 (6.3.2) 的任意向量 E 称为可容许努力量向量, 该向量的集合用 Z 表示. 分量满足条件 (6.3.3) 的任意向量 σ 称为可容许扩散率向量, 该向量的集合用 Υ 表示.

对给定的终端时刻 t_f 和给定的时间点 t_i $(i = 1, 2, \cdots, p)$, 要求满足以下条件

$$0 < t_1 < t_2 < \cdots < t_p \leqslant t_f. \tag{6.3.4}$$

定义目标函数

$$J(\tau, E, \sigma)$$
$$= \Phi(X(t_1 \mid \tau, E, \sigma), \cdots, X(t_p \mid \tau, E, \sigma))$$
$$+ \int_0^{t_f} L(X(t \mid \tau, E, \sigma), X(t - \tau_1 \mid \tau, E, \sigma), X(t - \tau_2 \mid \tau, E, \sigma), E)dt, \tag{6.3.5}$$

其中

$$\Phi = -\sum_{i=1}^{p} (x(t_i \mid \tau, E, \sigma) + y(t_i \mid \tau, E, \sigma) + z(t_i \mid \tau, E, \sigma) + w(t_i \mid \tau, E, \sigma)), \tag{6.3.6a}$$

$$L = -q_1 E_1 x(t - \tau_1) - q_2 E_2 z(t - \tau_2) + \sum_{i=1}^{2} A_i E_i + \sum_{i=1}^{4} B_i \sigma_i. \tag{6.3.6b}$$

问题 (Q) 对于给定的种群动力系统 (6.2.3) 和 (6.2.4), 寻找一组可容许控制对 $(\boldsymbol{\tau}, \boldsymbol{E}, \boldsymbol{\sigma}) \in \Gamma \times Z \times \Upsilon$, 最小化目标函数 J, 即

$$\min_{(\tau, E, \sigma) \in \Gamma \times Z \times \Upsilon} J(\tau, E, \sigma).$$

且满足条件 (6.3.1)—(6.3.4).

如果 $L = 0$, 则目标函数 J 简化为 $J_1 = \Phi$, 此函数依赖一组在特征时间点 t_i 的状态[4,23,24]. 从生态学的角度来看, 上述给定的时间点 t_i 代表对食饵和捕食者种群的观测时刻, 我们的目标是在观察期 $[0, t_f]$ 上, 通过优化选择收获努力量、鱼类种群的收获尺寸大小 (或收获年龄) 和扩散率寻求渔业的最大累积观测水平, 这被称为 OSP(最优监测问题).

如果 $\Phi = 0$, 则目标函数 J 简化为 $J_2 = \int_0^{t_f} L dt$, 从而相应的优化问题被称为拉格朗日问题. 权重系数 $A_i > 0$ 和 $B_i > 0$ 反映了成本大小和重要性, 平衡了目标函数的六个部分. 在观察期 $[0, t_f]$ 上, 通过优化选择收获努力量、鱼类种群的收获尺寸大小 (或收获年龄) 和扩散率寻找最大的渔业产量和最小成本, 这被称为 OHP(最优收获问题).

如果扩散率不被作为最优参数并且不计算保护区的成本, 则 (6.3.6a) 和 (6.3.6b) 分别可以写成

$$\Phi' = -\sum_{i=1}^{p} (x(t_i \mid \tau, E) + y(t_i \mid \tau, E) + z(t_i \mid \tau, E) + w(t_i \mid \tau, E)), \tag{6.3.7}$$

$$L' = \int_0^{t_f} \left(-q_1 E_1 x(t - \tau_1) - q_2 E_2 z(t - \tau_2) + \sum_{i=1}^{2} A_i E_i \right) dt. \tag{6.3.8}$$

则问题 (Q) 被改写为

问题 (Q')　对于给定的种群动力系统 (6.2.3) 和 (6.2.4), 寻找一组可容许控制对 $(\boldsymbol{\tau}, \boldsymbol{E}) \in \Gamma \times Z$, 最小化目标函数 J', 即

$$\min_{(\tau, E) \in \Gamma \times Z} J'(\tau, E) = \min_{(\tau, E) \in \Gamma \times Z} \{\Phi' + L'\}. \tag{6.3.9}$$

且满足条件 (6.3.1)—(6.3.3).

如果只把扩散率作为最优参数, 则 (6.3.6a)、(6.3.6b) 和 问题 (Q) 相应地简化为

$$\bar{\Phi} = -\sum_{i=1}^{p} (x(t_i \mid \sigma) + y(t_i \mid \sigma) + z(t_i \mid \sigma) + w(t_i \mid \sigma)), \tag{6.3.10}$$

$$\bar{L} = \int_0^{t_f} \left(-q_1 E_1 x(t - \tau_1) - q_2 E_2 z(t - \tau_2) + \sum_{i=1}^{4} B_i \sigma_i \right) dt, \tag{6.3.11}$$

问题 ($\bar{Q}$) 对于给定的种群动力系统 (6.2.3) 和 (6.2.4), 寻找可容许控制 $\sigma \in \Upsilon$, 最小化目标函数 $\bar{J}$, 即

$$\min_{\sigma \in \Upsilon} \bar{J}(\sigma) = \min_{\sigma \in \Upsilon} \{\bar{\Phi} + \bar{L}\}, \tag{6.3.12}$$

且满足条件 (6.3.3) 和 (6.3.4).

最后考虑一种特殊情况, 即当

$$\tau_1 = \tau_2 = \tau, \quad E_1 = E_2 = E, \quad \sigma_1 = \sigma_2 = \sigma_3 = \sigma_4 = \sigma \tag{6.3.13}$$

时, 令 $A = A_1 + A_2$ 和 $B = B_1 + B_2 + B_3 + B_4$, 则 (6.3.6a)、(6.3.6b) 和目标函数 J 分别改写为

$$\widetilde{\Phi} = -\sum_{i=1}^{p} (x(t_i \mid \tau, E, \sigma) + y(t_i \mid \tau, E, \sigma) + z(t_i \mid \tau, E, \sigma) + w(t_i \mid \tau, E, \sigma)), \tag{6.3.14a}$$

$$\widetilde{L} = -q_1 Ex(t - \tau) - q_2 Ez(t - \tau) + AE + B\sigma, \tag{6.3.14b}$$

$$\widetilde{J}(\tau, E, \sigma) = \widetilde{\Phi} + \int_0^{t_f} \widetilde{L} dt.$$

相应地得到优化问题:

问题 ($\widetilde{Q}$) 在条件 (6.3.13) 下, 对于给定的种群动力系统 (6.2.3) 和 (6.2.4), 寻找一组可容许控制对 $(\tau, E, \sigma) \in \Gamma \times Z \times \Upsilon$, 最小化目标函数 $\widetilde{J}$, 即

$$\min_{(\tau, E, \sigma) \in \Gamma \times Z \times \Upsilon} \widetilde{J}(\tau, E, \sigma)$$

且满足条件 (6.3.1)—(6.3.4).

当 Φ (或 Φ' 或 $\bar{\Phi}$ 或 $\widetilde{\Phi}$) $\neq 0$ 和 L (或L' 或 $\bar{L}$ 或 $\widetilde{L}$) $\neq 0$ 时, 带有积分和特征时间点的优化问题 (Q) (或 (Q') 或 ($\bar{Q}$) 或 ($\widetilde{Q}$)) 是一种新的最优控制问题. 从经济学和生态学的角度来看, 这是一个与资源开发和生态观测相关的 COP (复合优化问题). 为了求解该优化问题, 首先研究以下算法.

6.4 解决方法

虽然时滞系统的最优控制问题一直是众多理论和实践研究的主题 (可参见 [18] 及其文献), 但是大多数文献局限于研究时滞是固定和已知的, 或者研究带有特征时刻的单时滞等简单情况. 问题 (Q) 是具有拉格朗日函数、状态时滞和特

征时刻的混杂优化问题. 因此, 问题 (Q) 明显不同于文献中的带有时滞的最优控制问题. 本节的目的是通过最优状态——时滞控制问题的方法和庞特里亚金最小 (最大) 原理来研究一种计算目标函数 J 的梯度的数值算法.

为了方便计算, 在 $t \in [0, t_f]$ 上定义 (6.2.3) 的右边为

$$f(X(t \mid \tau, E, \sigma), X(t - \tau_1 \mid \tau, E, \sigma), X(t - \tau_2 \mid \tau, E, \sigma), E, \sigma) = \frac{dX}{dt},$$

在 $t \leqslant 0$ 时的初始条件为

$$X(t) = \begin{pmatrix} \phi_1(t), & \phi_2(t), & \phi_3(t), & \phi_4(t) \end{pmatrix}^\top = \phi(t, E, \sigma).$$

进一步定义

$$
\begin{aligned}
&\psi(t \mid \tau, E, \sigma) \\
&= \begin{cases} \dfrac{\partial \phi(t, E, \sigma)}{\partial t}, & t < 0, \\ f(X(t \mid \tau, E, \sigma), X(t - \tau_1 \mid \tau, E, \sigma), X(t - \tau_2 \mid \tau, E, \sigma), E, \sigma), & t \in [0, t_f], \end{cases}
\end{aligned}
$$

$$
\begin{aligned}
&\frac{\partial \bar{f}(t \mid \tau, E, \sigma)}{\partial X} \\
&= \frac{\partial f(X(t \mid \tau, E, \sigma), X(t - \tau_1 \mid \tau, E, \sigma), X(t - \tau_2 \mid \tau, E, \sigma), E, \sigma)}{\partial X},
\end{aligned}
$$

$$
\begin{aligned}
&\frac{\partial \bar{f}(t \mid \tau, E, \sigma)}{\partial X(t - \tau_i)} \\
&= \frac{\partial f(X(t \mid \tau, E, \sigma), X(t - \tau_1 \mid \tau, E, \sigma), X(t - \tau_2 \mid \tau, E, \sigma), E, \sigma)}{\partial X(t - \tau_i)},
\end{aligned}
$$

$$
\begin{aligned}
&\frac{\partial \bar{L}(t \mid \tau, E, \sigma)}{\partial X(t - \tau_i)} \\
&= \frac{\partial L(X(t \mid \tau, E, \sigma), X(t - \tau_1 \mid \tau, E, \sigma), X(t - \tau_2 \mid \tau, E, \sigma), E, \sigma)}{\partial X(t - \tau_i)}.
\end{aligned}
$$

根据文献 [18] 和动力系统 (6.2.3), 得到对应的辅助脉冲系统

$$
\begin{aligned}
\dot{\lambda}(t) = &-\left[\frac{\partial \bar{f}(t \mid \tau, E, \sigma)}{\partial X(t)}\right]^\top \lambda(t) - \sum_{l=1}^{2} \left\{ \left[\frac{\partial \bar{f}(t + \tau_l \mid \tau, E, \sigma)}{\partial X(t - \tau_l)}\right]^\top \lambda(t + \tau_l) \right. \\
&\left. + \left[\frac{\partial \bar{L}(t + \tau_l \mid \tau, E, \sigma)}{\partial X(t - \tau_l)}\right]^\top \chi_{[0, t_p - \tau_l]}(t) \right\},
\end{aligned}
$$

其中

$$\frac{\partial \bar{f}(t \mid \tau, E, \sigma)}{\partial X(t)} = \begin{bmatrix} \dfrac{\partial \dot{x}}{\partial x} & \dfrac{\partial \dot{x}}{\partial y} & \dfrac{\partial \dot{x}}{\partial z} & \dfrac{\partial \dot{x}}{\partial w} \\[2mm] \dfrac{\partial \dot{y}}{\partial x} & \dfrac{\partial \dot{y}}{\partial y} & \dfrac{\partial \dot{y}}{\partial z} & \dfrac{\partial \dot{y}}{\partial w} \\[2mm] \dfrac{\partial \dot{z}}{\partial x} & \dfrac{\partial \dot{z}}{\partial y} & \dfrac{\partial \dot{z}}{\partial z} & \dfrac{\partial \dot{z}}{\partial w} \\[2mm] \dfrac{\partial \dot{w}}{\partial x} & \dfrac{\partial \dot{w}}{\partial y} & \dfrac{\partial \dot{w}}{\partial z} & \dfrac{\partial \dot{w}}{\partial w} \end{bmatrix} = \begin{bmatrix} a_{11} & \sigma_2 & a_{13} & 0 \\[2mm] \sigma_1 & a_{22} & 0 & a_{24} \\[2mm] a_{31} & 0 & a_{33} & \sigma_4 \\[2mm] 0 & a_{42} & \sigma_3 & a_{44} \end{bmatrix},$$

$$a_{11} = r\left(1 - \frac{2x}{k}\right) - \sigma_1 - \frac{\alpha_1 \mu_1 z}{(\alpha_1 + x)^2}, \quad a_{13} = -\frac{\mu_1 x}{\alpha_1 + x},$$

$$a_{22} = s\left(1 - \frac{2y}{l}\right) - \sigma_2 - \frac{\alpha_2 \mu_2 w}{(\alpha_2 + y)^2}, \quad a_{24} = -\frac{\mu_2 y}{\alpha_2 + y},$$

$$a_{31} = \frac{\alpha_1 \beta_1 z}{(\alpha_1 + x)^2}, \quad a_{33} = \frac{\beta_1 x}{\alpha_1 + x} - d_1 - \sigma_3,$$

$$a_{42} = \frac{\alpha_2 \beta_2 w}{(\alpha_2 + y)^2}, \quad a_{44} = \frac{\beta_2 y}{\alpha_2 + y} - d_2 - \sigma_4.$$

表达式

$$\frac{\partial \bar{f}(t + \tau_1 \mid \tau, E, \sigma)}{\partial X(t - \tau_1)} = \begin{bmatrix} -q_1 E_1 & 0 & 0 & 0 \\[2mm] 0 & 0 & 0 & 0 \\[2mm] 0 & 0 & 0 & 0 \\[2mm] 0 & 0 & 0 & 0 \end{bmatrix}$$

和

$$\frac{\partial \bar{f}(t + \tau_2 \mid \tau, E, \sigma)}{\partial X(t - \tau_2)} = \begin{bmatrix} 0 & 0 & 0 & 0 \\[2mm] 0 & 0 & 0 & 0 \\[2mm] 0 & 0 & -q_2 E_2 & 0 \\[2mm] 0 & 0 & 0 & 0 \end{bmatrix},$$

由下面公式计算得来

$$\frac{\partial \bar{f}(t+\tau_i \mid \tau, E, \sigma)}{\partial X(t-\tau_i)} = \begin{bmatrix} \dfrac{\partial \dot{x}(t+\tau_i)}{\partial x(t)} & \dfrac{\partial \dot{x}(t+\tau_i)}{\partial y(t)} & \dfrac{\partial \dot{x}(t+\tau_i)}{\partial z(t)} & \dfrac{\partial \dot{x}(t+\tau_i)}{\partial w(t)} \\[3mm] \dfrac{\partial \dot{y}(t+\tau_i)}{\partial x(t)} & \dfrac{\partial \dot{y}(t+\tau_i)}{\partial y(t)} & \dfrac{\partial \dot{y}(t+\tau_i)}{\partial z(t)} & \dfrac{\partial \dot{y}(t+\tau_i)}{\partial w(t)} \\[3mm] \dfrac{\partial \dot{z}(t+\tau_i)}{\partial x(t)} & \dfrac{\partial \dot{z}(t+\tau_i)}{\partial y(t)} & \dfrac{\partial \dot{z}(t+\tau_i)}{\partial z(t)} & \dfrac{\partial \dot{z}(t+\tau_i)}{\partial w(t)} \\[3mm] \dfrac{\partial \dot{w}(t+\tau_i)}{\partial x(t)} & \dfrac{\partial \dot{w}(t+\tau_i)}{\partial y(t)} & \dfrac{\partial \dot{w}(t+\tau_i)}{\partial z(t)} & \dfrac{\partial \dot{w}(t+\tau_i)}{\partial w(t)} \end{bmatrix},$$

$$\frac{\partial \bar{L}(t+\tau_1 \mid \tau, E, \sigma)}{\partial X(t-\tau_1)} = (-q_1 E_1, \quad 0, \quad 0, \quad 0),$$

$$\frac{\partial \bar{L}(t+\tau_2 \mid \tau, E, \sigma)}{\partial X(t-\tau_2)} = (0, \quad 0, \quad -q_2 E_2, \quad 0),$$

$$\chi_{[0,t_p-\tau_l]}(t) = \begin{cases} 1, & t \in (0, t_p - \tau_l), \\ 0, & \text{其他}. \end{cases}$$

从而上面脉冲辅助系统可以具体描述为

$$\begin{cases} \dot{\lambda}_1(t) = \left[r\left(\dfrac{2x}{k}-1\right) + \sigma_1 + \dfrac{\alpha_1\mu_1 z}{(\alpha_1+x)^2} \right]\lambda_1(t) - \sigma_1\lambda_2(t) - \dfrac{\alpha_1\beta_1 z}{(\alpha_1+x)^2}\lambda_3(t) \\ \qquad + q_1 E_1\left(\lambda_1(t+\tau_1) + \chi_{[0,t_p-\tau_l]}(t)\right), \\ \dot{\lambda}_2(t) = \sigma_2\lambda_1(t) + \left[s\left(\dfrac{2y}{l}-1\right) + \sigma_2 + \dfrac{\alpha_2\mu_2 w}{(\alpha_2+y)^2} \right]\lambda_2(t) - \dfrac{\alpha_2\beta_2 w}{(\alpha_2+y)^2}\lambda_4(t), \\ \dot{\lambda}_3(t) = \dfrac{\mu_1 x}{\alpha_1+x}\lambda_1(t) + \left(d_1 + \sigma_3 - \dfrac{\beta_1 x}{\alpha_1+x} \right)\lambda_3(t) - \sigma_3\lambda_4(t) \\ \qquad + q_2 E_2(\lambda_3(t+\tau_2) + \chi_{[0,t_p-\tau_l]}(t)), \\ \dot{\lambda}_4(t) = \dfrac{\mu_2 y}{\alpha_2+y}\lambda_2(t) - \sigma_4\lambda_3(t) + \left(d_2 + \sigma_4 - \dfrac{\beta_2 y}{\alpha_2+y} \right)\lambda_4(t), \end{cases}$$

$$(6.4.1)$$

具有跳跃条件

$$\boldsymbol{\lambda}(t_k^-) = \boldsymbol{\lambda}(t_k^+) + \left[\frac{\partial \Phi(X(t_1\mid\tau,E,\sigma),\cdots,X(t_p\mid\tau,E,\sigma))}{\partial X(t_k)} \right]^\top,$$

其中

$$\frac{\partial \Phi(X(t_1 \mid \tau, E, \sigma), \cdots, X(t_p \mid \tau, E, \sigma))}{\partial X(t_k)} = (-1, \quad -1, \quad -1, \quad -1).$$

因此在时间点 t_k $(k = 1, \cdots, p)$ 处跳跃条件为

$$\begin{cases} \lambda_1(t_k^-) = \lambda_1(t_k^+) - 1, \\ \lambda_2(t_k^-) = \lambda_2(t_k^+) - 1, \\ \lambda_3(t_k^-) = \lambda_3(t_k^+) - 1, \\ \lambda_4(t_k^-) = \lambda_4(t_k^+) - 1 \end{cases} \tag{6.4.2}$$

及边界条件

$$\lambda_1(t) = 0, \; \lambda_2(t) = 0, \; \lambda_3(t) = 0, \lambda_4(t) = 0, \quad t \geqslant t_f. \tag{6.4.3}$$

定理 6.4.1 对应于容许控制对 $(\tau, E, \sigma) \in \Gamma \times Z \times \Upsilon$, 优化问题 (Q) 的辅助脉冲系统由 (6.4.1)—(6.4.3) 表示.

接下来, 对 $i = 1, 2$, 计算对年龄的偏导数

$$\frac{\partial J(\tau, E, \sigma)}{\partial \tau_i} =$$

$$- \int_0^{t_f} \left[\frac{\partial \bar{L}(t \mid \tau, E, \sigma)}{\partial X(t - \tau_i)} + \lambda^\top(t \mid \tau, E, \sigma) \frac{\partial \bar{f}(t \mid \tau, E, \sigma)}{\partial X(t - \tau_i)} \right] \psi(t - \tau_i \mid \tau, E, \sigma) dt,$$

其中

$$\frac{\partial \bar{f}(t \mid \tau, E, \sigma)}{\partial X(t - \tau_i)} = \begin{bmatrix} \dfrac{\partial \dot{x}(t)}{\partial x(t - \tau_i)} & \dfrac{\partial \dot{x}(t)}{\partial y(t - \tau_i)} & \dfrac{\partial \dot{x}(t)}{\partial z(t - \tau_i)} & \dfrac{\partial \dot{x}(t)}{\partial w(t - \tau_i)} \\[2mm] \dfrac{\partial \dot{y}(t)}{\partial x(t - \tau_i)} & \dfrac{\partial \dot{y}(t)}{\partial y(t - \tau_i)} & \dfrac{\partial \dot{y}(t)}{\partial z(t - \tau_i)} & \dfrac{\partial \dot{y}(t)}{\partial w(t - \tau_i)} \\[2mm] \dfrac{\partial \dot{z}(t)}{\partial x(t - \tau_i)} & \dfrac{\partial \dot{z}(t)}{\partial y(t - \tau_i)} & \dfrac{\partial \dot{z}(t)}{\partial z(t - \tau_i)} & \dfrac{\partial \dot{z}(t)}{\partial w(t - \tau_i)} \\[2mm] \dfrac{\partial \dot{w}(t)}{\partial x(t - \tau_i)} & \dfrac{\partial \dot{w}(t)}{\partial y(t - \tau_i)} & \dfrac{\partial \dot{w}(t)}{\partial z(t - \tau_i)} & \dfrac{\partial \dot{w}(t)}{\partial w(t - \tau_i)} \end{bmatrix},$$

$$\boldsymbol{\psi}(t - \tau_i \mid \tau, E, \sigma) = (\dot{x}(t - \tau_i), \dot{y}(t - \tau_i), \dot{z}(t - \tau_i), \dot{w}(t - \tau_i))^\top.$$

结合系统 (6.2.3), 得到

$$\frac{\partial \bar{L}(t \mid \tau, E, \sigma)}{\partial X(t - \tau_1)} = (-q_1 E_1, \quad 0, \quad 0, \quad 0),$$

$$\frac{\partial \bar{L}(t \mid \tau, E, \sigma)}{\partial X(t - \tau_2)} = (0, \quad 0, \quad -q_2 E_2, \quad 0),$$

$$\frac{\partial \bar{f}(t \mid \tau, E, \sigma)}{\partial X(t - \tau_1)} = \begin{bmatrix} -q_1 E_1 & 0 & 0 & 0 \\ 0 & 0 & 0 & 0 \\ 0 & 0 & 0 & 0 \\ 0 & 0 & 0 & 0 \end{bmatrix},$$

$$\frac{\partial \bar{f}(t \mid \tau, E, \sigma)}{\partial X(t - \tau_2)} = \begin{bmatrix} 0 & 0 & 0 & 0 \\ 0 & 0 & 0 & 0 \\ 0 & 0 & -q_2 E_2 & 0 \\ 0 & 0 & 0 & 0 \end{bmatrix}.$$

总而言之, 得到 J 关于年龄 τ_1 和 τ_2 的具体偏导数为

$$\frac{\partial J(\tau, E, \sigma)}{\partial \tau_1} = \int_{\tau_1}^{t_f} (q_1 E_1 \lambda_1(t) + q_1 E_1) \dot{x}(t - \tau_1) dt, \tag{6.4.4}$$

$$\frac{\partial J(\tau, E, \sigma)}{\partial \tau_2} = \int_{\tau_2}^{t_p} (q_2 E_2 \lambda_3(t) + q_2 E_2) \dot{z}(t - \tau_2) dt, \tag{6.4.5}$$

其中 $\dot{x}, \dot{y}, \dot{z}, \dot{w}$ 由 (6.2.3) 右端给定. 下列结果给出了 J 关于选择性年龄的偏导数公式.

定理 6.4.2 对于每个容许控制对 $(\tau, E, \sigma) \in \Gamma \times Z \times \Upsilon$, 目标函数 (6.3.5) 关于年龄 τ_1 和 τ_2 的偏导数公式为 (6.4.4) 和 (6.4.5).

类似地, 对 $j = 1, 2$,

$$\frac{\partial J(\tau, E, \sigma)}{\partial E_j}$$

$$= \frac{\partial \Phi(X(t_1 \mid \tau, E, \sigma), \cdots, X(t_p \mid \tau, E, \sigma))}{\partial E_j}$$

$$+ \int_0^{t_p} \left\{ \frac{\partial \bar{L}(t \mid \tau, E, \sigma)}{\partial E_j} + \boldsymbol{\lambda}^\top(t \mid \tau, E, \sigma) \frac{\partial \bar{f}(t \mid \tau, E, \sigma)}{\partial E_j} \right\} dt$$

$$+ \boldsymbol{\lambda}^\top(0^+ \mid \tau, E, \sigma) \frac{\partial \phi(0, E, \sigma)}{\partial E_j}$$

$$+ \sum_{l=1}^2 \int_{-\tau_l}^0 \left\{ \frac{\partial \bar{L}(t + \tau_l \mid \tau, E, \sigma)}{\partial X(t - \tau_l)} + \lambda^\top(t + \tau_l \mid \tau, E, \sigma) \frac{\partial \bar{f}(t + \tau_l \mid \tau, E, \sigma)}{\partial X(t - \tau_l)} \right\}$$

$$\times \frac{\partial \phi(t, E, \sigma)}{\partial E_j} dt,$$

由于 $\phi(t, E)$ 在 $[-\tau, 0]$ 上是常数, 所以 J 关于捕捞努力量 E_1 和 E_2 的偏导数为

$$\frac{\partial J(\tau, E, \sigma)}{\partial E_1}$$

$$= \int_0^{t_f} \left[A_1 + (\lambda_1(t), \ \lambda_2(t), \lambda_3(t), \lambda_4(t)) \left(\frac{\partial \dot{x}(t)}{\partial E_1}, \ \frac{\partial \dot{y}(t)}{\partial E_1}, \ \frac{\partial \dot{z}(t)}{\partial E_1}, \frac{\partial \dot{w}(t)}{\partial E_1} \right)^\top \right] dt$$

$$= \int_0^{t_f} \left[A_1 - q_1 x(t - \tau_1) \lambda_1(t) \right] dt, \tag{6.4.6}$$

$$\frac{\partial J(\tau, E, \sigma)}{\partial E_2}$$

$$= \int_0^{t_f} \left[A_2 E_2 + (\lambda_1(t), \ \lambda_2(t), \lambda_3(t), \lambda_4(t)) \left(\frac{\partial \dot{x}(t)}{\partial E_2}, \ \frac{\partial \dot{y}(t)}{\partial E_2}, \ \frac{\partial \dot{z}(t)}{\partial E_2}, \frac{\partial \dot{w}(t)}{\partial E_2} \right)^\top \right] dt$$

$$= \int_0^{t_f} \left[A_2 - q_2 z(t - \tau_2) \lambda_3(t) \right] dt. \tag{6.4.7}$$

下列结果给出了目标函数 J 关于捕捞努力量 E_1 和 E_2 的偏导数公式.

定理 6.4.3 对每个容许控制对 $(\tau, E, \sigma) \in \Gamma \times Z \times \Upsilon$, 目标函数 J 关于捕捞努力量 E_1 和 E_2 的偏导公式为 (6.4.6) 和 (6.4.7).

同理, 得到了 J 关于扩散率 σ_i $(i = 1, 2, 3, 4)$ 的偏导数.

定理 6.4.4 对每个容许控制对 $(\tau, E, \sigma) \in \Gamma \times Z \times \Upsilon$, 目标函数 J 关于扩散率 σ_i $(i = 1, 2, 3, 4)$ 的偏导数如下

$$\frac{\partial J(\tau, E, \sigma)}{\partial \sigma_1} = \int_0^{t_f} \left(B_1 - x(t) \lambda_1(t) + x(t) \lambda_2(t) \right) dt, \tag{6.4.8}$$

$$\frac{\partial J(\tau, E, \sigma)}{\partial \sigma_2} = \int_0^{t_f} \big(B_2 + y(t)\lambda_1(t) - y(t)\lambda_2(t)\big)dt, \qquad (6.4.9)$$

$$\frac{\partial J(\tau, E, \sigma)}{\partial \sigma_3} = \int_0^{t_f} \big(B_3 - z(t)\lambda_3(t) + z(t)\lambda_4(t)\big)dt, \qquad (6.4.10)$$

$$\frac{\partial J(\tau, E, \sigma)}{\partial \sigma_4} = \int_0^{t_f} \big(B_4 + w(t)\lambda_3(t) - w(t)\lambda_4(t)\big)dt. \qquad (6.4.11)$$

类似地, 容易得到 J' 和 $\hat{J}$ 关于捕捞努力量、时滞和扩散率的偏导数.

推论 6.4.1 对每个容许控制对 $(\tau, E, \sigma) \in \Gamma \times Z \times \Upsilon$, 关于优化问题 $(\widetilde{Q})$, 得到如下结论:

(1) 如下脉冲辅助系统

$$
\begin{cases}
\dot{\lambda_1}(t) = \left[r\left(\frac{2x}{k} - 1\right) + \sigma + \frac{\alpha_1\mu_1 z}{(\alpha_1 + x)^2} \right] \lambda_1(t) - \sigma\lambda_2(t) - \frac{\alpha_1\beta_1 z}{(\alpha_1 + x)^2}\lambda_3(t) \\
\qquad + q_1 E \left[\lambda_1(t + \tau) + \chi_{[0, t_p - \tau_l]}(t) \right], \\
\dot{\lambda_2}(t) = -\sigma\lambda_1(t) + \left[s\left(\frac{2y}{l} - 1\right) + \sigma + \frac{\alpha_2\mu_2 w}{(\alpha_2 + y)^2} \right] \lambda_2(t) - \frac{\alpha_2\beta_2 w}{(\alpha_2 + y)^2}\lambda_4(t), \\
\dot{\lambda_3}(t) = \frac{\mu_1 x}{\alpha_1 + x}\lambda_1(t) + \left(d_1 + \sigma - \frac{\beta_1 x}{\alpha_1 + x} \right)\lambda_3(t) - \sigma\lambda_4(t) \\
\qquad + q_2 E \left[\lambda_3(t + \tau) + \chi_{[0, t_p - \tau_l]}(t) \right], \\
\dot{\lambda_4}(t) = \frac{\mu_2 y}{\alpha_2 + y}\lambda_2(t) - \sigma\lambda_3(t) + \left(d_2 + \sigma - \frac{\beta_2 y}{\alpha_2 + y} \right)\lambda_4(t)
\end{cases}
$$
$$\qquad\qquad (6.4.12)$$

具有跳跃条件 (6.4.2) 和边界条件 (6.4.3).

(2) 目标函数 $\widetilde{J}$ 关于捕捞年龄 τ 的偏导数为

$$\frac{\partial J(\tau, E, \sigma)}{\partial \tau} = \int_\tau^{t_f} \left[(q_1 E\lambda_1(t) + q_1 E)\dot{x}(t - \tau) + (q_2 E\lambda_3(t) + q_2 E)\dot{z}(t - \tau) \right]dt. \qquad (6.4.13)$$

(3) 目标函数 $\widetilde{J}$ 关于捕捞努力量 E 的偏导数为

$$\frac{\partial J(\tau, E, \sigma)}{\partial E} = \int_0^{t_f} \left[A - q_1 x(t - \tau)\lambda_1(t) - q_2 z(t - \tau)\lambda_3(t) \right]dt. \qquad (6.4.14)$$

(4) 目标函数 $\widetilde{J}$ 关于扩散率 σ 的偏导数为

$$
\frac{\partial J(\tau, E, \sigma)}{\partial \sigma}
$$

$$
= \int_0^{t_f} \left[B + (x(t) - y(t))(-\lambda_1(t) + \lambda_2(t)) + (z(t) - w(t))(-\lambda_3(t) + \lambda_4(t)) \right] dt.
$$

$$(6.4.15)$$

基于定理 6.4.1—定理 6.4.3, 在给定容许控制对 (τ, E, σ) 下, 给出计算目标函数 (6.3.5) 及其梯度的算法如下.

- 步骤 1   在初始条件 (6.2.4) 下, 从 $t = 0$ 到 $t = t_f$ 求解带有选择收获的食饵-捕食者时滞系统 (6.2.3) 获得 $X(\cdot | \tau, E, \sigma)$.
- 步骤 2   利用 $X(\cdot | \tau, E, \sigma)$, 从 $t = -t_f$ 到 $t = 0$ 上求解辅助脉冲系统 (6.4.1)—(6.4.3) 获得 $\lambda(\cdot | \tau, E, \sigma)$.
- 步骤 3   利用 $X(t_k | \tau, E, \sigma), k = 1, \cdots, p$, 通过目标函数 (6.3.5) 计算 $J(t_k | \tau, E, \sigma)$.
- 步骤 4   利用 $X(\cdot | \tau, E, \sigma)$ 和 $\lambda(\cdot | \tau, E, \sigma)$, 通过 (6.4.4)—(6.4.11), 对 $i, j = 1, 2$ 和 $k = 1, 2, 3, 4$, 计算 $\partial J(\cdot | \tau, E, \sigma) / \partial \tau_i$, $\partial J(\cdot | \tau, E, \sigma) / \partial E_j$ 以及 $\partial J(\cdot | \tau, E, \sigma) / \partial \sigma_k$.

6.5   优化管理策略

在上面的最优控制问题中, 不同目标函数可以表述为对渔业资源的不同管理行为. 首先, 研究在开发活动下资源丰富度的最优观测问题.

6.5.1   基于最优时滞选择的 OSP

长期监测生态系统具有巨大的科学价值. 例如, 自从 1944 年在温德米尔湖建立了对梭子鱼的科学监测和实验捕捞以来, 这项活动就一直持续下来[7]. 这为研究自然和人工选择过程提供了丰富的实验数据. 选择性收获在人类活动推动快速进化方面有着引人注目的影响[8]. 经过 120 天的饲养后, 所有种类的鱼和虾增长速度变快, 这可能是由于周期选择性收获最大限度地减少了对食物和空间的竞争, 以及生理压力[25]. 捕捞晚成熟的种群会导致种群逐步进化成更小的种群, 并且首次繁殖的年龄会减少一年[26].

许多研究表明, 人工选择与自然选择相反, 会使目标种群远离其自然选择进化的最适条件, 从而扭曲了适应性的环境. 自然选择往往倾向于具有更强生存能力和繁殖潜能的更大个体, 而选择性收获通常针对同样的个体[7]. 管理实践从收获强度上移除了困难, 选择性收获促进了商业渔业和休闲渔业的发展, 并及时地阻止了其他选择性收获的进化反弹[8].

　　在渔业模型中将收获和时滞结合是一个重要而且具有实际意义的研究课题. 在收获中加入时滞限制收获的种群在一定的大小尺寸之上 (选择性收获), 有助于渔业持续发展, 可以防止其灭绝. 在渔业模型的收获项中加入时滞, 然后通过实际监测研究选择性收获策略对种群水平的作用和影响. 在本节中, 致力于选择最优收获时滞以获得最高 FCOL (渔业累积观察水平). 具体地说, 对于确定的努力量和扩散率, 如何优化选择收获种群的年龄, 使其在一个时间段内的监测时间点获得最高的 FCOL. 为此, 进行以下数值模拟.

　　模拟 2　令 $\sigma_1 = \sigma_2 = \sigma_3 = \sigma_4 = 0.8$, 其他参数取值与模拟 1 中的 (6.2.5) 相同. 假设终端时刻 $t_f = 50$, 两个种群的观察时刻取为 $t_k (k = 1, 2, \cdots, 50)$. 对目标函数 Φ', 优化选择时滞 τ_1 和 τ_2 以获得最大的 FCOL.

　　通过执行上述步骤 1—4 描述的计算方法, 利用 Matlab 程序来解决这个问题. 当捕捞努力量 E_1 和 E_2 及时滞的初始值 τ_{10} 和 τ_{20} 选择不同的值时, 相应的最优时滞和最大的渔业水平计算如下 (见表 6.5.1). 其中种群的初始值为 $\phi_1(\theta) = 3, \phi_2(\theta) = 4, \phi_3(\theta) = 1, \phi_4(\theta) = 2$. 对时滞的边界约束为 $0 < \tau_i \leqslant 10 (i = 1, 2)$.

表 6.5.1　关于 FCOL 的最优时滞选择

组	努力量		初始年龄		FCOL	最优时滞		最大 FCOL
	E_1	E_2	τ_{10}	τ_{20}	Φ'_0	τ_1	τ_2	Φ'
1	0.2	0.1	1	2	1122	0.03	7.4	1141
2	0.2	0.1	9	9	1128	8	5.5	1150

　　图 6.5.1 (a) 表示渔业累积监测水平 FCOL 关于 τ_1 和 τ_2 的曲面, 且它在平面 τ_1-τ_2 上相应的等高线是图 6.5.1 (b). 大致说来, FCOL 曲面有多个局部极大值点, 如图 6.5.1 (b) 中点 @ 和 #. 然而, 点 @ 是区域 $(0, 10] \times (0, 10]$ 上的全局最大值点, 即当食饵和捕食者时滞分别为 5.5 和 8 时, FCOL 最大. 相反, 当捕捞的食饵和捕食者的年龄时滞位于图 6.5.1 (b) 中区域 (I), (II) 和 (III) 时, FCOL 相对较低. 这意味着收获过大或过小的食饵和捕食者将导致在监测时刻的 FCOL 较低. 此外, 值得指出的是: 当 $\tau_1 < 4$ 和 $\tau_2 < 4$ 时, FCOL 低, 然而, 若 (τ_1, τ_2) 位于区域 (IV), 则 FCOL 相对较高. 简而言之, 从提高种群丰富度的角度看, 图 6.5.1 (b) 为选择性收获提供了科学指导.

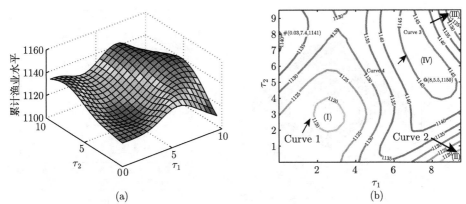

图 6.5.1　(a) FCOL 关于时滞 τ_1 和 τ_2 的曲面. 其中捕捞努力量 $E_1 = 0.2$, $E_2 = 0.1$, 并且捕捞时滞 τ_1 和 τ_2 在区间 $(0, 10]$ 上变化; (b) 平面 τ_1-τ_2 上的 FCOL 的等高线图

6.5.2　基于非选择性和选择性捕捞的 OHP

捕食者-食饵系统的收获被认为是一个涉及经济、生态和资源管理的多学科交叉研究领域的课题. 大多数研究都集中在优化开发, 或完全由利润驱动的收获[27]. 收获捕食者种群的捕捞努力量经常被看作一种控制策略, 通过建立动力学框架来研究资源的优化利用、可再生资源的持久性以及资源的利润[27]. 但是选择性时滞在最佳收获中起什么作用呢? 由于选择性收获也有自身的问题, 所以研究多种群鱼类的收获时必须考虑非选择收获问题[23, 24].

模拟 3　选取 $\sigma_1 = \sigma_2 = \sigma_3 = \sigma_4 = 0.1$, 其他参数和模拟 1 相同. 固定 $\tau_1 = \tau_2 = 0$ 和 $\tau_1 = \tau_2 = 2$, 当 E_1 和 E_2 被视为控制参数时研究最高产量和最优收获策略 (见表 6.5.2). 同时, 当收获努力量在 $[0, 0.6]$ 变化时, 图 6.5.2 (a) 和图 6.5.2 (b) 表示相应的目标函数和等高线, 而图 6.5.2 (c) 表示渔业产量曲面在平面 E_1-E_2 的投影.

表 6.5.2　关于 OHP 的最优努力量

组	收获时滞	初始努力量		渔业产量	最优努力量		最大产量
		E_{10}	E_{20}	L'_0	E_1	E_2	L'
1	$\tau_1 = \tau_2 = 0$	0.5	0.1	16	0.36	0.37	87
2	$\tau_1 = \tau_2 = 0$	0.4	0.5	72	0.35	0.37	85
3	$\tau_1 = 2, \tau_2 = 2$	0.5	0.1	41	0.49	0.11	46
4	$\tau_1 = 2, \tau_2 = 2$	0.4	0.5	68	0.35	0.4	87

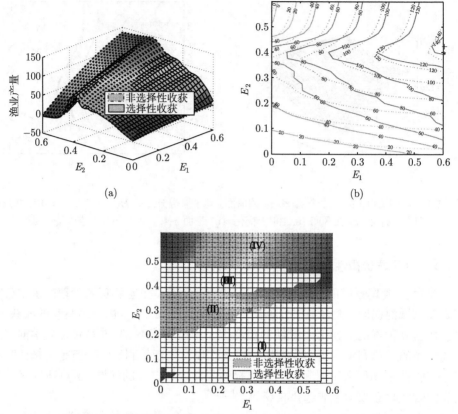

图 6.5.2　(a) 区间 [0, 0.6] 上关于捕捞努力量 E_1 和 E_2 的非选择性和选择性收获的渔业产量曲面图; (b) 渔业产量曲面图相应的等高线图; (c) 渔业产量曲面的投影平面 E_1-E_2

　　模拟 3 揭示了几个重要的结论. 首先, 即使对种群的捕捞努力量很大, 捕捞单一种群的非选择性和选择性收获都会导致较小的产量 (见图 6.5.2 (b). 其次, 固定 E_2, 随着 E_1 增加渔业产量增加. 然而, 对于固定的 E_1, 渔业收益曲线关于 E_2 呈现向下的抛物线的形状 (见图 6.5.2 (a)). 第三, 在图 6.5.2 (b) 中, 对非选择性收获来说, 在点 $(E_1, E_2) = (0.6, 0.4)$ (用 '+' 表示) 处取得全局最大产量 145, 而对选择性收获来说在点 $(E_1, E_2) = (0.6, 0.42)$ (用 '*' 表示) 处取得全局最大产量 145. 因此, 最优的非选择性收获策略优于选择性收获策略. 第四, 图 6.5.2 (c) 为非选择性和选择性收获策略提供了一个参考. 在白色区域 ((I) 和 (III)), 选择性收获的产量高于非选择性, 而在阴影区域 ((II) 和 (IV)), 结论是相反的. 所以在实践中, 可以根据作业船和劳动力以及其他因素采取不同的方式来开发资源. 最后, 当捕捞努力量较大且不过度捕捞时, 非选择性收获可以大大提高渔业产量.

　　从种群尺寸大小和生命阶段等种群特征角度来说, 对资源的捕捞经常是非随机的. 选择性收获对群体水平的影响取决于收获哪个生命阶段的种群, 以及这个阶段对种群动力学的作用和贡献. 接下来, 研究具有特定捕捞努力量的选择性收获.

模拟 4 固定捕捞努力量 $E_1 = 0.2$, $E_2 = 0.2$, 且选取 $d_2 = 0.5$, 讨论当时滞 τ_1 和 τ_2 被视为控制参数时的渔业可持续产量, 其他参数和模拟 1 相同. 图 6.5.3 (a) 和图 6.5.3 (b) 说明对于给定的捕捞努力量, 选择性捕捞会导致较小的产量增量. 但是对两个种群的较晚捕捞会对渔业可持续发展产生不良影响. 所以, 制定捕捞制度或政策时必须考虑将选择性收获与捕捞努力量结合到一起. 下面, 将探索捕捞努力量和选择性收获 (时滞) 对渔业可持续产量的影响.

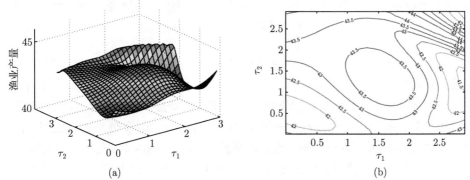

| (a) | (b) |

图 6.5.3   (a) 固定捕捞努力量 $E_1 = E_2 = 0.2$, 区间 $(0, 3]$ 上关于捕捞时滞 τ_1 和 τ_2 的渔业产
量曲面图; (b) 渔业产量曲面在平面 τ_1-τ_2 上相应的等高线图

模拟 5 令 $q_1 = 0.3$, $q_2 = 0.2$, 其他参数和模拟 2 相同. 当捕捞努力量和时滞的初始值选定时, 通过算法设计可以计算最优的努力量和时滞, 且表 6.5.3 是相应的渔业产量. 通过比较此表的第三列和第五列, 发现在捕捞期内选择优化的捕捞努力量和时滞可以增加渔业的产量.

表 6.5.3   关于 OHP 的最优努力量和时滞

组	初始努力量和时滞				渔业产量	最优努力量和时滞				最大产量
	E_{10}	E_{20}	τ_{10}	τ_{20}	L_0'	E_1	E_2	τ_1	τ_2	L'
1	0.2	0.3	1	0.8	16.8	0.16	0.95	1	0.76	33
2	0.5	0.3	1.2	1.5	18	0.03	0.46	1.28	1.52	20.9

由于有四个参数需要优化, 因此该模拟很难直观地描绘渔业产量关于它们的图形. 然而, 在相同捕捞努力量和相同时滞的情况下探索它们对两种群渔业产量的影响相对容易的多. 图 6.5.4(a) 和图 6.5.4(b) 表示当 $E_1 = E_2$, $\tau_1 = \tau_2$, $q_1 = q_2 = 0.1$ 时, 渔业产量的曲面图和相应的等高线图. 模拟揭示了较晚的收获和适当的捕捞努力量有助于提高渔业产量.

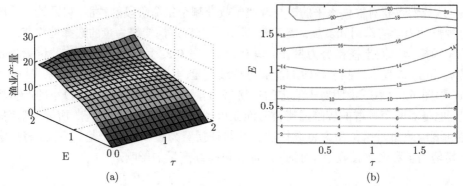

图 6.5.4　(a) 在 $(0,2] \times (0,2]$ 上关于捕捞努力量 E 和时滞 τ 的渔业产量曲面图; (b) 渔业
产量曲面的等高线图 τ-E

　　更详细的数值模拟表明, 当努力量增加时, 可能发生五种不同的情况. 图 6.5.5(a) 说明当捕捞努力量小于 0.7 时, 产量与捕捞时滞无关. 然而当捕捞努力量在 0.7 到 1.7 变化时, 选择性收获会获得更高的持续产量. 同时, 该图表明当过度开发 (努力量大于 0.9) 时, 较晚的收获 (时滞 $\tau = 2$) 会带来更高的产量. 当对种群进行不同强度的开发时, 渔业产量描述为时滞的函数 (见图 6.5.5(b), (c), (d)). 它们表明当捕捞努力量固定时, 对不同的收获时滞, 即使产量曲线的形状是不同的, 但渔业产量变化很小.

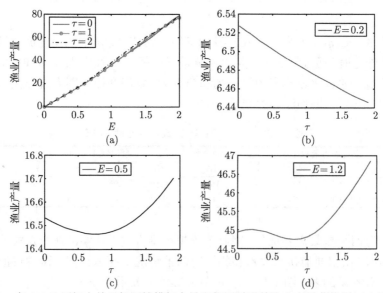

图 6.5.5　在 $(0, 2]$ 区间上关于相同捕捞努力量和相同时滞的渔业产量曲线图: (a) 不同时滞;
(b) $E = 0.2$; (c) $E = 0.5$; (d) $E = 1.2$

6.5.3　基于选择性捕捞的 COP

从经济学和生态学的角度来看, 当 $\Phi' \neq 0$ 和 $L' \neq 0$ 时, 问题 (Q′) 是一个与资源开发和生态保护相关的混合优化问题.

模拟 6　取 $q_1 = 0.3, q_2 = 0.2, \sigma_1 = \sigma_2 = \sigma_3 = \sigma_4 = 0.1$. 观测时刻 t_k 和终端时刻 t_f 与模拟 2 相同. 当初始努力量和时滞给定时, 计算最优参数和目标函数值见表 6.5.4.

表 6.5.4　关于 COP 的最优时滞和捕捞努力量

组	初始努力量和时滞				成本	最优努力量和时滞				最大成本
	E_{10}	E_{20}	τ_{10}	τ_{20}	J'_0	E_1	E_2	τ_1	τ_2	J'
1	0.3	0.5	0.5	1	1008	0.03	0.8	1.1	1.2	1088
2	0.6	0.2	1	2	972	0.4	0.6	2.8	2.8	1093

6.5.4　基于扩散率的监测和捕捞问题

在模拟 1 中, 已经阐明扩散率极大地影响着两个斑块上种群的丰富度. 尽管假设种群扩散取决于每个区域的生物量密度 (当前数量与环境容纳量的比值) 是合理的, 但是为了数学研究的方便, 假设扩散是随机的, 继而探究保护区的建立对于种群的累积监测水平和可持续产量的影响. 令

$$r = 2, k = 8, \mu_1 = \mu_2 = 0.02, \alpha_1 = 3, \alpha_2 = 0.1,$$

$$\beta_1 = 0.8, \beta_2 = 0.01, q_1 = q_2 = 0.2,$$

$$s = 2, L = 10, d_1 = 0.3, d_2 = 0.25, E_1 = 0.2, E_2 = 0.1, \quad \tau_1 = \tau_2 = 2.$$

接下来通过对比三种情况来分析保护区的作用.

(I) $\sigma_1 = \sigma_2 = 0$: 此种情况只给捕食者种群建立保护区提供了更大的栖息地.

(II) $\sigma_3 = \sigma_4 = 0$: 此种情况只给食饵种群建立保护区提供更多的栖息地.

(III) $\sigma_1 = \sigma_2, \sigma_3 = \sigma_4$: 此种情况给两个种群均建立保护区提供更多的栖息地, 并且食饵和捕食者遵循随机扩散原则.

在上面的三种情形中, 图 6.5.6(a) 和图 6.5.6(b) 分别表示累积监测的渔业水平和可持续产量的曲面图. 基于梯度的算法设计, 关于目标函数 $\bar{J}$ 的最优扩散率见表 6.5.5. 显然, 与其他两种模式相比, 只为食饵种群设立保护区大大提高了累积渔业水平和渔业可持续产量. 而只为捕食者种群设立保护区不利于增加渔业水平和产量. 所以从经济和生物的角度看, 描述保护区和开放区域之间生物关联度的扩散系数是一个关键的特征.

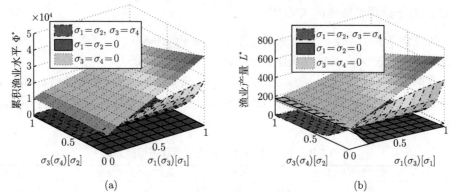

图 6.5.6　(a) 在 $[0,1] \times [0,1]$ 上关于不同扩散率的累积观测水平; (b) 在 $[0,1] \times [0,1]$ 上关于不同扩散率的渔业产量曲面

表 6.5.5　关于 COP 的最优扩散率

组	扩散模式	最优扩散率	最大成本 $\bar{J}$
1	$\sigma_1 = \sigma_2, \sigma_3 = \sigma_4$	$\sigma_1 = \sigma_2 = 1, \sigma_3 = \sigma_4 = 0$	2.7×10^4
2	$\sigma_1 = \sigma_2 = 0$	$\sigma_3 = 0, \sigma_4 = 0.9$	1.3×10^3
3	$\sigma_3 = \sigma_4 = 0$	$\sigma_1 = 1, \sigma_2 = 0$	4.3×10^4

6.6　小　　结

　　本章研究的主要焦点是通过优化选择捕捞时滞、努力量和两个区域之间的扩散系数获得食饵和捕食者种群的丰富度和最大产量. 选择性收获可以通过调整鱼网眼的大小, 使当鱼网放入水中时, 小鱼会游过鱼网来实现捕捞选择. 换句话说, 捕鱼技术 (即网眼尺寸大小) 决定了捕捞的种群大小. 从数学建模的角度来说, 在微分方程模型的收获项中加入时滞代表了对被捕捞种群尺寸的选择. 考虑到资源开发和生态观测, 我们制定一个关于状态–时滞的最优控制问题, 并且借助最优状态–时滞控制方法和庞特里亚金极小值 (极大值) 原理开发了一个有效的数值方法. 此外, 大量的数值模拟显示了捕捞时滞、努力量和种群迁移对种群丰富度和产量的影响, 具体分析如下.

　　首先, 研究了选择性捕捞对种群水平的影响. 数值模拟说明对于强度大的捕捞, 选择性收获策略有利于增加种群的丰富度. 其次, 考虑了选择性捕捞对开放区种群产量的影响. 仿真表明对特定的捕捞尺寸、最优努力量可以大大提高捕捞种群的渔业产量, 并且最优努力量有时从根本上改变系统的动态行为. 固定捕捞努力量, 捕捞年龄偏大的种群不利于渔业可持续产量, 所以当制定捕捞规则和政策时必须要把选择性收获和捕捞努力量同时加以考虑. 鉴于模型有四个参数需要优化, 故很难直观描绘渔业产量关于它们的图形. 然而在相同捕捞努力量和收获年龄的条件下, 从数学和模拟的角度研究在开放区实施捕捞对渔业产量的影响是比较方便的. 模拟表明, 当过度开发时, 合适的选择性收获将带来更高的产量. 从经济学与生态的角度出发, 模拟了与资源开发和生态保护相关的混合优化问题. 最后, 研究了引入保护地区对种群水平和可持续产量的影响. 模拟揭示了与其他两种模式相比, 只为食饵创建保护区大大提高了渔业资源数量和可持续产量. 然而, 只为捕食者设立保护区却不利于增加渔业资源和可持续产量.

参 考 文 献

[1] Pei Y, Chen M, Liang X, Li C. Model-based on fishery management systems with selective harvest policies. Math. Comput. Simulat., 2019, 156: 377-395.

[2] Takashina N, Mougi A. Effects of marine protected areas on overfished fishing stocks with multiple stable states. J. Theor. Biol., 2014, 341: 64-70.

[3] Dubey B, Chandra P, Sinha P. A model for fishery resource with reserve area. Nonlinear Anal-Real., 2003, 4: 625-637.

[4] Krivan V, Jana D. Effects of animal dispersal on harvesting with protected areas. J. Theor. Biol., 2015, 364: 131-138.

[5] Lv Y, Yuan R, Pei Y. A prey-predator model with harvesting for fishery resource with reserve area. Appl. Math. Model., 2013, 37: 3048-3062.

[6] Zou X, Wang K. Dynamical properties of a biological population with a protected area under ecological uncertainty. Appl. Math. Model., 2015, 39(20): 6273-6284.

[7] Coltman D. Evolutionary rebound from selective harvesting. Trends. Ecol. Evol., 2008, 23: 117-118.

[8] Kar T. Selective harvesting in a prey-predator fishery with time delay. Math. Comput. Model., 2003, 38: 449-458.

[9] Mukhopadhyay A, Chattopadhyay J, Tapaswi P. Selective harvesting in a two species fishery model. Ecol. Model., 1997, 94: 243-253.

[10] Pei Y, Chen L, Li C, Wang C. Impulsive selective harvesting in a logistic fishery model with time delay. J. Biol. Syst., 2006, 14(1): 91-99.

[11] Verstraeten M, Pursch M, Eckerle P, Luong J, Desmet G. Modelling the thermal behaviour of the low-thermal mass liquid chromatography system. J. Chromatogr. A., 2011, 1218: 2252-2263.

[12] Chai Q, Yang C, Teo K, Gui W. Time-delayed optimal control of an industrial-scale evaporation process sodium aluminate solution. Control. Eng. Pract., 2012, 20: 618-628.

[13] Wang L, Gui W, Teo K, Loxton R, Yang C. Time delayed optimal control problems with multiple characteristic time points: Computation and industrial applications, J. Ind. Manag. Optim., 2009, 5: 705-718.

[14] Vidal L, Jauberthie C, Blanchard G. Identifiability of a nonlinear delayed-differential aerospace model. Ieee. T. Automat. Contr., 2006, 51: 154-158.

[15] Stengel R, Ghigliazza R, Kulkarni N, Laplace O. Optimal control of innate immune response. Optim. Contr. Appl. Met., 2002, 23: 91-104.

[16] Kamien M, Schwartz N L. Dynamic optimization: The Calculus of Variations and Optimal Control in Economics and Management. New York: Elsevier Science, 1991.

[17] Basin M, Rodriguez-Gonzalez J, Martinez-zunig R. Optimal control for linear systems with time delay in control input. J. Franklin. I., 2004, 341: 267-278.

[18] Chai Q, Loxton R, Teo K, Yang C. A class of optimal state-delay control problems. Nonlinear Anal-Real., 2013, 14: 1536-1550.

[19] Zaman G, Kang Y, Jung H. Optimal treatment of an SIR epidemic model with time delay. Biosyst. Eng., 2009, 98: 43-50.

[20] Gollmann L, Kern D, Maurer H. Optimal control problems with delays in state and control variables subject to mixed control-state constraints. Optim. Contr. Appl. Met., 2009, 30: 341-365.

[21] Chen M, Pei Y, Liang X, et al. A hybrid optimization problem at characteristic times and its application in agroecological system. Adv. Differ. Equ-Ny., 2016, 1: 1-13.

[22] Pauly D, Christensen V, Dalsgaard J, Froese R, Torres J. Fishing down marine food webs. Science, 1998, 279 (5352): 860-863.

[23] Kar T, Pahari U K. Non-selective harvesting in prey-predator models with delay. Commun. Nonlinear. Sci., 2006, 11: 499-509.

[24] Chakraborty K, Das S, Kar T. On non-selective harvesting of a multispecies fishery incorporating partial closure for the populations. Appl. Math. Comput., 2013, 221: 581-597.

[25] de Roos A, Bouka D, Persson L. Evolutionary regime shifts in age and size at maturation of exploited fish stocks. Proc. R. Soc. B., 2006, 273: 1873-1880.

[26] Mohanty R, Jena S, Thakur A, Patil D. Impact of high-density stocking and selective harvesting on yield and water productivity of deepwater rice-fish systems. Agr. Water Manage., 2009, 96: 1844-1850.

[27] Chakraborty K, Jana S, Kar T. Global dynamics and bifurcation in a stage structured prey-predator fishery model with harvesting. Appl. Math. Comput., 2012, 218: 9271-9290.

[28] Liu C. Modelling and parameter identification for a nonlinear time-delay system in microbial batch fermentation. Appl. Math. Model., 2013, 37: 6899-6908.

[29] Clark C. Mathematical models in the economics of renewable resources. Siam. Review., 1979, 21(1): 81-99.

第 7 章　时间和干扰量相关的最优脉冲控制问题及其生态应用

本章以害虫综合治理为例, 介绍带有脉冲时间和脉冲干扰量的微分方程的优化控制问题及应用. 应用时间变换、平移变换等技巧把脉冲微分方程的脉冲量优化问题转化为切换系统的参数和初值优化问题. 然后计算目标函数关于这些参数的梯度, 并利用最速下降法求解该优化问题 [1].

7.1　引　　言

IPM(综合害虫管理), 又称为综合害虫控制, 它综合运用各种方法和有效手段, 把害虫控制在危害的水平之下 [2–5]. 作为 IPM 策略之一的生物控制 [5,6], 是通过释放天敌来减少害虫数量及其损坏程度的一种对环境无害并且有效的方法. 它是人类的一种积极行为, 如在关键时间点增加或扩增天敌的释放量, 通常通过在田间和温室里释放大量的天敌来实现 [7]. 最近已经有许多的生物控制方法被应用, 如大量饲养和释放赤眼蜂来防治玉米作物害虫 [8], 利用载体植物系统来治理节肢动物类昆虫 [9], 选择寄生蛹的白蛾周氏啮小蜂来控制侵略性的森林害虫 [10]. 一旦害虫达到经济阈值水平, 天敌被周期性地释放. 化学控制是另一种通过周期性地喷洒农药来治理害虫的方法. 已经证明当害虫上升到 ET (经济阈值) [5,11–13] 时, 应用 IPM 策略比传统的策略更有效 [13–15]. 不少文献已经研究了影响害虫控制效果的因素, 例如脉冲干扰的时刻, 释放天敌的数量, 杀虫剂的杀灭率或捕食率 [12,13]. 同时, 也考虑到种群的扩散效应, 尤其是文献 [16–18] 中的实验结果表明害虫和天敌的扩散对控制害虫的效果具有显著影响. 杀虫剂有长期的残留效应, 比如一些残留的农药对害虫有几周、几个月或几年的杀灭活性. S.Tang 等 [18] 建立了具有农药残留作用及固定脉冲效应的 IPM 害虫控制模型. 在以上文献的基础上, 我们总结了以下关于害虫脉冲控制的研究成果.

- **固定时刻脉冲干扰害虫管理模型的研究进展**

在病虫害治理过程中喷洒农药或释放天敌是一个瞬时行为, 最近很多学者运用固定时刻脉冲微分方程研究害虫治理问题. 学者们在文献 [19–22] 中研究了周期性释放天敌或定时喷洒杀虫剂的害虫防治模型. 假设 P 和 N 分别代表 t 时刻害虫和天敌的密度, T 是脉冲效应的周期, $n = 1, 2, \cdots$. 那么固定时刻实施的 IPM

策略可以用以下脉冲微分方程来描述:

$$\begin{cases} \dfrac{dP}{dt} = f(P,N), & \dfrac{dN}{dt} = g(P,N), \quad 若\ t \neq nT, \\[2mm] \Delta x = \alpha(P,N), & \Delta y = \beta(P,N), \qquad 若\ t = nT. \end{cases} \tag{7.1.1}$$

此外, 文献 [23, 24] 研究了不同频率喷洒农药和释放天敌的害虫管理模型:

$$\begin{cases} \dfrac{dx}{dt} = f(P,N), \quad \dfrac{dy}{dt} = g(P,N), \quad t \neq (n+l-1)T, \ \ t \neq nT, \\[2mm] \Delta x = \alpha(P,N), \quad \Delta y = \beta(P,N), \qquad t = (n+l-1)T, \\[2mm] \Delta x = \alpha'(P,N), \quad \Delta y = \beta'(P,N), \qquad t = nT, \end{cases} \tag{7.1.2}$$

其中 $0 < l < 1$ 为常数. 基于这些成果, 学者们在文献 [11, 25, 27, 28] 中进一步考虑了如年龄结构、脉冲出生和多物种间的相互作用等其他因素对害虫综合管理的影响. 综上所述, 这些研究实质上是建立了脉冲微分方程来模拟周期性释放天敌和不同时刻喷洒农药的害虫控制过程, 然后研究了害虫灭绝周期解的存在性和稳定性以及系统的持久性.

● 状态脉冲效应害虫管理模型研究进展

由于 IPM 的目标是把害虫控制在经济危害水平以下, 因此当害虫种群密度达到一定的 ET (经济阈值) 时才实施控制策略. ET 代表种群密度, 当种群密度达到这个值时应采取控制措施, 以防止害虫种群达到经济危害水平. 我们应用以下脉冲方程模拟状态依赖的控制策略:

$$\begin{cases} \dfrac{dx}{dt} = f(P,N), \quad \dfrac{dy}{dt} = g(P,N), \quad 若\ x < \mathrm{ET}, \\[2mm] \Delta x = \alpha(P,N), \quad \Delta y = \beta(P,N), \quad 若\ x = \mathrm{ET}. \end{cases} \tag{7.1.3}$$

对于模型 (7.1.3), S. Tang [13], L. Nie 和 Z. Teng [29], Y. Li 和 J. Cui [30], X. Y. Shi 和 X. Y. Song [31], Y. Z. Pei 等 [32] 利用首次积分、庞加莱映射、不动点理论和后继函数等方法研究了一阶和二阶周期解的存在性和稳定性.

● 脉冲效应的病虫害管理模型最优控制问题的研究进展

IPM 是一个动态的管理过程. 近年来, J. Liang 和 S. Tang [33], Y. Xue 和 S. Tang [34] 等用 Logistic (逻辑斯谛) 生长规律研究了对单一害虫种群周期性地实施 IPM 策略时, 最优时刻和剂量以及经济阈值的存在性. 对于一个简单的害虫—捕食者系统, S. Tang 等 [35] 分析了最优喷洒时间、药物有效性和最优天敌投放数量对害虫控制的影响. 上述这些害虫治理模型均为一维的脉冲微分方程或二维的保守系统, 方程的解析解能表达出来, 目标函数通过方程的解析解给出, 通过极值原理求解害虫的最优控制策略. 此外, F. Amato 等 [36] 提出了优化农药喷洒时间的方法.

虽然学者们对害虫防治的各个方面进行了深入的研究, 但对于复杂的、无法明确写出解析解的生态系统, 最优的害虫防治策略还没有得到很好的研究. 由于理论和方法的局限性, 上述脉冲模型的结论仅限于通过控制时间间隔或农药用量或释放天敌数量来消灭害虫. 但是, 害虫防治的目的不是消灭所有的害虫, 而是在一定程度上控制害虫的数量, 同时还要保持农田的生态平衡.

本章基于一个复杂的生态系统, 分三种情况对害虫脉冲治理时刻和脉冲干扰强度的最优控制问题进行探讨. 我们的目标是开发一个最佳的脉冲管理策略, 以最小化终端时间害虫的数量. 借助控制参数变换技巧 [37], 把最优脉冲管理策略等价地转换成最优参数选择问题, 可以通过基于梯度的优化方法求解. 首先, 将天敌的释放量和释放时刻作为控制变量, 探讨最优控制策略. 接着讨论两种特殊情况, 即把天敌的释放量和释放时刻分别作为控制变量, 探讨单一控制变量下的最优控制策略. 最后在以上三种情况下, 目标函数关于各参数的梯度进行了分析, 并通过数值计算得到了最优脉冲策略.

本章安排如下. 在第 2 节提出了一个一般的最优脉冲控制问题. 在第 3 节提出了涉及农药残留效应的害虫控制模型, 通过时间尺度转换和时间平移变换来阐明优化算法. 此外, 给出了目标函数关于天敌脉冲释放量和释放时刻的梯度公式. 然后在第 7 节设计了一种有效的算法, 并在第 8 节给出了数值模拟的最优解. 最后, 第 9 节进行了总结和讨论.

7.2 问 题 陈 述

考虑下列脉冲动力系统

$$
\begin{cases}
\left.\begin{aligned}
\frac{dP(t)}{dt} &= f(t, P(t), N(t)), \\
\frac{dN(t)}{dt} &= g(t, P(t), N(t)),
\end{aligned}\right\} \quad t \neq \bar{t}_j, \quad t \neq t_i, \quad t \in (0, T], \\
P(\bar{t}_j^+) = \alpha_j(P(\bar{t}_j), N(\bar{t}_j), \kappa_j), \quad t = \bar{t}_j, \quad j = 1, \cdots, m-1, \\
N(t_i^+) = \beta_i(P(t_i), N(t_i), \xi_i), \quad t = t_i, \quad i = 1, \cdots, n-1,
\end{cases} \tag{7.2.1}
$$

具有初始条件

$$
P(0) = P^0, \quad N(0) = N^0. \tag{7.2.2}
$$

这里 $\bar{t}_j$ 和 t_i 是跳跃时刻, κ_j 和 ξ_i 是常数 ($j = 1, \cdots, m-1$ 和 $i = 1, \cdots, n-1$). m 和 n 均为大于 1 的正整数, 分别代表种群 $P(t)$ 和 $N(t)$ 的脉冲次数. 下面

给出一些假设.

(A1) 函数 f, g, α_j 和 β_i 关于它们所有的参数是连续可微的.

记 $\tau = (\bar{t}_1, \cdots, \bar{t}_{m-1}, t_1, \cdots, t_{n-1})^\top$, $\xi = (\kappa_1, \cdots, \kappa_{m-1}, \xi_1, \cdots, \xi_{n-1})^\top$. 而且限制控制参数向量, 即跳跃时刻和常数的边界如下.

(A2) $0 \leqslant \bar{t}_1 \leqslant \cdots \leqslant \bar{t}_m = T$ 且 $0 \leqslant t_1 \leqslant \cdots \leqslant t_n = T$.

(A3) 对 $j = 1, \cdots, m-1$, $\kappa_j^1 \leqslant \kappa_j \leqslant \kappa_j^2$, 且对 $i = 1, \cdots, n-1$, $\xi_i^1 \leqslant \xi_i \leqslant \xi_i^2$. 其中 κ_j^1, κ_j^2, ξ_i^1 和 ξ_i^2 是给定的常数, 满足 $\kappa_j^1 < \kappa_j^2$, $\xi_i^1 < \xi_i^2$.

令 Λ 和 Ξ 分别表示满足 (A2) 和 (A3) 的所有 $\tau \in \mathbb{R}^{m+n-2}$, $\xi \in \mathbb{R}^{m+n-2}$ 的集合.

定义
$$\Im = (P(t), N(t))^\top, \quad \wp_0 = \left(\frac{dP(t)}{dt}, \frac{dN(t)}{dt}\right)^\top,$$
$$\wp_j = \left(P\left(t_j^+\right), N\left(t_j^+\right)\right)^\top, \quad j = 1, \cdots, m-1$$
和
$$\wp_i = \left(P\left(t_i^+\right), N\left(t_i^+\right)\right)^\top, \quad i = 1, \cdots, n-1.$$

本章假设下列条件满足.

(A4) 函数 $\wp_0$, $\wp_j$ 和 $\wp_i$ 关于它们所有的参数是连续可微的.

(A5) 存在实数 L 使
$$\|\wp_0(\Im)\| \leqslant L(1 + \|\Im\|),$$

其中 $\|\cdot\|$ 表示欧几里得范数.

假设 (A4) 和 (A5) 保障了对 $(\tau, \xi) \in (\Lambda, \Xi)$, 脉冲系统 (7.2.1) 和 (7.2.2) 有唯一解 $\Im(\cdot|\tau, \xi)$.

定义目标函数为
$$J(\tau, \xi) = \Psi(P(T), N(T), \tau, \xi), \tag{7.2.3}$$

其中 $\Psi : \mathbb{R} \times \mathbb{R} \times \mathbb{R}^{m+n-2} \times \mathbb{R}^{m+n-2} \to \mathbb{R}$ 是给定的函数.

我们的最优控制问题形式上定义如下.

问题 (P) 选择 $(\tau, \xi) \in (\Lambda, \Xi)$ 最小化目标函数 (7.2.3).

接下来, 我们将重点关注涉及农药残留影响的害虫管理模型的三个最优脉冲控制问题, 通过时间缩放和平移变换来说明优化算法. 假设 (A1)—(A5) 确保了脉冲控制问题最优解的存在性.

7.3 涉及农药残留效应的害虫管理模型的最优脉冲控制

农药有长期的残留效应, 或许是几周、几个月或者几年, 因此我们引入影响增长率的连续函数或者分段连续函数来建立更加符合实际情况的化学控制模型 [19]. 令 $P(t)$ 和 $N(t)$ 分别表示 t 时刻害虫和天敌的数量, 函数 $b_1(t)$ 和 $b_2(t)$ 分别表示农药对害虫和天敌的杀灭效应, 从而得到下列描述具有农药残留效应的害虫和天敌相互作用模型 [19]

$$\begin{cases} \dfrac{dP(t)}{dt} = rP(t)\left(1 - b_1(t) - \eta P(t)\right) - \dfrac{\beta P(t)N(t)}{1 + \alpha P(t)}, \\ \dfrac{dN(t)}{dt} = \dfrac{\lambda\beta P(t)N(t)}{1 + \alpha P(t)} - dN(t) - b_2(t)N(t), \end{cases} \tag{7.3.1}$$

该模型具有初始条件 (7.2.2). 其中 r 为内禀增长率, η 为种内竞争系数, β 为捕食率, λ 是转化系数, d 为捕食者的死亡率, α 为捕食半饱和常数, 害虫和天敌的死亡率分别用负指数函数

$$b_1(t) = m_1 \mathrm{e}^{-\delta_1 t}, \quad b_2(t) = m_2 \mathrm{e}^{-\delta_2 t}$$

表示. 其中 $m_i = 1 - \mathrm{e}^{-k_i D}$, δ_i 为正衰减系数 (称为衰减率), k_i 是正常数, D 为农药的剂量.

在害虫综合管理策略中, 农药有时会对天敌造成不小的危害, 比如直接杀死天敌, 或影响其捕食行为、避难能力, 或影响害虫的繁殖率等. 生物控制是利用生物体来抑制害虫种群从而减少害虫数量及其损害程度的一种方法. 因此, 在害虫的生存环境中释放天敌更加有效和安全. 接下来我们应用脉冲生物控制来治理害虫. 假设天敌被瞬时释放, 我们寻找最优脉冲管理策略使终端时刻害虫的数量和使用的总成本达到最低.

7.4 最优混合脉冲控制策略

在有限时间 $[0, T]$ 上优化天敌的释放时刻和释放量, 被称为混合控制策略. 假设在 $t_i \in [0, T]$ 时刻释放数量为 ξ_i 的天敌, 其中 $i = 1, 2, \cdots, n-1$. 我们把天敌的释放时刻和释放量视为控制变量, 由 (7.3.1) 得到

$$\begin{cases} \dfrac{dP(t)}{dt} = rP(t)\left(1 - m_1\mathrm{e}^{-\delta_1 t} - \eta P(t)\right) - \dfrac{\beta P(t)N(t)}{1 + \alpha P(t)}, \\ \dfrac{dN(t)}{dt} = \dfrac{\lambda\beta P(t)N(t)}{1 + \alpha P(t)} - (d + m_2\mathrm{e}^{-\delta_2 t})N(t), \end{cases} \left.\begin{matrix} \\ \\ \end{matrix}\right\} t \neq t_i, \ t \in (0, T], \\ N(t_i^+) = N(t_i) + \xi_i, \quad t = t_i, \ i = 1, \cdots, n-1,$$

$$\tag{7.4.1}$$

初始条件仍为 (7.2.2). 其中 $N(t_i{}^+) = \lim_{\varepsilon \to 0} N(t_i + \varepsilon)$, $\varepsilon > 0$ 且 T 为终端时刻. 释放时刻 t_i 满足

$$
\begin{aligned}
& 0 = t_0 \leqslant t_1 \leqslant \cdots \leqslant t_{n-1} \leqslant t_n = T, \\
& t_i - t_{i-1} = \tau_i, \\
& c_i \leqslant \tau_i \leqslant d_i, \quad i = 1, \cdots, n,
\end{aligned}
\tag{7.4.2}
$$

其中 c_i 和 d_i 是给定的非负常数. 进一步假设天敌的释放量 ξ_i 满足:

$$
a_i \leqslant \xi_i \leqslant b_i, \quad i = 1, \cdots, n-1,
\tag{7.4.3}
$$

其中 a_i 和 b_i 是给定的非负常数.

定义向量 $\tau = (\tau_1, \cdots, \tau_n)^\top$ 和 $\xi = (\xi_1, \cdots, \xi_{n-1})^\top$ 分别满足 (7.4.2) 和 (7.4.3). 显然, 假设 (A1)—(A5) 保证了对每一个 $(\tau, \xi) \in (\Lambda, \Xi)$, 系统 (7.4.1) 和 (7.2.2) 都有唯一解 $\Im(\cdot | \tau, \xi)$.

定义一个目标函数

$$
J(\tau, \xi) = P(T) + \sum_{i=1}^{n-1} \xi_i.
\tag{7.4.4}
$$

则我们的最优害虫控制问题可以描述如下:

问题 (P1)　给定具有初始条件 (7.2.2) 的害虫–天敌系统 (7.4.1), 寻找参数对 (τ, ξ) 使目标函数 $J(\tau, \xi)$ 在终端时刻 T 达到最小.

由于状态依赖于不确定的脉冲时刻和跳跃高度, 所以问题 $(P1)$ 不能通过现有的优化技巧来直接求解. 要克服这一困难, 首先, 我们应用时间尺度变换 [38,40] 将变化的脉冲时间点映射到新时间尺度上预先确定的脉冲时间点. 然后, 利用时间平移变换将新的脉冲时间点和跳跃高度转变成扩展常微分系统的初始条件. 从而得到一个等价的具有周期性边界条件的常微分方程的最优参数选择问题, 该问题可以用基于梯度的优化技术来求解 [37].

首先构造一个从 $t \in [0, T]$ 到 $s \in [0, n]$ 的变换将脉冲时间点 $0, \tau_1, \tau_1 + \tau_2$, $\cdots, \sum_{i=1}^{n-1} \tau_i$ 和 T 映射到新时间尺度上预先确定的脉冲时间点 $0, 1, \cdots, n$ 上. 该时间尺度变换通过下列微分方程定义:

$$
\frac{dt(s)}{ds} = v(s),
\tag{7.4.5}
$$

具有初始条件

$$
t(0) = 0.
\tag{7.4.6}
$$

函数 $v(s)$ 是一个分段常值函数, 被称为时间尺度控制, 在预先确定的时间点 $s = 1, 2, \cdots, n-1$ 上可能不连续, 即

$$v(s) = \sum_{i=1}^{n} \tau_i \chi_{(i-1,i)}(s), \qquad (7.4.7)$$

其中 $\tau_i \ (i = 1, \cdots, n)$ 是天敌的脉冲释放时间间隔参数, 满足下列条件

$$\tau_i \geqslant 0, \quad i = 1, \cdots, n \quad \text{且} \quad \sum_{i=1}^{n} \tau_i = T. \qquad (7.4.8)$$

$\chi_I(s)$ 是 I 的指示函数, 定义为

$$\chi_I(s) = \begin{cases} 1, & \text{若 } s \in I, \\ 0, & \text{其他.} \end{cases}$$

时间缩放变换后, 记 $S_1(s) = \sum_{j=1}^{i-1} \tau_j + \tau_i(s - i + 1)$, 则系统 (7.4.1) 变为

$$\begin{cases} \dfrac{dP(s)}{ds} = v(s)\left[rP(s)\left(1 - m_1 \mathrm{e}^{-\delta_1 S_1(s)} - \eta P(s)\right) - \dfrac{\beta P(s)N(s)}{1 + \alpha P(s)} \right], \\ \dfrac{dN(s)}{ds} = v(s)\left[\dfrac{\lambda\beta P(s)N(s)}{1 + \alpha P(s)} - (d + m_2 \mathrm{e}^{-\delta_2 S_1(s)})N(s) \right], \\ N(i^+) = N(i) + \xi_i, \quad i = 1, \cdots, n-1, \end{cases} \left. \begin{array}{c} \\ \\ \end{array} \right\} s \in (0, n],$$

$$\qquad (7.4.9)$$

具有初始条件 (7.2.2), 相应地目标函数 (7.4.4) 变为

$$\tilde{J}(\tau, \xi) = P(n) + \sum_{i=1}^{n-1} \xi_i. \qquad (7.4.10)$$

变换后的害虫控制问题可以明确如下: 对满足具有初始条件 (7.2.2) 和 (7.4.6) 的害虫–天敌系统 (7.4.9), 寻找一个参数向量对 (τ, ξ) 使目标函数 $\tilde{J}$ 在终端时刻 n 获得极小值. 这个问题被称为问题 $(\tilde{P}1)$. 然而 $(\tilde{P}1)$ 仍然难以解决, 为此, 引入时间平移变换. 对 $i = 1, \cdots, n$, 定义

$$P_i(s) = P(s + i - 1), \quad N_i(s) = N(s + i - 1), \quad \pi_i(s) = t(s + i - 1). \quad (7.4.11)$$

为符号简便, 记 $S_2(s) = \sum_{j=1}^{i-1} \tau_j + \tau_i s$, 则根据 (7.4.11) 的定义, 具有初始条

件 (7.2.2) 的系统 (7.4.9) 和 (7.4.5) 变为

$$
\begin{cases}
\dfrac{dP_i(s)}{ds} = \tau_i \left[rP_i(s)\left(1 - m_1 \mathrm{e}^{-\delta_1 S_2(s)} - \eta P_i(s)\right) - \dfrac{\beta P_i(s) N_i(s)}{1 + \alpha P_i(s)} \right], \\[3mm]
\dfrac{dN_i(s)}{ds} = \tau_i \left[\dfrac{\lambda \beta P_i(s) N_i(s)}{1 + \alpha P_i(s)} - \left(d + m_2 \mathrm{e}^{-\delta_2 S_2(s)}\right) N_i(s) \right], \\[3mm]
N_i(0) = N_{i-1}(1) + \xi_{i-1}, \quad i = 2, \cdots, n.
\end{cases}
\left.\begin{array}{l} \\ \\ \\ \end{array}\right\}
\begin{array}{l} s \in (0,1], \\ i = 1, \cdots, n, \end{array}
$$

$$ \tag{7.4.12} $$

且

$$
P_0(0) = P^0, \quad N_0(0) = N^0. \tag{7.4.13}
$$

从而目标函数 (7.4.10) 等价于新的最终目标函数

$$
\hat{J}(\tau, \xi) = P_n(1) + \sum_{i=1}^{n-1} \xi_i. \tag{7.4.14}
$$

因此, 我们需要寻找混合参数对 (τ, ξ) 使目标函数 (7.4.14) 在满足系统 (7.4.12) 的前提条件下达到最小.

根据文献 [6] 的定理 6.1, 引入哈密顿函数 H_i $(i = 1, \cdots, n)$,

$$
H_i(s, P_i(s), N_i(s), \lambda^i(s), \tau, \xi) = \left(\begin{array}{cc} \lambda_1^i(s), & \lambda_2^i(s) \end{array} \right) \left(\begin{array}{cc} f_1^i(s), & f_2^i(s) \end{array} \right)^\top, \tag{7.4.15}
$$

其中协态 $\lambda^i(s) = (\lambda_1^i(s), \lambda_2^i(s))$ 由下列协态方程确定

$$
\begin{aligned}
\dot{\lambda}_1^i(s) &= -\frac{\partial H_i}{\partial P_i} \\
&= -\tau_i \left[\lambda_1^i(s)\left(r(1 - m_1 \mathrm{e}^{-\delta_1 S_2(s)} - 2\eta P_i) - \frac{\beta N_i}{(1 + \alpha P_i)^2} \right) + \frac{\lambda_2^i(s) \lambda \beta N_i}{(1 + \alpha P_i)^2} \right], \\
\dot{\lambda}_2^i(s) &= -\frac{\partial H_i}{\partial N_i} = -\tau_i \left[-\lambda_1^i(s)\frac{\beta P_i}{1 + \alpha P_i} - \lambda_2^i(s)\left(\frac{\lambda \beta P_i}{1 + \alpha P_i} - d - m_2 \mathrm{e}^{-\delta_2 S_2(s)} \right) \right].
\end{aligned}
$$

$$ \tag{7.4.16} $$

对所有的 $i = 1, \cdots, n-1$, 该方程具有边界条件

$$
\begin{aligned}
\lambda_1^n(1) &= 1, \quad \lambda_2^n(1) = 0, \\
\lambda_1^i(1) &= \lambda_1^{i+1}(0), \quad \lambda_2^i(1) = \lambda_2^{i+1}(0).
\end{aligned} \tag{7.4.17}
$$

令

$$
y(s) = \left(\begin{array}{cc} P(s), & N(s) \end{array} \right)^\top, \quad y_i(0) = \psi^{i-1}(y_{i-1}(1), \xi_{i-1}).
$$

从而, 根据害虫–天敌系统 (7.4.12), 我们有

$$\psi^{i-1}(y_{i-1}(1), \xi_{i-1}) = \left(\begin{array}{cc} P_{i-1}(1), & N_{i-1}(1) + \xi_{i-1} \end{array} \right)^{\top}.$$

为方便, 记 $S_3(s) = \sum_{i=1}^{j-1} \tau_i + \tau_j s$ 和 $S_4(s) = \sum_{k=1}^{i-1} \tau_k + \tau_i s$. 从而, 对 $j = 1, 2, \cdots, n$, 目标函数关于释放时刻 τ_j 的梯度如下:

$$\begin{aligned}
\nabla_{\tau_j} J(\tau, \xi) &= \int_0^1 \sum_{i=1}^n \frac{\partial H_i(s, P_i(s), N_i(s), \lambda_i(s), \tau, \xi)}{\partial \tau_j} ds \\
&= \int_0^1 \Bigg\{ \lambda_1^j \left[r P_j (1 - m_1 \mathrm{e}^{-\delta_1 S_3(s)} - \eta P_j) - \frac{\beta P_j N_j}{1 + \alpha P_j} \right] \\
&\quad + \lambda_2^j \left[\frac{\lambda \beta P_j N_j}{1 + \alpha P_j} - (d + m_2 \mathrm{e}^{-\delta_2 S_3(s)}) N_j \right] \\
&\quad + \lambda_1^j P_j \tau_j r m_1 \delta_1 s \mathrm{e}^{-\delta_1 S_3(s)} + \Sigma_{i=j+1}^n \lambda_1^i P_i \tau_i r m_1 \delta_1 \mathrm{e}^{-\delta_1 S_4(s)} \\
&\quad + \lambda_2^j N_j \tau_j m_2 \delta_2 s \mathrm{e}^{-\delta_2 S_3(s)} + \Sigma_{i=j+1}^n \lambda_2^i N_i \tau_i m_2 \delta_2 \mathrm{e}^{-\delta_2 S_4(s)} \Bigg\} ds,
\end{aligned}$$

$$(7.4.18)$$

且对 $k = 1, 2, \cdots, n-1$, 目标函数关于天敌释放量 ξ_k 的梯度如下

$$\begin{aligned}
\nabla_{\xi_k} J(\tau, \xi) &= 1 + \sum_{i=1}^{n-1} (\lambda^{i+1}(0))^{\mathrm{T}} \frac{\partial \psi^i(y_i(1), \xi_i)}{\partial \xi_k} \\
&= 1 + \left(\begin{array}{cc} \lambda_1^{k+1}(0), & \lambda_2^{k+1}(0) \end{array} \right) \left(\begin{array}{c} 0 \\ 1 \end{array} \right) \\
&= 1 + \lambda_2^{k+1}(0).
\end{aligned}$$

$$(7.4.19)$$

7.5 具有确定时间间隔的最优脉冲释放量控制策略

本节考虑具有确定时间间隔的最优脉冲释放量控制策略. 我们在 $[0, T]$ 上确定的脉冲时刻 $i\tau$ ($i = 1, 2, \cdots, n-1$) 处释放相同数量的天敌 ξ, 从而系统 (7.3.1) 转变为

$$\begin{cases}
\dfrac{dP(t)}{dt} = r P(t) \left(1 - m_1 \mathrm{e}^{-\delta_1 t} - \eta P(t) \right) - \dfrac{\beta P(t) N(t)}{1 + \alpha P(t)}, \\
\dfrac{dN(t)}{dt} = \dfrac{\lambda \beta P(t) N(t)}{1 + \alpha P(t)} - d N(t) - m_2 \mathrm{e}^{-\delta_2 t} N(t), \\
\end{cases} \quad t \neq i\tau, \ t \in (0, T],$$

$$N(i\tau^+) = N(i\tau) + \xi, \qquad t = i\tau, \quad i = 1, 2, \cdots, n-1,$$

$$(7.5.1)$$

该系统具有初始条件 (7.2.2). 假设控制参数满足如下条件:

$$a \leqslant \xi \leqslant b, \tag{7.5.2}$$

$$n\tau = T, \tag{7.5.3}$$

其中 a 和 b 为给定的非负常数, $\tau > 0$ 是脉冲控制周期, $n - 1$ 是脉冲控制次数. 我们的最优害虫控制问题可以表述如下.

问题 (P2)　对于具有初始条件 (7.2.2) 的系统 (7.5.1), 寻找天敌的释放量 ξ 使终端时刻 T 害虫的数量和释放天敌的总数量

$$J(\xi) = P(T) + (n-1)\xi \tag{7.5.4}$$

达到最小.

类似地, 为方便起见, 我们记 $S_5(s) = (i-1)\tau + \tau s$. 经过由 (7.4.11) 定义的时间缩放和时间平移变换后, 对 $i = 1, \cdots, n$, 系统 (7.5.1) 和 (7.4.5) 变为

$$\begin{cases} \dfrac{dP_i(s)}{ds} = \tau \left[rP_i(s)\left(1 - m_1 \mathrm{e}^{-\delta_1 S_5(s)} - \eta P_i(s)\right) - \dfrac{\beta P_i(s)N_i(s)}{1+\alpha P_i(s)} \right], \\[2mm] \dfrac{dN_i(s)}{ds} = \tau \left[\dfrac{\lambda \beta P_i(s)N_i(s)}{1+\alpha P_i(s)} - (d + m_2 \mathrm{e}^{-\delta_2 S_5(s)})N_i(s) \right], \\[2mm] N_i(0) = N_{i-1}(1) + \xi, \quad i = 2, \cdots, n, \end{cases} \quad s \in (0,1], \tag{7.5.5}$$

该系统具有初始条件 (7.4.13).

相应地与问题 (P2) 等价的害虫控制问题表述为: 对于系统 (7.5.5), 寻找天敌的释放量参数 ξ 使终端时刻 1 的害虫数量和成本

$$\hat{J}(\xi) = P_n(1) + (n-1)\xi \tag{7.5.6}$$

最小, 这个问题称为 $(\hat{P}2)$.

相应的哈密顿函数 $H_i(s, P_i(s), N_i(s), \lambda_i(s), \xi)$ 由 (7.4.15) 的右边定义, 且相应的协态方程为

$$\dot{\lambda}_1^i(s) = -\frac{\partial H_i}{\partial P_i}$$

$$= -\tau \left\{ \lambda_1^i(s) \left[r(1 - m_1 \mathrm{e}^{-\delta_1 S_5(s)} - 2\eta P_i) - \frac{\beta N_i}{(1+\alpha P_i)^2} \right] + \frac{\lambda_2^i(s)\lambda\beta N_i}{(1+\alpha P_i)^2} \right\},$$

$$\dot{\lambda}_2^i(s) = -\frac{\partial H_i}{\partial N_i} = -\tau \left[-\lambda_1^i(s)\frac{\beta P_i}{1+\alpha P_i} + \lambda_2^i(s)\left(\frac{\lambda\beta P_i}{1+\alpha P_i} - d - m_2 \mathrm{e}^{-\delta_2 S_5(s)} \right) \right],$$

$$\tag{7.5.7}$$

该系统具有初始条件 (7.4.17). 令

$$y(s) = \left(\begin{array}{cc} P(s), & N(s) \end{array} \right)^{\top}, \quad y_i(0) = \psi^{i-1}(y_{i-1}(1), \xi),$$

根据 (7.5.5), 我们有

$$\psi^{i-1}(y_{i-1}(1), \xi) = \left(\begin{array}{cc} P_{i-1}(1), & N_{i-1}(1) + \xi \end{array} \right)^{\top}.$$

那么目标函数 (7.5.6) 关于天敌释放参数 ξ 的梯度为

$$\nabla_{\xi} J(\xi) = (n-1) + \sum_{i=1}^{n-1} \lambda_2^{i+1}(0). \tag{7.5.8}$$

7.6 具有等量释放和不确定释放时刻的最优脉冲控制策略

本节考虑具有等量释放和不确定释放时刻的最优脉冲控制策略, 我们得到

$$\left\{ \begin{array}{l} \dfrac{dP(t)}{dt} = rP(t)\left(1 - m_1 e^{-\delta_1 t} - \eta P(t)\right) - \dfrac{\beta P(t)N(t)}{1+\alpha P(t)}, \\[3mm] \dfrac{dN(t)}{dt} = \dfrac{\lambda \beta P(t)N(t)}{1+\alpha P(t)} - (d + m_2 e^{-\delta_2 t})N(t), \\[3mm] N(t_i^+) = N(t_i) + \xi, \quad t = t_i, \quad i = 1, 2, \cdots, n-1 \end{array} \right. \left. \begin{array}{l} \\ \\ \end{array} \right\} t \neq t_i, \ t \in (0, T],$$

$$\tag{7.6.1}$$

具有初始条件 (7.2.2). 这里 t_i 和 ξ 分别由 (7.4.2) 和 (7.5.2) 定义, 则最优害虫控制问题可以表述如下:

问题 (P3) 给定具有初始条件 (7.2.2) 的害虫–天敌系统 (7.6.1), 寻找满足条件 (7.4.2) 的释放时刻向量 τ 和 ξ, 使

$$J(\tau, \xi) = P(T) + (n-1)\xi \tag{7.6.2}$$

达到最小.

类似地, 经过 (7.4.11) 变换, 害虫–天敌系统 (7.6.1) 和 (7.4.5) 变为

$$\left\{ \begin{array}{l} \dfrac{dP_i(s)}{ds} = f_1^i(s) = \tau_i \left[rP_i(s)\left(1 - m_1 e^{-\delta_1 S_2(s)} - \eta P_i(s)\right) - \dfrac{\beta P_i(s)N_i(s)}{1+\alpha P_i(s)} \right], \\[3mm] \dfrac{dN_i(s)}{ds} = f_2^i(s) = \tau_i \left[\dfrac{\lambda \beta P_i(s)N_i(s)}{1+\alpha P_i(s)} - (d + m_2 e^{-\delta_2 S_2(s)})N_i(s) \right], \\[3mm] N_i(0) = N_{i-1}(1) + \xi, \quad i = 2, \cdots, n, \end{array} \right. \left. \begin{array}{l} \\ \\ \end{array} \right\} s \in (0, 1],$$

$$\tag{7.6.3}$$

该系统具有初始条件 (7.4.13). 相应地, (7.6.2) 变为

$$\hat{J}(\tau, \xi) = P_n(1) + (n-1)\xi. \tag{7.6.4}$$

类似地, 新哈密顿函数 $H_i(s, P_i(s), N_i(s), \lambda_i(s), \tau, \xi)$ 由 (7.4.15) 右边定义, 并且相应的协态方程为具有边界条件 (7.4.17) 的 (7.4.16). 因此, 目标函数 (7.6.4) 关于释放时刻 τ_j $(j = 1, 2, \cdots, n)$ 的梯度为

$$\nabla_{\tau_j} J(\tau, \xi) = (7.4.18) \ 右边. \tag{7.6.5}$$

目标函数 (7.6.4) 关于脉冲释放量 ξ 的梯度为

$$\nabla_\xi J(\tau, \xi) = (n-1) + \sum_{i=1}^{n-1} \lambda_2^{i+1}(0). \tag{7.6.6}$$

7.7　算 法 设 计

对于给定参数对 (τ, ξ), 本节以 7.4 节情况作为例子, 给出计算目标函数 (7.4.14) 及梯度的算法.

- 步骤 1　在 $s = 0$ 到 $s = 1$ 上, 求解具有初始条件 (7.4.13) 的系统 (7.4.12). 对 $i = 1, \cdots, n$ 获得 $P_i(\cdot|\tau, \xi)$ 和 $N_i(\cdot|\tau, \xi)$.
- 步骤 2　利用 $P_i(\cdot|\tau, \xi)$ 和 $N_i(\cdot|\tau, \xi)$, 在 $s = -1$ 到 $s = 0$ 上求解具有边界条件 (7.4.17) 的协态方程 (7.4.16) 来获得 $\lambda_1^i(\cdot|\tau, \xi)$ 和 $\lambda_2^i(\cdot|\tau, \xi)$.
- 步骤 3　利用 $P_i(\cdot|\tau, \xi)$ 和 $N_i(\cdot|\tau, \xi)$ 计算公式 (7.4.4) 给定的目标函数 $J(\tau, \xi)$.
- 步骤 4　最后利用 $P_i(\cdot|\tau, \xi)$, $N_i(\cdot|\tau, \xi)$, $\lambda_1^i(\cdot|\tau, \xi)$ 和 $\lambda_2^i(\cdot|\tau, \xi)$, 通过公式 (7.4.18)-(7.4.19) 计算 $\nabla_{\tau_j} J(\tau, \xi)$ $(j = 1, \cdots, n)$ 和 $\nabla_{\xi_k} J(\tau, \xi)$ $(k = 1, \cdots, n-1)$.

7.8　模　　　拟

在本节中, 我们针对释放时刻 τ_i 和天敌的释放量 ξ_i 等不同的参数控制, 利用系统 (7.4.1)、(7.5.1) 和 (7.6.1) 进行数值实验以验证本章已经取得的结果. 这些实验表明本章的模型有效地预测和揭示了农业害虫生物控制的实际特征.

选择害虫的内禀增长率 $r = 10$, 捕食者对害虫的攻击率 $\beta = 0.8$ 和害虫的种内竞争系数 $\eta = 0.001$. 假设捕食者的食物转化率为 $\lambda = 0.02$, 捕食者死亡

率 $d = 0.2$ 和半饱和常数 $\alpha = 0.001$, 农药对害虫和捕食者的致死率以衰变的形式取得, 即 $m_1 = 0.003$, $m_2 = 0.001$, $\delta_1 = 0.1$ 且 $\delta_1 = 0.2$, 则系统有一个稳定的周期解. 在下面的模拟中, 所有的 '-.' 线说明没有采取生物控制时害虫和天敌的周期性行为. 我们以天为时间单位, 取终端时刻 $T = 50$ 天, 生物干预的频率 $n = 5$.

　　模拟 1　具有确定时间间隔的最优脉冲释放量.

　　对给定的时间间隔 $\tau = 10$, 以 $\xi_0 = 0.7$ 为初始值, 得到初始目标函数值 $J_0 = 6.2960$ 及害虫在末端时刻的数量 $P(T) = 3.4960$. 假设有约束

$$0.1 \leqslant \xi \leqslant 3, \tag{7.8.1}$$

我们通过执行 7.7 节描述的优化算法, 用 Matlab 程序求解这个最优问题. 得到最优释放量 $\xi^* = 0.5518$, 最小目标函数 $J^* = 4.5458$ 以及终端时刻害虫的数量 $P^*(T) = 2.3385$, 由图 7.8.1(d) 验证了以上结果. 显然, 最优脉冲释放量控制

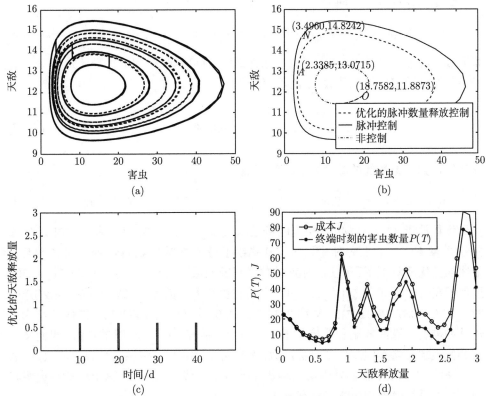

图 7.8.1　(a) 和 (b) 是不同生物控制下种群动态行为的对比: (a) 从第 1 天到第 50 天害虫和天敌的相图, (b) 最后 5 天害虫和天敌的相图; (c) 最佳释放量控制策略; (d) 释放天敌的数量对成本和终端时刻害虫数量的影响

策略要优于脉冲控制策略. 图 7.8.1(b) 表明如果在相等的时间间隔上重复释放天敌, 较大的释放量不会导致害虫的灭绝. 图 7.8.1(c) 显示了时间间隔为 10 天的条件下, 天敌释放量为 0.5518 的最优控制策略. 另外我们还描绘了在最优控制、脉冲控制和非控制准则下, 在时间区间 [0,50] 和 [45,50] 上害虫和天敌的轨迹 (分别如图 7.8.1(a) 及 7.8.1(b) 所示). 相应地, 点划线 '－.'、虚线 '－－' 和实线分别表示 $\xi = 0$、最优释放量 $\xi^* = 0.5518$ 和初始值 $\xi_0 = 0.7$ 下种群的轨迹. 图 7.8.1(b) 中的点 $A(2.3385, 13.0715)$, $N(3.4960, 14.8242)$ 和 $O(18.7582, 11.8873)$ 分别对应于最优脉冲控制、脉冲控制和非控制下的终端时刻害虫和天敌的数量坐标. 显然, 天敌的最优释放量减少了终端时刻害虫的数量, 但是天敌的周期性脉冲释放扩大了系统的周期振荡行为. 此外, 图 7.8.1(b) 表明害虫和天敌间相互作用的机制有时会使生物干扰下的害虫数量达到峰值, 这会导致灾难性害虫的爆发, 因此在害虫的风险评估和管理中, 我们应该综合考虑群落结构和环境因素.

模拟 2　天敌的最优脉冲释放时刻.

给定初始释放时间间隔

$$\tau_{10} = 10, \quad \tau_{20} = 10, \quad \tau_{30} = 12, \quad \tau_{40} = 12, \quad \tau_{50} = 6 \tag{7.8.2}$$

和天敌的释放量 $\xi_0 = 0.6$. 为了通过选择最优时间间隔 τ_i 和最优释放量 ξ 来计算最小目标函数 J^*, 我们假设 τ_i 的约束如下:

$$1 \leqslant \tau_i \leqslant 20, \quad \text{且} \quad \sum_{i=1}^{5} \tau_i = 50, \text{对} \; i = 1, 2, \cdots, 5. \tag{7.8.3}$$

则我们得到一组最优的脉冲释放时间间隔

$$\tau_1^* = 9.98, \quad \tau_2^* = 9.98, \quad \tau_3^* = 9.98, \quad \tau_4^* = 13.99, \quad \tau_5^* = 6.07 \tag{7.8.4}$$

及最优释放量 $\xi^* = 0.5468$, 相应的目标函数 $J^* = 3.5023$, 以及害虫在时刻 $T = 50$ 的数量 $P(T)^* = 1.5931$. 图 7.8.2(c) 描绘了最优控制方案, 即阐释了在 (7.8.4) 所描述的最优间隔下, 每次以 0.5468 的数量释放天敌. 另外, 图 7.8.2(a) 和 图 7.8.2(b) 展现了在时间区间 [0,50] 和 [45, 50] 上的害虫和天敌的动力学行为. 图 7.8.2(b) 中的点 $T\,(1.5931, 12.9187)$, $N\,(5.2915, 11.6096)$ 和 $O\,(18.7582, 11.8873)$ 分别为最优脉冲控制、脉冲控制和非控制下的害虫和天敌在 $T = 50$ 时的数量. 我们发现该最优控制策略不但降低了目标函数, 而且明显地减少了终端时刻害虫的数量. 通过与 模拟 1 对比, 我们发现第二种优化策略明显优于第一种. 这个模拟也说明我们的生态系统对外部生物干扰很敏感.

特别地, 对每个 $\xi \in [0, 3]$, 计算得到一组最优的时间间隔、终端时刻害虫的数量和目标函数, 且在图 7.8.2(d) 描绘出来. 该图说明了在释放时间被优化选择的条件下, 即使天敌的释放量很小, 害虫也将会灭绝. 因此, 优化选择的脉冲释放时间策略比文献 [11, 20–25, 27] 中的策略更加优越.

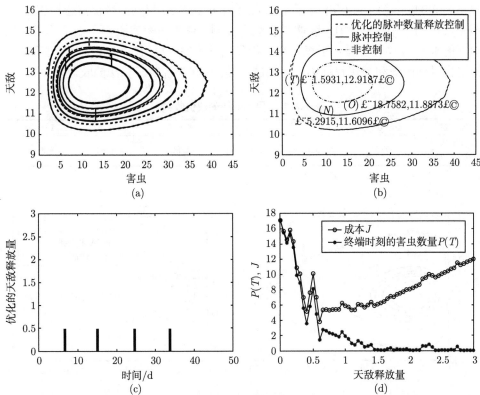

图 7.8.2 (a) 和 (b) 是不同生物控制下动态行为的对比: (a) 从第 1 天到第 50 天害虫和天敌的相图; (b) 最后 5 天害虫和天敌的相图; (c) 最佳时刻控制策略; (d) 释放天敌的数量对成本和终端时刻害虫数量的影响

模拟 3 最优混合控制.

取公式 (7.8.2) 中给定的初始的脉冲时间间隔和下列的初始天敌释放量

$$\xi_{10} = \xi_{20} = \xi_{30} = \xi_{40} = 0.6. \tag{7.8.5}$$

计算出 $P(t)$ 在 $T = 50$ 时的值为 5.2915. 结合 (7.8.5), 得到目标函数 $J_0 = 7.6915$. 为了计算 J^*, 假设 τ_i 满足约束条件 (7.8.2), ξ_i 满足如下约束条件:

$$0.1 \leqslant \xi_i \leqslant 3, \quad i = 1, 2, \cdots, 4. \tag{7.8.6}$$

通过 7.7 节的算法, 求解出最优参数如下

$$\tau_1^* = 10.68, \quad \tau_2^* = 9.68, \quad \tau_3^* = 11.61, \quad \tau_4^* = 11.41, \quad \tau_5^* = 6.65, \tag{7.8.7}$$

$$\xi_1^* = 1.6745, \quad \xi_2^* = 1.9711, \quad \xi_3^* = 0.1, \quad \xi_4^* = 0.1 \qquad (7.8.8)$$

和最优值 $J^* = 4.2882$, 终端时刻害虫的最低水平为 0.4426, 总的释放天敌的最少数量为 3.8456. 图 7.8.3 (c) 显示了由 (7.8.7) 和 (7.8.8) 得到的最优混合控制策略. 图 7.8.3 (a) 和图 7.8.3 (b) 表明最优混合控制下终端时刻害虫水平低于非最优控制下的水平. 表 7.8.1 显示了每一个迭代优化过程的结果, 图 7.8.3 (d) 给出了每一次迭代目标函数和最优目标函数之间的误差, 这些都说明了算法的收敛性.

表 7.8.1　　目标函数的数值收敛

迭代次数	$i = 0$	$i = 2$	$i = 4$	$i = 6$	$i = 8$	$i = 10$
目标函数 J 在第 i 次迭代	7.6915	5.9045	4.3320	4.2926	4.2884	4.2882

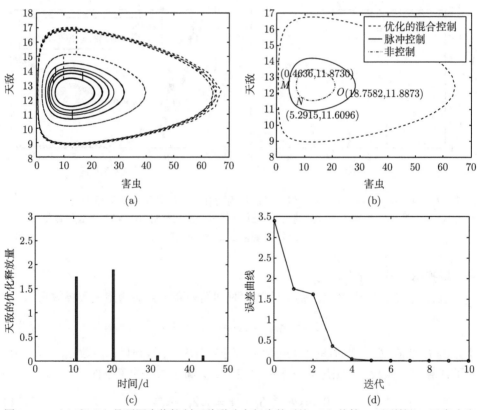

图 7.8.3　(a) 和 (b) 是不同生物控制下种群动态行为的对比: (a) 从第 1 天到第 50 天害虫和天敌的相图; (b) 最后 5 天害虫和天敌的相图; (c) 最优混合控制策略; (d) 求解该优化问题每次迭代目标函数的误差

最后, 我们在相同初始条件 $\tau_i = 10$ $(i = 1, \cdots, 5)$ 和 $\xi_{i0} = 1$ $(i = 1, \cdots, 4)$ 下对三种控制策略进行对比. 表 7.8.2 和图 7.8.4 说明时间控制策略优于数量控制策略, 混合控制策略优于这两个策略.

表 7.8.2　三种控制策略的对比

控制类型	最优参数	最优目标值	终端时刻害虫数量
数量	$\xi^* = 1.0001$	40.0972	36.0969
时刻	$\tau_1^* = 9.6463, \tau_2^* = 10.7045, \tau_3^* = 8.9525,$ $\tau_4^* = 10.5043, \tau_5^* = 10.1924, \xi^* = 0.5205$	5.8695	3.7873
混合	$\tau_1^* = 10.3273, \tau_2^* = 13.1501, \tau_3^* = 12.7525,$ $\tau_4^* = 2.2557, \tau_5^* = 11.5144, \xi_1^* = 0.9766,$ $\xi_2^* = 0.1, \xi_3^* = 0.1, \xi_4^* = 0.9639$	3.7717	1.6313

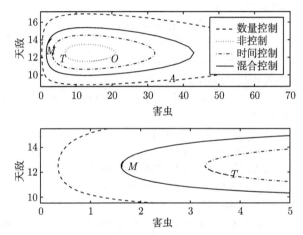

图 7.8.4　相同初始条件下三种控制策略的对比

7.9　讨　　论

对生态学家而言, 在未来寻找人类和环境和谐共存的策略是一个重要的挑战. 脉冲动力学模型和最优控制理论为实现这个目标提供了潜在的支持. 本章首先追踪了害虫脉冲管理模型的研究进展, 考虑了混合生态系统中基于最优选择脉冲管理时间和脉冲干扰强度的最优害虫控制问题. 通过时间缩放和时间平移变换, 计算出了目标函数关于释放时间 $\tau_j (j = 1, 2, \cdots, n)$ 和释放量 ξ_j $(j = 1, 2, \cdots, n-1)$ 的梯度, 设计出了相应的算法并进行了数值模拟. 对每种害虫控制策略, 通过图形展示了最优管理策略和系统相应的演变规律. 最后, 在相同的初始条件下比较了三种最优控制策略, 得出混合控制策略效果最好的结论. 该模型基于经典的 Lotka-Volterra 模型拥有一个稳定的平衡点和周期解. Y. C. Li 和 Y. Yang [40] 在 Lotka-

Volterra 模型中研究了杀虫剂的矛盾, 即当害虫有天敌时, 杀虫剂会增加害虫的数量. 然而, 本章的模拟表明, 优化的害虫治理策略可能会增加种群的周期振荡幅度, 但最终将减少害虫的数量, 同时使成本最低. 此外, 本章的最佳生物干扰策略优于在确定时刻释放确定数量的天敌策略 [11, 20–25, 27].

参 考 文 献

[1]　Pei Y, Chen M, Liang X, Li C, Zhu M. Optimizing pulse timings and amounts of biological interventions for a pest regulation model. Nonlinear Anal-Hybri, 2018, 27: 353-365.

[2]　Tang S, Xiao Y, Cheke R A. Multiple attractors of host-parasitoid models with integrated pest management strategies: Eradication, persistence and outbreak. Theor. Popul. Biol., 2008, 73(2): 181-197.

[3]　Lenteren J C V. Integrated pest management in protected crops. Integrated Pest Management D., 1987, 17(3): 270-275.

[4]　Lenteren J C V. Success in Biological Control of Arthropods by Augmentation of Natural Enemies. Berlin: Springer Netherlands, 2000.

[5]　Lenteren J C V, Woets J. Biological and integrated pest control in greenhouses. Annu. Rev. Entomol.,1988, 33(33): 239-269.

[6]　Parker F D. Management of Pest Populations by Manipulating Densities of Both Hosts and Parasites Through Periodic Releases. New York: Springer US, 1971.

[7]　Wang Z Y, He K L, Fan Z, Xin L, Babendreier D, Vinson S B. Mass rearing and release of trichogramma for biological control of insect pests of corn in China. Biol. Control, 2014, 68(1): 136-144.

[8]　Frank S D. Biological control of arthropod pests using banker plant systems: past progress and future directions. Biol. Control, 2010, 52(1): 8-16.

[9]　Yang Z Q, Wang X Y, Zhang Y N, Vinson S B. Recent advances in biological control of important native and invasive forest pests in China. Biol. Control, 2014, 68(68): 117-128.

[10]　Neuenschwander P, Herren H R. Biological control of the cassava mealybug, phenacoccus manihoti, by the exotic parasitoid epidinocarsis lopezi in Africa. Phil. Trans. R. Soc. Lond. B., 1988, 318: 319-333.

[11]　Udayagiri S, Norton A P, Welter S C. Integrating pesticide effects with inundative biological control: interpretation of pesticide toxicity curves for anaphes iole in strawberries. Entomol. Exp. Appl., 2000, 95(1): 87-95.

[12]　Tang S, Cheke R A. Models for integrated pest control and their biological implications. Math. Biosci., 2008, 215(1): 115-125.

[13]　Tang S, Cheke R A. State-dependent impulsive models of integrated pest management (IPM) strategies and their dynamic consequences. Journal of Mathematical Biology, 2005, 50(3): 257-292.

[14] Stein S J. Dispersal of a galling sawfly: Implications for studies of insect population dynamics. J. Anim. Ecol., 1994, 63: 666-676.

[15] P K. Experimental and mathematical analyses of herbivore movement: Quantifying the influence of plant spacing and quality on foraging discrimination. Ecol. Monogr., 1982, 52: 261-282.

[16] Stone L, Hart D. Effects of immigration on the dynamics of simple population models. Theor. Popul. Biol., 1999, 55(3): 227-234.

[17] Hopper K R, Roush R T. Mate finding, dispersal, number released, and the success of biological control introductions. Ecol Entomol, 1993, 18(4): 321-331.

[18] Tang S, Liang J, Tan Y, Cheke R A. Threshold conditions for integrated pest management models with pesticides that have residual effects. Journal of Mathematical Biology, 2013, 66(1): 1-35.

[19] Liu X, Chen L. Complex dynamics of holling type II Lotka-Volterra predator-prey system with impulsive perturbations on the predator. Chaos Solitons and Fractals, 2003, 16(2): 311-320.

[20] Lu Z, Chi X, Chen L. Impulsive control strategies in biological control of pesticide. Theor. Popul. Biol., 2003, 64(1): 39-47.

[21] Liu B, Zhang Y, Chen L. The dynamical behaviors of a Lotka-Volterra predator-prey model concerning integrated pest management. Nonlinear Analysis Real World Applications, 2005, 6(2): 227-243.

[22] Pei Y, Chen L, Zhang Q, Li C. Extinction and permanence of one-prey multi-predators of holling type II function response system with impulsive biological control. J. Theor. Biol., 2005, 235(4): 495-503.

[23] Pei Y, Yang Y, Li C, Chen L. Pest management of a prey-predator model with sexual favoritism. Math. Med. Biol., 2009, 26(2): 97-115.

[24] Liu B, Wang Y, Kang B. Dynamics on a pest management SI model with control strategies of different frequencies. Nonlinear Anal-Hybri., 2014, 12(3): 66-78.

[25] Pei Y, Ji X, Li C. Pest regulation by means of continuous and impulsive nonlinear controls. Math. Comput. Model., 2010, 51(5): 810-822.

[26] Xiang Z, Long D, Song X. A delayed Lotka-Volterra model with birth pulse and impulsive effect at different moment on the prey. Elsevier Science Inc., 2013, 219(20): 10263-10270.

[27] Jiao J J, Chen L S, Cai S H. Impulsive control strategy of a pest management SI model with nonlinear incidence rate. Applied Mathematical Modelling, 2009, 33(1): 555-563.

[28] Gao S, He Y, Chen L. An epidemic model with pulses for pest management. Appl. Math. Comput., 2013, 219(9): 4308-4321.

[29] Nie L, Teng Z, Hu L, Peng J. Existence and stability of periodic solution of a predator-prey model with state-dependent impulsive effects. Mathematics and Computers in Simulation, 2011, 34(14): 1685-1693.

[30] Li Y, Xie D, Cui J. Complex dynamics of a predator-prey model with impulsive state feedback control. Appl. Math. Comput., 2014, 230(2): 395-405.

[31] Shi X Y, Song X Y. On study of an integrated pest control model with state dependent impulsive effect. Journal of Systems Science and Mathematical Sciences, 2012, 32(7): 799-810.

[32] Pei Y Z, Wang H Y. Rich dynamical behaviors of a predator-prey system with state feedback control and a general functional responses. WSEAS Transactions on Mathematics, 2011, 10(11): 387-397.

[33] Liang J, Tang S. Optimal dosage and economic threshold of multiple pesticide applications for pest control. Math. Comput. Model., 2010, 51(5-6): 487-503.

[34] Xue Y, Tang S, Liang J. Optimal timing of interventions in fishery resource and pest management. Nonlinear Analysis Real World Applications, 2012, 13(4): 1630-1646.

[35] Tang S, Tang G, Cheke R A. Optimum timing for integrated pest management: modelling rates of pesticide application and natural enemy releases. Journal of Theoretical Biology, 2010, 264(2): 623-638.

[36] Amato F, De T G, Merola A. State constrained control of impulsive quadratic systems in integrated pest management. Computers and Electronics in Agriculture, 2012, 82(82): 117-121.

[37] Teo K L, Wu C Z. Global impulsive optimal control computation. Journal of Industrial and Management Optimization, 2006, 2: 435-450.

[38] Lee H W J, Teo K L, Rehbock V, Jennings L S. Control parametrization enhancing technique for time optimal control. Dynamical Systems and Applications, 1997, 6: 243-261.

[39] Teo K L. Control parametrization enhancing transform to optimal control problems. Nonlinear Analysis Theory Methods and Applications, 2005, 63(5-7): e2223-e2236.

[40] Li Y C, Yang Y. On the paradox of pesticides. Communications in Nonlinear Science and Numerical Simulation, 2015, 29(1-3): 179-187.

第 8 章　状态脉冲诱导和动力学行为
驱动的周期控制

本章以浮游生物与浮游动物之间的相互作用模型为例, 介绍了以状态脉冲诱导和动力学行为驱动的周期行为. 具体地涉及极限环上的周期脉冲控制策略、稳定流形介导的脉冲周期控制、小参数扰动系统下脉冲周期解的 B-收敛性以及同宿环和异宿环等问题 [1].

8.1　引　　言

浮游生物与浮游动物之间的相互作用在大多数陆地和水生生态系统中扮演着重要的角色, 主要是因为它们发挥着生产和转换能量以及循环营养物质的作用 [2]. 浮游生物作为海洋食物链的第一个环节, 为浮游动物、鱼类、鸟类和哺乳动物提供食物 [3]. 另一方面, 包括鱼类在内的浮游动物可以直接或间接地支配低等物种的数量和生物结构. 现在, 大量的研究都集中在浮游生物–浮游动物种群模型上, 读者可以参考文献 [3–5] 及其中文献.

陆地和水生生态系统经常受到人类活动的干扰. 这种干扰可以看作是脉冲形式的扰动. 带有阈值的脉冲系统已被广泛应用于各种领域, 如病毒系统 [6–10]、生态资源和病虫害控制 [11–14]、流行病学控制和免疫策略 [15–19]. 陈兰荪 [20,21] 利用脉冲系统的几何理论, 借助庞加莱映射 [22]、后继函数 [10,11]、庞加莱–本迪克松理论 [23,24] 和旋转向量场方法 [25,26], 研究了阶 1 周期解的存在性、唯一性和稳定性等定性性质.

带有阈值的脉冲控制在捕食–被捕食模型中得到了广泛的应用 [22,27,28]. 但大多数文献讨论了通过一个全局稳定内部平衡点介导阶 1 周期解的情形. 另一方面, 尽管分歧理论 [29,30] 在连续动力系统中得到了广泛的应用. 然而, 由于脉冲系统的不连续性, 分支理论在脉冲动力系统 [26,31–33] 中应用较少. 此外, 具有小参数扰动的脉冲系统的周期解和分岔更为少见.

本章建立了一种具有自食行为的浮游动物–浮游生物模型, 并对不同动力学行为下状态反馈控制引起的三种周期解以及同宿环、异宿环等行为进行了深入探讨. 在第 2 节中, 探讨了无脉冲控制的生物模型的内部平衡点的存在性和稳定性. 在第 3 节中, 研究了极限环上的脉冲控制策略. 在第 4 节中, 研究了全局稳定的内部

平衡点引起的脉冲周期解的行为. 在第 5 节, 研究了小参数扰动系统下周期解的
B-收敛性以及旋转向量场作用下的同宿分支问题.

8.2　浮游动物–浮游植物相互作用模型

J. H. Steele[34,35] 提出了 P (浮游生物)-Y (浮游动物) 系统的一般模型

$$\begin{cases} \dfrac{dP}{dt} = f(P) - Yg(P), \\ \dfrac{dY}{dt} = [g(P) - h(Y)]Y, \end{cases} \tag{8.2.1}$$

其中

$$f(P) = P(K - P), \tag{8.2.2}$$

$$g(P) = \frac{BP^\theta}{C + P^\theta}, \quad \theta = 1, 2, \tag{8.2.3}$$

$$h(Y) = AY^{\omega-1}, \quad \omega = 1, 2. \tag{8.2.4}$$

模型 (8.2.1) 基于以下的生物学假设.

- 浮游生物 P 的生长遵循着 Logistic 规律, 其中 K 代表着不同营养浓度下种
  群内部相互作用的影响. "环境容纳量" 来自自我约束, 即随着种群数量的增
  加, 种群能摄取的平均营养在减少, 直到种群间营养均衡同化.
- 函数 g(P) 是种群 Y 对种群 P 的摄食率. 当 θ = 1 时, g(P) 可以表示成双
  曲型方程; 当 θ = 2 时, g(P) 可以表示成 S 型曲线的形式.
- 函数 h(Y) 是捕食率. ω = 1 代表食草种群的自食率是固定常数; ω = 2 代表
  在高密度下食草种群的自我限制, 或者代表食草种群的捕食影响[36].

捕食者不同种类的功能性反应 g(P) ([37,38] 以及其中的参考文献) 是捕食现
象的关键. 此外, 实验数据表明, h(Y) 的结构对生态模型[34] 的总体性质产生重要
的影响. 取 θ = 1 和 ω = 2 描述摄食率和死亡率, 然后给出食草动物 Y 和浮游生
物 P 相互作用的模型[39]:

$$\begin{cases} \dfrac{dP}{dt} = P\left(K - P - \dfrac{BY}{C + P}\right), \\ \dfrac{dY}{dt} = DY\left(\dfrac{P}{C + P} - AY\right). \end{cases} \tag{8.2.5}$$

(A1)　参数 K, A, B, C 和 D 都是正常数.

(A2) P 和 Y 分别表示 t 时刻浮游生物和浮游动物的密度. K 为无浮游动物时浮游生物的恒定承载能力. D 代表生物量转换的速率. 参数 A 衡量浮游动物密度依赖性的影响, 或解释为同类自食 [34].

(A3) 捕食项 $B/(C+P)$ 通常表示浮游动物对浮游生物密度变化影响的饱和函数 [39]. 参数 C 是半饱和系数, B 表示浮游动物对浮游植物的最大消耗率 [3].

8.3 定性分析

对于模型 (8.2.5), 尽管在 [34–37] 中已经实现了对稳定性和生物学意义的图解分析, 但还没有考虑详细的动力学分析和人类脉冲干扰的影响. 系统 (8.2.5) 通过无量纲化变为

$$\begin{cases} \dfrac{dp}{dt} = p\left(k - p - \dfrac{y}{1+p}\right), \\ \dfrac{dy}{dt} = y\left(\dfrac{p}{1+p} - ay\right). \end{cases} \tag{8.3.1}$$

从生物学的角度, (8.3.1) 的动力学行为是集中在第一象限 $\mathbb{R}_+^2$.

定理 8.3.1 在 $\mathbb{R}_+^2$ 上存在一个正的不变的盒子 $\Phi = \{(p,y) \in \mathbb{R}_+^2 : 0 \leqslant p < Q, 0 \leqslant y < Q\}$ 使得当 $t \to +\infty$, 系统 (8.3.1) 所有具有非负初始值的解都趋近于 Φ, 其中 Q 是一个正常数.

证明 对于 $\mathbb{R}_+^2$ 中的所有初值, $p(t) \geqslant 0$ 和 $y(t) \geqslant 0$ 是显然成立的. 由于在直线 $L : p - k = 0$ 上, $\left.\dfrac{dL}{dt}\right|_L = -\dfrac{ky}{1+k} < 0$, 我们知道系统 (8.3.1) 的轨线从 L 的右侧穿到 L 的左侧. 定义

$$V(p,y) = p + y - \vartheta,$$

其中 $\vartheta > 0$ 是待定的常数. 当 $\vartheta > k$, 曲线 $V(p,y) = 0$ 分别交 y 轴和直线 $p = k$ 于点 $E(\vartheta, 0)$ 和点 $F(k, \vartheta - k)$. 从而得到

$$\left.\dfrac{dV}{dt}\right|_{EF} = p(k - p) - a(-p + \vartheta)^2.$$

选择足够大的 $\vartheta(> k)$ 使得 $\left.\dfrac{dV}{dt}\right|_{EF} < 0$, 则系统 (8.3.1) 的轨线从直线 EF 的右上方穿到 EF 的左下方. 定义 $Q = \max\{k, \vartheta - k\}$ 且满足 $\vartheta > k$, 得到一个正的不变盒子 Φ 使得当 $t \to +\infty$ 时, 所有具有非负初值的解都趋于 Φ. □

在 $\mathbb{R}_+^2$ 上, 我们的焦点集中在边界平衡点和内部平衡点. 显然地, 系统 (8.3.1) 总是存在两个边界平衡点 $O(0,0)$ 和 $E_0(k,0)$. 下面, 我们探讨内部平衡点 $E_{ij}^*(p_{ij}^*, y_{ij}^*)$ 的存在性和稳定性, 其中 $p_{ij}^* > 0$ 和 $y_{ij}^* > 0$. 那么 p_{ij}^* 和 y_{ij}^* 首先满足下面方程:

$$
\begin{cases}
k - p_{ij}^* - \dfrac{y_{ij}^*}{1 + p_{ij}^*} = 0, \\
\dfrac{p_{ij}^*}{1 + p_{ij}^*} - a y_{ij}^* = 0.
\end{cases}
$$

经过简单计算发现 p_{ij}^* 满足

$$
(p_{ij}^*)^3 + (2 - k)(p_{ij}^*)^2 + \left(1 - 2k + \frac{1}{a}\right) p_{ij}^* - k = 0,
$$

上式方程至多有三个正根且至少有一个正根. 相应地, 系统 (8.3.1) 的内部平衡点的数量 $\aleph \in \mathbb{N}^+$ 满足 $1 \leqslant \aleph \leqslant 3$, 且表示这些平衡点为 $E_{ij}^*(p_{ij}^*, y_{ij}^*)$ ($i = 1, 2, 3$ 和 $j = 1$ 或 2 或 3).

令 f_1 和 f_2 分别表示 (8.3.1) 的右边, 则 p-等倾线斜率是 $\dfrac{-f_{1_p}}{f_{1_y}}$ 以及 y-等倾线的斜率为 $\dfrac{-f_{2_p}}{f_{2_y}}$, 其中 f_{i_o} 表示函数 f_i 关于变量 o 的偏导.

推论 8.3.1　系统 (8.3.1) 内部平衡点的数量 $\aleph$ 具有如下的结果 (见图 8.3.1 (a)—(c)):

(1) 如果内部平衡点 E_{ij}^* 满足

$$
\left. \frac{-f_{1_p}}{f_{1_y}} \right|_{E_{ij}^*} = \left. \frac{-f_{2_p}}{f_{2_y}} \right|_{E_{ij}^*}, \tag{8.3.2}
$$

则系统 (8.3.1) 只有两个内部平衡点, 分别记为 E_{21}^* 和 E_{22}^* ($p_{21}^* < p_{22}^*$), 即 $\aleph = 2$.

(2) 如果内部平衡点 E_{ij}^* 满足

$$
\left. \frac{-f_{1_p}}{f_{1_y}} \right|_{E_{ij}^*} > \left. \frac{-f_{2_p}}{f_{2_y}} \right|_{E_{ij}^*}, \tag{8.3.3}
$$

则系统 (8.3.1) 只有三个内部平衡点, 记为 E_{31}^*, E_{32}^* 和 E_{33}^* ($p_{31}^* < p_{32}^* < p_{33}^*$), 即 $\aleph = 3$.

(3) 如果内部平衡点 E_{ij}^* 满足

$$
\left. \frac{-f_{1_p}}{f_{1_y}} \right|_{E_{ij}^*} < \left. \frac{-f_{2_p}}{f_{2_y}} \right|_{E_{ij}^*}, \tag{8.3.4}
$$

则系统 (8.3.1) 只有一个内部平衡点, 记为 E_{11}^*, 即 $\aleph = 1$.

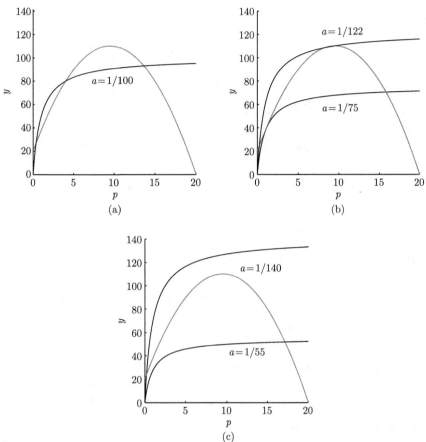

图 8.3.1　(a) 三个内部平衡点; (b) 两个内部平衡点; (c) 一个内部平衡点, 参数 $k = 20$, $d = 1$

8.4　稳定性分析

显然, 灭绝平衡点 $O(0,0)$ 是不稳定的, 边界平衡点 $E_0(k,0)$ 是一个鞍点. 对于内部平衡点 $E_{ij}^* = (p_{ij}^*, y_{ij}^*)$, 其雅可比矩阵是

$$
J(E_{ij}^*) = \begin{pmatrix} -p_{ij}^* + \dfrac{p_{ij}^* y_{ij}^*}{(1+p_{ij}^*)^2} & \dfrac{-p_{ij}^*}{1+p_{ij}^*} \\[3mm] \dfrac{y_{ij}^*}{(1+p_{ij}^*)^2} & -a y_{ij}^* \end{pmatrix},
$$

从而其特征方程为

$$\lambda^2 + P_{ij}\lambda + Q_{ij} = 0, \tag{8.4.1}$$

其中

$$P_{ij} = \frac{p_{ij}^*(2p_{ij}^* - k + 2)}{1 + p_{ij}^*}, \quad Q_{ij} = \frac{p_{ij}^*(2p_{ij}^{*2} - kp_{ij}^* + k)}{(1 + p_{ij}^*)^2}. \tag{8.4.2}$$

因此, 下面的结果成立.

(i) E_{ij}^* 是一个不稳定的鞍点当且仅当

$$2p_{ij}^{*2} - kp_{ij}^* + k < 0 \ (\Leftrightarrow Q_{ij} < 0); \tag{8.4.3}$$

(ii) E_{ij}^* 是不稳定的平衡点当且仅当

$$-k < 2p_{ij}^{*2} - kp_{ij}^* < -2p_{ij}^* \ (\Leftrightarrow P_{ij} < 0 \text{ 和} Q_{ij} > 0); \tag{8.4.4}$$

(iii) E_{ij}^* 是稳定的平衡点当且仅当

$$2p_{ij}^{*2} > \max\left\{(k-2)p_{ij}^*, (p_{ij}^* - 1)k\right\} \ (\Leftrightarrow P_{ij} > 0 \text{ 和} Q_{ij} > 0). \tag{8.4.5}$$

进一步, 如果它是一个稳定的结点 (焦点) 当且仅当

$$4p_{ij}^{*3} - kp_{ij}^{*2} + 4kp_{ij}^* + k^2 - 8k + 4 > 0 \ (<0) \ (\Leftrightarrow P_{ij}^2 - 4Q_{ij} > 0 \ (<0)). \tag{8.4.6}$$

然后内部平衡点 E_{ij}^* 的稳定性是通过下面三种情况进行进一步分析.

第一种情况　一个内部平衡点.

在这种情况下, 从 (8.3.4) 和 (8.4.2) 中可以得到 $Q_{11} > 0$. 所以系统只有一个内部平衡点 E_{11}^* 当且仅当 $Q_{11} > 0$, 即

$$2p_{11}^{*2} - kp_{11}^* + k > 0. \tag{8.4.7}$$

根据文献 [40] 中的定理 6.1 和定理 6.2, 得到系统 (8.3.1) 的唯一内部平衡点 E_{11}^* 的稳定性.

定理 8.4.1　假设 (8.4.7) 成立. 系统 (8.3.1) 唯一内部平衡点 $E_{11}^*(p_{11}^*, y_{11}^*)$ 是稳定的当且仅当

$$k < 2p_{11}^* + 2 \tag{8.4.8}$$

成立 (见图 8.4.1(a)).

定理 8.4.2 假设 (8.4.7) 成立, 则 E_{11}^* 是不稳定的并且 (8.3.1) 存在一个极限环 Γ 当且仅当

$$k > 2p_{11}^* + 2 \tag{8.4.9}$$

成立. 进一步, Hopf(霍普夫) 分支出现当且仅当 $k = 2p_{11}^* + 2$(可见图 8.4.1(b) 和 (c)).

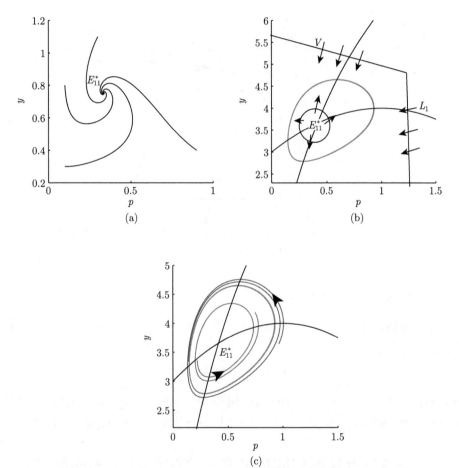

图 8.4.1 (a) 只有一个稳定的内部平衡点 E_{11}^*, 参数 $k = 20, d = 1, a = 1/3$; (b) 极限环的存在性, 参数 $k = 20, d = 1, a = 4/50$; (c) 极限环的稳定性

第二种情况 两个内部平衡点.

我们从 (8.3.2) 和 (8.4.2) 中得到 $Q_{ij} = (f_{1p}f_{2y} - f_{1y}f_{2p})|_{E_{ij}^*}$. 如果内部平衡点 E_{ij}^* 满足 $Q_{ij} = 0$, 则系统 (8.3.1) 有两个内部平衡点. 如果内部平衡点 E_{ij}^* 满足 $Q_{ij} < 0$, 则系统 (8.3.1) 存在三个内部平衡点. 把 a 作为分岔参数, 根据文献 [41] 中

定理 2.4 和定理 2.5, $Q_{ij} = 0$ 意味着存在着 $a = a^* > 0$ 使得系统 (8.3.1) 出现鞍结点分支 (见图 8.4.2). 另外, 容易验证, 在 $P_{2j} = 0$ 和 $Q_{2j} = 0$ 不能同时成立. 因此, 系统 (8.3.1) 不存在 Bogdanov-Takens 分支[41]. 根据等斜线的性质, 当 a 作为分岔参数时, 系统 (8.3.1) 正平衡点数由 1 增加到 2, 再增加到 3. 而 Pitchfork 分支是平衡点的个数从一个瞬时增加到三个, 这意味着系统 (8.3.1) 不存在 Pitchfork 分支.

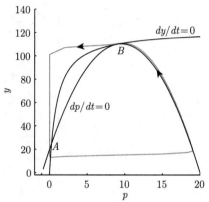

图 8.4.2　两个内部平衡点的情况, 其中 A 是不稳定的焦点, B 是鞍点, 参数 $k = 20, d = 1, a = 1/122$

第三种情况　三个内部平衡点.

在这种情况下, 三个内部平衡点可以表示为 $E_{3j}^*(p_{3j}, y_{3j})$ $(j = 1, 2, 3)$, 对应的特征方程表示为

$$\lambda^2 + P_{3j}\lambda + Q_{3j} = 0.$$

因为 $Q_{32} < 0$, 易知 E_{32}^* 是一个鞍点; 因为 $P_{33} > 0$ 和 $Q_{33} > 0$, 所以 E_{33}^* 是稳定的平衡点; 如果 $P_{31} > 0(< 0)$, 则 E_{31}^* 是一个稳定的 (不稳定的) 平衡点.

8.5　极限环和同宿分支上产生的阶 1 周期解

8.5.1　极限环上产生的阶 1 周期解

在第一种情况下, 当系统存在唯一内部平衡点且是不稳定的时候, 系统 (8.3.1) 出现极限环 Γ. 此时, 通过脉冲控制, 在极限环上存在阶 1 周期解.

当浮游动物和浮游生物种群受到脉冲的影响时, 假设浮游生物的数量增加 αp (例如, 通过放养或释放行为), 浮游动物数量减少了 βy (例如, 通过捕捉或损耗行为). 令 $0 < \beta < 1$, 即浮游动物的物种被捕捉后不会灭绝. 如果在浮游生物的数量达到给定的较低阈值水平 p_1 时, 施加脉冲效应, 则得到系统 (8.3.1) 的脉冲形式:

$$
\left.
\begin{aligned}
\frac{dp}{dt} &= p\left(k - p - \frac{y}{1+p}\right), \\
\frac{dy}{dt} &= y\left(\frac{p}{1+p} - ay\right),
\end{aligned}
\right\} p > p_1,
$$
$$
\left.
\begin{aligned}
\Delta p &= p(t^+) - p(t) = \alpha p, \\
\Delta y &= y(t^+) - y(t) = -\beta y.
\end{aligned}
\right\} p = p_1.
\tag{8.5.1}
$$

其中 $p(t^+)$ 和 $y(t^+)$ 表示 t 时刻采用脉冲控制策略后浮游生物和浮游动物的数量, $p(0^+)$ 和 $y(0^+)$ 代表着浮游生物和浮游动物初始时刻的数量. 在这一节中, 假设浮游生物种群的初始水平始终保持在 p_1 之上. 令 $p = p_{\min}$ 和 $p = p_{\max}$ 分别表示极限环 Γ 上垂直于 p-轴的两条切线.

定理 8.5.1 假设系统 (8.3.1) 存在一个极限环 Γ 且 $p_{\min} < p_1 < 1 + \alpha p_1 = p_{\max}$. 那么, 对任意的 $0 < \beta < 1$, 系统 (8.5.1) 可以得到一个阶 1 周期解 Γ^c.

证明 对于脉冲系统 (8.5.1), 令 M: $p = p_1$ 表示脉冲集, N: $p = (1+\alpha)p_1$ 表示相集. 假设相集 N 与极限环 Γ 相切于点 A (见图 8.5.1(a)), 脉冲集 M 与极限环相交于点 B, 则脉冲作用把点 B 映射到点 A_1. 从而存在一个 $\beta^*(0 < \beta^* < 1)$ 使得 $(1 - \beta^*)x_B = x_A$. 这意味着点 A_1 和点 A 重合, 即 $F(A) = 0$. 因此 (8.5.1) 具有阶 1 周期解 Γ^c.

当 $\beta > \beta^*$ 时, $(1 - \beta)y_B < (1 - \beta^*)y_B$, 则相集上的点 A_1 落在点 A 的下方, 此时, 点 A 的后继函数 $F(A) = y_{A_1} - y_A < 0$ (见图 8.5.1(b)). 另一方面系统存在着一条接近于 p-轴的轨线且交相集 N 于点 C, 交脉冲集 M 于点 D, 则在脉冲作用下把点 D 映射到点 C_1, 此时点 C_1 位于点 C 的上方, 因此点 C 的后继函数 $F(C) = y_{C_1} - y_C > 0$. 基于后继函数的连续性, 相集上必存在一个位于点 A 和点 C 之间的点 E 满足 $F(E) = 0$. 因此, 系统 (8.5.1) 存在一个阶 1 周期解 Γ^c.

当 $\beta < \beta^*$ 时, 同理可证系统 (8.5.1) 存在阶 1 周期解 Γ^c (见图 8.5.1(c)). □

定理 8.5.2 系统 (8.5.1) 的阶 1 周期解 Γ^c 是唯一的 (见图 8.5.2(a)).

证明 在相集 N 上选择两个点 I 和 J 并且满足 $0 \leqslant y_J < y_I$ (见图 8.5.2(a)). 假设经过点 I 的轨线交脉冲集 M 于点 M_I, 经过点 J 的轨线交脉冲集 M 于点 M_J. 此时, 点 M_J 位于点 M_I 的上方, 即 $y_{M_J} > y_{M_I}$. 脉冲作用把点 M_I 映射到相集上的点 N_I, 把点 M_J 映射到相集上的点 N_J, 因此 $y_{N_J} = (1 - \beta)y_{M_J} > (1 - \beta)y_{M_I} = y_{N_I}$. 此时点 I 和点 J 的后继函数满足 $F(I) - F(J) = (y_{N_I} - y_I) - (y_{N_J} - y_J) = (y_{N_I} - y_{N_J}) + (y_J - y_I) < 0$. 相位集 F 的单调递减表明 I 和 J 之间有一个唯一的点 H 满足 $F(H) = 0$. 因此, 系统 (8.5.1) 的阶 1 周期解是唯一的. □

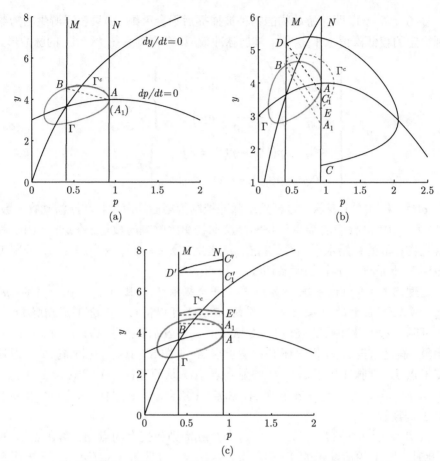

图 8.5.1　阶 1 周期解. (a) $\beta = \beta^*$ 的情况; (b) $\beta > \beta^*$ 的情况; (c) $\beta < \beta^*$ 的情况

定理 8.5.3　系统 (8.5.1) 有一个稳定的阶 1 周解 Γ^c (见图 8.5.2(b)).

证明　通过初始点 H 有唯一的阶 1 周期解 (见图 8.5.2(b)). 在相集 N 上, 选择不同于点 H 的任意一点记为 D_1. 令 $F(D_1) = S_1 \in M$, 则点 S_1 被脉冲作用映射到点 S_1^+, 此时, 点 S_1^+ 是点 D_1 的后继点且满足 $y_{S_1^+} > y_H$ (见图 8.5.2(b)). 令 $F(S_1^+) = S_2 \in M$, 脉冲集 M 和周期解 Γ^c 的交点记为 R, 则 $y_{S_2} < y_R < y_{S_1}$.

相似地, 设 $F(S_2^+) = S_3 \in M$, 则脉冲集 M 上的点满足 $y_{S_1^+} > y_{S_3^+} > y_H > y_{S_2^+}$, 脉冲后相集 N 上的点满足 $y_{S_1} > y_{S_3} > y_R > y_{S_2}$. 此过程持续进行, 则从点 D_1 出发的轨线无限次与脉冲集相遇. 因此, 在脉冲集 M 上得到一个序列 $\{S_k\}_{k=1,2,\cdots}$, 在相集 N 上得到另一个序列 $\{S_k^+\}_{k=1,2,\cdots}$, 它们满足 $F(S_k^+) = S_{k+1}$, $y_{S_{2k-1}^+} > y_{S_{2k+1}^+} > y_H > y_{S_{2k}^+} > y_{S_{2k-2}^+}$, 即

$$y_{S_1^+} > y_{S_3^+} > \cdots > y_{S_{2k-1}^+} > y_{S_{2k+1}^+} > y_H$$

和

$$y_{S_2^+} < y_{S_4^+} < \cdots < y_{S_{2k}^+} < y_{S_{2(k+1)}^+} < y_H.$$

因此, 序列 $\{y_{S_{2k+1}^+}\}_{k=1,2,\cdots}$ 单调递减, 序列 $\{y_{S_{2k}^+}\}_{k=1,2,\cdots}$ 单调递增. 当 $k \to \infty$, 可得 $y_{S_{2k}^+} \to y_H$ 和 $y_{S_{2k+1}^+} \to y_H$. 因此, S_k^+ 收敛于点 H, 即系统存在一个稳定的阶 1 周期解 Γ^c. □

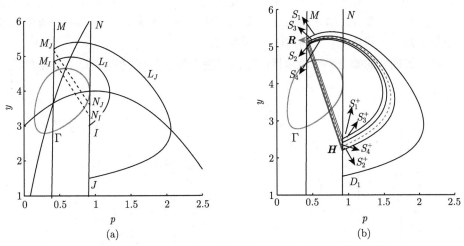

图 8.5.2 (a) 阶 1 周期解的唯一性; (b) 阶 1 周期解的稳定性

8.5.2 同宿环和同宿分支

在第三种情况下, 即模型 (8.5.1) 在没有脉冲效应时具有三个内部平衡点 E_{3j}^* (p_{3j}, y_{3j}) $(j = 1, 2, 3)$, 其中 E_{31}^* 和 E_{33}^* 不是鞍点. 由于 $Q_{32} < 0$, 所以 E_{32}^* 是一个鞍点. 下面在条件 $p_{31}^* < p_1 < (1 + \alpha)p_1 < p_{32}^*$ 下探讨阶 1 同宿环的存在性.

在系统 (8.5.1) 中, 鞍点 E_{32}^* 的不稳定流形和稳定流形分别记作 τ_A 和 τ_B. 基于轨线的特性, 我们知道 τ_A 位于 y-等倾线的上方, τ_B 位于 p-等倾线的下方 (见图 8.5.3). 不稳定流形 τ_A 交脉冲集 M 于点 A, 交相集 N 于点 B. 稳定流形 τ_B 交脉冲集 M 于点 D, 交相集 N 于点 C. p-等倾线交脉冲集 M 于点 E, 交相集 N 于点 F.

定理 8.5.4 如果 $Q_{32} < 0$, 则存在常数 $\beta^* \in (0, 1)$ 使得系统 (8.5.1) 存在阶 1 同宿环 (见图 8.5.3(a)).

证明 由于脉冲函数 $\phi(y, \beta) = (1 - \beta)y$ 关于 $y(\beta)$ 单调递增 (递减), 因此存在 $\beta^* \in (0, 1)$ 使得点 A 被脉冲到点 C (见图 8.5.3(a)). 即 $\phi(y_A, \beta^*) = (1 - \beta^*)y_A = y_C$, 从而 CE_{32}^*, E_{32}^*A 和 AC 组成了一个经过鞍点 E_{32}^* 的同宿环. □

定理 8.5.5 如果 $Q_{32} < 0$, $\beta < \beta^*$ 和 $y_C \leqslant \phi(y_E, \beta)$, $y(F) \geqslant \phi(y_A, \beta)$ 成立, 则同宿环消失并且会产生阶 1 周期解.

证明　在脉冲函数的作用下, 假设脉冲集上的点 A 和点 E 分别被映射到点 A_1 和 E_1 (见图 8.5.3(b)). 从而 $\phi(y_A, \beta) = (1-\beta)y_A = y_{A_1}$, $\phi(y_E, \beta) = (1-\beta)y_E = y_{E_1}$. 由 $\beta < \beta^*$ 可得 $y_{A_1} > y_{E_1}$. 若 $y_C \leqslant y_{E_1}$, $y_F \geqslant y_{A_1}$, 则 $y_F \geqslant y_{A_1} \geqslant y_{E_1} \geqslant y_C$. 此时系统 (8.5.1) 的脉冲集和相集分别是线段 AE 和 $A_1 E_1$ 且 $A_1 E_1 \subset FC$. 继而 Bendixson 环域是由线段 AE, EF, FC, CE_{32}^* 和 $E_{32}^* A$ 构成, 其中 EF 是 y-等倾线 $(dy/dt = 0)$ 上的一部分, CE_{32}^* 是稳定流形 τ_B 上的一部分, $E_{32}^* A$ 不是稳定流形 τ_A 上的一部分. 由 Bendixson 定理 [26] 可知, 系统 (8.5.1) 存在一个初值介于相集上点 A_1 和点 E_1 之间的阶 1 周期解. □

阶 1 周期解的唯一性和稳定性的分析方法类似于上节, 在这里略去详细的证明.

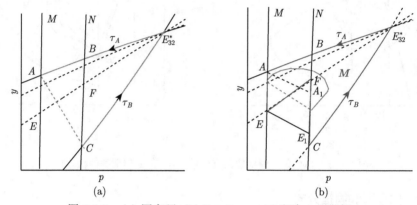

图 8.5.3　(a) 同宿环; (b) Bendixson M 和阶 1 周期解

8.6　稳定流形和异宿环产生的阶 1 周期解

假设系统 (8.3.1) 存在唯一全局渐近稳定的内部平衡点 $E_{11}^*(p_{11}^*, y_{11}^*)$, 则该系统的所有轨线都渐近趋向于 $E_{11}^*(p_{11}^*, y_{11}^*)$. 从生物学和经济学角度来看, 这可能不是人们所期望的. 在本节, 当浮游动物达到一个较高水平 $h(< y_{11}^*)$ 时, 采用状态反馈控制, 分别以 βy 和 αp 的数量去捕捞浮游动物和浮游生物. 此时, 模型变为

$$\begin{cases} \left. \begin{array}{l} \dfrac{dp}{dt} = p\left(k - p - \dfrac{y}{1+p}\right), \\[3mm] \dfrac{dy}{dt} = y\left(\dfrac{p}{1+p} - ay\right), \end{array} \right\} y < h, \\[6mm] \left. \begin{array}{l} \Delta p = p(t^+) - p(t) = -\alpha p, \\[2mm] \Delta y = y(t^+) - y(t) = -\beta y. \end{array} \right\} y = h. \end{cases} \tag{8.6.1}$$

其中 Δp, Δy, $p(t^+)$ 和 $y(t^+)$ 在上一节有定义. 在本节, 我们要求浮游动物的初始水平总是小于 h.

8.6.1 稳定流形产生的阶 1 周期解

定理 8.6.1 *假设系统 (8.3.1) 存在唯一稳定的内部平衡点 $E_{11}^*(p_{11}^*, y_{11}^*)$, 且 $h < y_{11}^*$, $0 < \beta < 1$, 则对任意 $0 < \alpha < 1$, 系统 (8.6.1) 存在一个阶 1 周期解 Γ^s.*

证明 设系统 (8.6.1) 的脉冲集和相集分别为 $M : y = h$ 和 $N : y = (1-\beta)h$. 相集 N 交 y-等倾线 $dy/dt = 0$ 于点 A, 则系统 (8.6.1) 存在一条轨线与相集 N 相切于点 A (见图 8.6.1(a)), 与脉冲集 M 相交于点 $M_A(p_{M_A}, h)$. 进而点 M_A 被脉冲到相集上点 N_A. 根据轨线的特性, 易知点 M_A 位于点 A 的右上方, 即 $x_{M_A} > x_A$. 所以存在一个常数 α^* $(0 < \alpha^* < 1)$ 满足 $(1 - \alpha^*)x_{M_A} = x_A$. 从而相集上的点 N_A 和点 A 是重合的. 因此, 系统 (8.6.1) 存在阶 1 周期解.

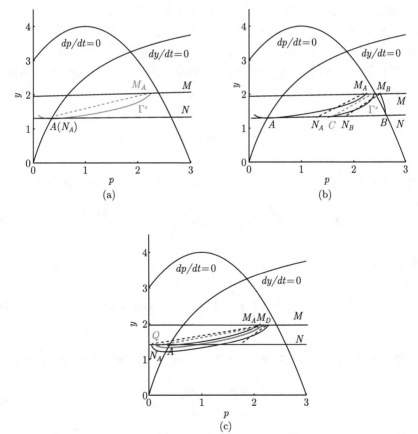

图 8.6.1 稳定流形产生的阶 1 周期解 Γ^s. (a) $\alpha = \alpha^*$ 的情况; (b) $0 < \alpha < \alpha^*$ 的情况; (c) $\alpha^* < \alpha < 1$ 的情况

如果 $0 < \alpha < \alpha^*$, 那么 $(1-\alpha)x_{M_A} > (1-\alpha^*)x_{M_A}$, 点 A 的后继点 N_A 位于点 A 的右边 (见图 8.6.1(b)). 点 A 的后继函数可以表示为 $F(A) = p_{N_A} - p_A > 0$. 设 p-等倾线 $dp/dt = 0$ 交相集 N 于点 B, 则系统 (8.6.1) 存在一条经过点 B 的轨线交脉冲集于点 M_B. 进一步, 点 M_B 被脉冲到点 N_B. 故点 B 的后继函数 $F(B) = p_{N_B} - p_B < 0$. 根据后继函数的连续性, 系统 (8.6.1) 在相集上存在一个位于点 A 和点 B 之间的点 C 满足 $F(C) = 0$. 因此, 系统 (8.6.1) 在这种情况下存在阶 1 周期解 Γ^s.

如果 $\alpha^* < \alpha < 1$, 那么 $(1-\alpha)x_{M_A} < (1-\alpha^*)x_{M_A}$, 点 A 的后继点 N_A 位于点 A 的左边 (见图 8.6.1(c)). 点 A 的后继函数可以表示为 $F(A) = p_{N_A} - p_A < 0$. 系统 (8.6.1) 存在一条经过点 N_A 的轨线交脉冲集于点 M_D. 进一步点 M_D 脉冲到点 N_D. 故点 N_A 的后继函数为 $F(N_A) = p_{N_D} - p_{N_A} < 0$. 基于后继函数的连续性, 系统 (8.6.1) 在相集上存在一个位于点 A 和点 N_A 之间的点 Q 满足 $F(Q) = 0$. 因此, 系统 (8.6.1) 在这种情况下同样存在阶 1 周期解 Γ^s. □

接下来, 讨论阶 1 周期解的稳定性. 首先假设阶 1 周期解 Γ^s 的周期为 T, 弧长为 L. 引入 Γ^s 的曲线坐标 (s, n), 其中 s 表示从起点 I 起轨线 Γ^s 的长度, n 表示曲线 Γ^s 的法线方向的长度, 向外为正. 设以弧长 s 为参数, 则阶 1 周期解 Γ^s 的方程为 $p = \varphi(s)$, $y = \psi(s)$, $0 \leqslant s \leqslant L$. 定义:

$$F(p, y) = p\left(k - p - \frac{y}{1+p}\right), \quad G(p, y) = y\left(\frac{p}{1+p} - ay\right). \tag{8.6.2}$$

引理 8.6.1 [42] 令 $F_0 = F(\varphi(s), \psi(s))$ 和 $G_0 = G(\varphi(s), \psi(s))$. 定义

$$M(s) = \frac{F_0^2 G_{y0} - F_0 G_0(F_{y0} + G_{p0}) + G_0^2 F_{p0}}{(F_0^2 + Q_0^2)^{3/2}}. \tag{8.6.3}$$

则对于 $0 \leqslant s \leqslant L$, 存在

$$n(s) = n_0 \exp\left(\int_0^s M(\sigma)d\sigma\right) \quad (n_0 = n(0)). \tag{8.6.4}$$

定理 8.6.2 系统 (8.6.1) 的周期为 T 的阶 1 周期解 Γ^s 是稳定的当且仅当

$$\int_0^T \left(\frac{\partial F}{\partial p} + \frac{\partial G}{\partial y}\right) dt < 0. \tag{8.6.5}$$

证明 假设阶 1 周期解 Γ^s 的起点和终点分别为 I 和 J, 则周期解记为 $\Gamma^s_{I \to J}$. 把相集 $N : y = (1-\beta)h$ 与通过点 $I(p_I, y_I)$ 的法线的夹角记为 θ. 把脉冲集 $M :$

$y = h$ 与通过点 $J(p_J, y_J)$ 的法线的夹角记为 ω. 任意选择一点 $E(p_E, y_E) \in U^\circ(I) \cap N$, 过它的轨线与穿过点 I 的法线相交于点 I_k, 与脉冲集相交于点 $H(p_H, y_H)$, 最后与穿过点 J 的法线交于点 J_k (见图 8.6.2). 从而由 $|II_k| = |IE|\cos\theta$ 和 $|JJ_k| = |JH|\cos\omega$ 得到

$$\frac{|JH|}{|IE|} = \frac{|JJ_k|\cos\theta}{|II_k|\cos\omega}. \tag{8.6.6}$$

把 p-轴与在点 $I(J)$ 处的切线的夹角记为 $\theta_1(\omega_1)$, 则有 $\tan\theta_1 = y'_I$ 和 $\tan\omega_1 = y'_J$ 成立, 而且

$$\left|\frac{\cos\theta}{\cos\omega}\right| = \left|\frac{\tan\theta_1}{\tan\omega_1}\right|\left|\frac{\sec\omega_1}{\sec\theta_1}\right| = \left|\frac{y'_I}{y'_J}\right|\sqrt{\frac{1+(y'_J)^2}{1+(y'_I)^2}}. \tag{8.6.7}$$

令 I' 为点 H 在相集上的映射点, 由图 8.6.2 得到 $|II'| = (1-\alpha)|p_H - p_J|$, $|JH| = |p_H - p_J|$ 和

$$\frac{|II'|}{|JH|} = (1-\alpha)\left|\frac{y'_I}{y'_J}\right|\sqrt{\frac{1+(y'_J)^2}{1+(y'_I)^2}}\exp\left(\int_0^L M(s)ds\right) < 1. \tag{8.6.8}$$

由 $ds = \sqrt{(\dot\varphi)^2 + (\dot\psi)^2}dt = \sqrt{F_0^2 + G_0^2}dt$ 和引理 8.6.1, 下面方程成立:

$$\int_0^L M(s)ds = \int_{0+}^T \frac{F_0^2 G_{y0} - F_0 G_0(F_{y0} + G_{p0}) + G_0^2 F_{p0}}{F_0^2 + Q_0^2}dt$$

$$= \int_{0+}^T \left(\frac{\partial F}{\partial p} + \frac{\partial G}{\partial y}\right)dt - \frac{1}{2}\int_{0+}^T \frac{d}{dt}\ln(F^2 + G^2)dt. \tag{8.6.9}$$

由 (8.6.7) 和 (8.6.9), 得到阶 1 周期解 Γ^s 稳定的充分必要条件是 $\left|\frac{II'}{JH}\right| < 1$, 由此推断周期为 T 的阶 1 周期 Γ^s 解是稳定的充分必要条件为

$$\int_0^T \left(\frac{\partial F}{\partial p} + \frac{\partial G}{\partial y}\right)dt < 0. \qquad \square$$

推论 8.6.1 系统 (8.6.1) 的阶 1 周期解是稳定的当且仅当 $1 - 4a < 0$.

证明 基于 Dulac 定理, 选择 $B = \dfrac{1}{p}$, 则有

$$\frac{\partial(BF)}{\partial p} + \frac{\partial(BG)}{\partial y} = \frac{(1-4a)y}{2p} - p < \frac{(1-4a)y}{2p} < 0. \tag{8.6.10}$$

根据上面的定理, (8.6.1) 有一个稳定的阶 1 周期解. □

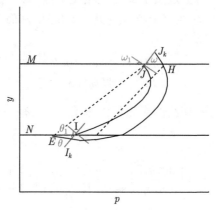

图 8.6.2　定理 8.6.2 的示意图

8.6.2　异宿环和异宿分支

在本节中, 我们把 α 作为分支参数, 用类似于文献 [21] 的方式去探讨异宿环和异宿分支.

从数学的角度, 如果系统 (8.6.1) 的两个边界平衡点 $O(0,0)$ 和 $E_0(k,0)$ 都是鞍点且同时存在唯一稳定的内部平衡点, 当 $\alpha = 1$ 时, 该系统存在一个异宿环 (见图 8.6.3(a)). 然后, 通过鞍点 E_0 的不稳定流形 l_2^- 交脉冲集 M 于点 A, 通过鞍点 O 的稳定流形 l_1^+ 交相集 N 于点 A_1. 点 A 在脉冲的作用下映射到点 A_1. 此时, 线段 AA_1, A_1O, OE_0 和 E_0A 形成了一个经过鞍点 O 和鞍点 E_0 的环 (见图 8.6.3(a)). 这个环叫做系统 (8.6.1) 的异宿环. 若 $0 < \alpha < 1$, 异宿环被打破同时会产生一个阶 1 周期解 (见图 8.6.3(b)).

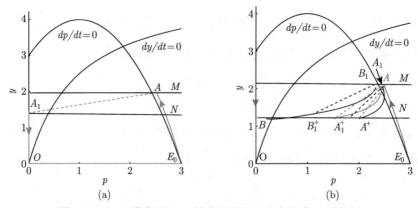

图 8.6.3　(a) 异宿环; (b) 异宿环消失同时产生阶 1 周期解

值得注意的是, $\alpha = 1$ 意味着过度捕捞, 虽然系统 (8.6.1) 存在异宿环, 但该异宿环会导致浮游生物和浮游动物的灭绝. 在现实生活中, 这种脉冲干扰控制是被禁止的.

8.7 扰动系统的周期解

对系统 (8.5.1), 考虑浮游生物生长速度对浮游动物的影响 [43], 这影响用 σ 来表示, 那么我们得到相应的扰动系统为

$$
\begin{cases}
\dfrac{dp}{dt} = p\left(k - p - \dfrac{y}{1+p}\right), \\[2mm]
\dfrac{dy}{dt} = y\left(\dfrac{p}{1+p} - ay\right) + \sigma\left[p\left(k - p - \dfrac{y}{1+p}\right)\right], \left.\right\} p > p_1, \\[2mm]
\Delta p = \alpha p, \\[1mm]
\Delta y = -\beta y. \left.\right\} p = p_1.
\end{cases}
\tag{8.7.1}
$$

其中 p_1, $p(0^+)$ 和 $y(0^+)$ 在系统 (8.5.1) 中有定义, σ 是很小的正参数. 在本节中, 将分别探讨扰动系统的收敛性以及扰动系统关于参数 σ 的同宿环.

8.7.1 扰动系统的 B-收敛性

若 $\sigma = 0$, 显然系统 (8.7.1) 退化为系统 (8.5.1), 此时系统具有一个周期为 T 的阶 1 周期解 Γ^c. 当 $\sigma \neq 0$, 系统 (8.7.1) 是一个扰动系统. 在本节, 我们讨论扰动系统的 B-收敛性.

假设 $\hat{x}_j(t) : D_j \to \mathbb{R}^n$ $(j = 0, 1, 2, \cdots)$ 是定义在 $D_j \subset \mathbb{R}$ 上的分段连续函数, 且在 τ_k^j $(k = 1, 2, \cdots, q)$ 处左连续. 当 $\tau_k^i \neq \tau_k^j$ $(i \neq j)$ 时, $\hat{x}_j(t)$ 表示具有非固定时刻的脉冲微分方程的不同的解. 对于此类序列, 常用下面收敛的定义.

定义 8.7.1 [44] (B-收敛性) 序列 $\hat{x}_j(t)$ 当 $j \to \infty$ 时 B-收敛于 $\hat{x}_0(t)$, 记为

$$
\hat{x}_j(t) \overset{B}{\to} \hat{x}_0(t), \text{ a.s. } j \to \infty,
$$

当且仅当存在一个 $\nu \in \mathbb{N}$ 使得对任意的 $\epsilon > 0$ 和 $j \geqslant \nu$ 满足

(1) mes $[(D_j \setminus D_0) \bigcup (D_0 \setminus D_j)] < \epsilon$;

(2) $\left|\tau_k^j - \tau_k^0\right| < \epsilon$ $(k = 1, \cdots, q)$;

(3) 当 $t \in D_j \bigcap D_0$ 且 $\left|t - \tau_k^0\right| < \epsilon$ 时 $|\hat{x}_j(t) - \hat{x}_0(t)| < \epsilon$ 成立.

为了方便起见, 系统 (8.7.1) 表示成下面的形式:

$$\begin{cases} \dfrac{d\hat{x}}{dt} = g(\hat{x}, \sigma), & \phi(\hat{x}, \sigma) > 0, \\ \Delta \hat{x} = I(\hat{x}, \sigma), & \phi(\hat{x}, \sigma) = 0, \end{cases} \qquad (8.7.2)$$

其中 $\sigma \in J = (-\bar{\sigma}, \bar{\sigma})$ 是一个很小的参数, $\phi(\hat{x}, \sigma) = p - p_1$ 且

$$\hat{x} = \begin{pmatrix} p \\ y \end{pmatrix}, \quad g = \begin{pmatrix} F(p, y, \sigma) \\ G(p, y, \sigma) \end{pmatrix}, \quad I(\hat{x}, \sigma) = \begin{pmatrix} \alpha p \\ -\beta y \end{pmatrix}.$$

当 $\sigma = 0$, 方程 (8.7.2) 有一个 T-周期解 $\hat{x}(t) \triangleq \hat{\varphi}(t) = (\kappa(t), \varrho(t))^{\top}$ 且在脉冲作用的 nT 时刻有 $\phi(\hat{\varphi}(nT)) = 0$.

方程 (8.7.2) 的解 $\hat{\varphi}(t)$ 的变分方程是

$$\begin{cases} \dfrac{dz}{dt} = \dfrac{\partial g}{\partial \hat{x}}(\hat{\varphi}(t), 0)z, & t \neq nT, \\ \Delta z = B_n z, & t = nT. \end{cases} \qquad (8.7.3)$$

其中

$$B_n = \frac{\partial I}{\partial \hat{x}} + \left(g^+ - g - \frac{\partial I}{\partial \hat{x}} g \right) \frac{\dfrac{\partial \phi}{\partial \hat{x}}}{\dfrac{\partial \phi}{\partial \hat{x}} g}, \qquad (8.7.4)$$

并且

$$\begin{cases} g = g(\hat{\varphi}(nT), 0), & g^+ = g(\hat{\varphi}(nT^+), 0), \\ \dfrac{\partial I}{\partial \hat{x}} = \dfrac{\partial I}{\partial \hat{x}}(\hat{\varphi}(nT), 0), & \dfrac{\partial \phi}{\partial \hat{x}} = \dfrac{\partial \phi}{\partial \hat{x}}(\hat{\varphi}(nT^+), 0). \end{cases} \qquad (8.7.5)$$

将初值为 $\hat{x}(0; \hat{x}_0, \sigma) = \hat{x}_0$ 方程的解记作 $\hat{x}(t; \hat{x}_0, \sigma)$. 不失一般性, 假设 $\phi(\hat{\varphi}(0), 0) \neq 0$.

下面探讨含有小参数 σ 扰动系统 (8.7.2) 的周期解 $\hat{x}_\sigma(t)$. 为方便, 借助文献 [44] 中定理 7.3 和定理 8.1, 给出下面引理.

引理 8.7.1　设下面的条件成立:

(1) 当 $\sigma = 0$, 方程 (8.7.2) 有一个周期为 T 的周期解且周期解的脉冲时刻为 $nT(n \in \mathbb{Z})$.

(2) $\phi(\hat{x}, \sigma)$ 在点 $(\phi(nT), 0)$ 的邻域内是可微的并且满足

$$\frac{\partial \phi}{\partial \hat{x}}(\phi(nT), 0)g(nT, 0) \neq 0.$$

(3) 存在 $\delta > 0$, 使得对每个 $\sigma \in (-\delta, \delta)$, $\hat{x}_0 \in \mathbb{R}^2$ 和 $|\hat{x}_0 - \hat{\varphi}(0)| < \delta$, 方程 (8.7.2) 的解 $\hat{x}(t; \hat{x}_0, \sigma)$ 定义在 $t \in [0, T+\delta]$ 上, 且在 $(T, \hat{\varphi}(0), 0)$ 的邻域内是连续和可微的.

(4) 变分方程 (8.7.3) 没有非平凡的 T 周期解.
则存在 $\sigma_0 \in (0, \bar{\sigma})$ 使得对任意的 $|\sigma| < \sigma_0$, 方程 (8.7.2) 存在唯一周期为 $T(\sigma)$ 且脉冲时刻为 $nT(\sigma)$ 的周期解 $\hat{x}_\sigma(t)$. 其中对任意的 $t \in [0, T]$, $\hat{x}_\sigma(t)$ 满足

$$\hat{x}_\sigma(t) \xrightarrow{B} \hat{\varphi}(t), \quad T(\sigma) \to T, \text{ a.s. } \sigma \to 0. \tag{8.7.6}$$

定理 8.7.1 假设定理 8.5.1 的条件和 $1 + (\det M) \neq \operatorname{Tr} M$ 成立, 则对于 $\sigma \in (0, \bar{\sigma})$, 系统 (8.7.1) 存在唯一 T-周期解 $\hat{x}_\sigma(t)$ 使得对于任意的 $t \in [0, T]$ 有

$$\hat{x}_\sigma(t) \xrightarrow{B} \hat{\varphi}(t), \quad T(\sigma) \to T, \text{a.s.} \ \sigma \to 0. \tag{8.7.7}$$

证明 当 $\sigma = 0$ 时, 系统 (8.7.1) 或者它的等价方程 (8.7.2) 有一个脉冲时刻为 nT 的 T-周期解 $\hat{x}(t) = \hat{\varphi}(t)$. 其中引理 8.7.1 中的条件 (2) 和条件 (3) 是显然成立的. 因此, 只需验证变分方程 (8.7.3) 没有非平凡的 T-周期解. 通过文献 [44] 中的定理 3.3, 需验证变分方程 (8.7.3) 的乘子不等于 1. 方程 (8.7.2) 的变分方程表示为

$$\frac{dz}{dt} = A(t)z, \quad t \neq nT, \quad \Delta z = Bz, \quad t = nT, \tag{8.7.8}$$

其中

$$z = \begin{pmatrix} \kappa(t) \\ \varrho(t) \end{pmatrix}, \quad A(t) = \begin{pmatrix} k - 2\kappa(t) - \dfrac{\varrho(t)}{(1+\kappa(t))^2} & -\dfrac{\kappa(t)}{1+\kappa(t)} \\ \dfrac{\varrho(t)}{(1+\kappa(t)^2)} & \dfrac{\kappa(t)}{1+\kappa(t)-2a\varrho(t)} \end{pmatrix},$$

$$B = \begin{pmatrix} b_{11} & 0 \\ b_{21} & -\beta \end{pmatrix},$$

且 b_{11} 和 b_{21} 的形式如下

$$
\begin{aligned}
b_{11} = \alpha + &\left[k\alpha\kappa(t) - (2\alpha + \alpha^2)\kappa^2(t) - \frac{(1-\beta)\varrho(t)}{1+(1+\alpha)\kappa(t)} \right.\\
&\left. + \frac{\alpha\kappa^3(t) + (k+1)\alpha\kappa^2(t) - (k+v)\alpha\kappa(t) - \varrho(t)}{1+\kappa(t)} \right] \\
&\times \left[\frac{1+\kappa(t)}{-\kappa^3(t) + (k-1)\kappa^2(t) + (k-\varrho(t))\kappa(t)} \right]_{t=nT},
\end{aligned} \tag{8.7.9}
$$

$$b_{21} = \left[a(2\beta - \beta^2)\varrho^2(t) + a\beta\varrho^2(t) + \frac{(\beta-1)\kappa(t)\varrho(t)}{1+\kappa(t)} + \frac{(1+\alpha)(1-\beta)\kappa(t)\varrho(t)}{1+(1+\alpha)\kappa(t)\varrho(t)} \right]$$

$$\times \left[\frac{1+\kappa(t)}{-\kappa^3(t) + (k-1)\kappa^2(t) + (k-\varrho(t))\kappa(t)} \right]_{t=nT}. \tag{8.7.10}$$

由于

$$e^{\int_0^\top A(t)dt} = \begin{pmatrix} e^{\int_0^\top k-2\kappa(t)-\frac{\varrho(t)}{(1+\kappa(t))^2}dt} & e^{\int_0^\top -\frac{\kappa(t)}{1+\kappa(t)}dt} \\ e^{\int_0^\top \frac{\varrho(t)}{(1+\kappa(t)^2)}dt} & e^{\int_0^\top \frac{\kappa(t)}{1+\kappa(t)-2a\varrho(t)}dt} \end{pmatrix}$$

$$= \begin{pmatrix} a_{11} & a_{12} \\ a_{21} & a_{22} \end{pmatrix} = \bar{A},$$

则单值矩阵 $M = (E+B)e^{\int_0^\top A(t)dt}$ 有下面形式

$$M = \begin{pmatrix} a_{11}(1+b_{11}) & a_{12}(1+b_{11}) \\ a_{11}b_{21} + a_{21}(1-\beta) & a_{12}b_{21} + a_{22}(1-\beta) \end{pmatrix}.$$

矩阵 M 的行列式为

$$\det M = (1+b_{11})(1-\beta)(a_{11}a_{22} - a_{12}a_{21}),$$

以及迹是

$$\mathrm{Tr}M = a_{11}(1+b_{11}) + a_{12}b_{21} + a_{22}(1-\beta).$$

从而矩阵 M 的乘子 μ_j $(j=1,2)$ 满足

$$\mu^2 - (\mathrm{Tr}M)\mu + (\det M) = 0. \tag{8.7.11}$$

通过文献 [44] 定理 3.3 的方法, 可知系统 (8.7.3) 或 (8.7.8) 没有非平凡 T-周期解当且仅当 (8.7.11) 的根 $\mu_j \neq 1$, 即

$$1 + (\det M) \neq \mathrm{Tr}M. \ \Box \tag{8.7.12}$$

8.7.2　关于参数 σ 的同宿环

在本节中, 将运用旋转向量场的方法探讨同宿分支, 然后确定阶 1 周期解的形成. 假设 E_{32}^* 是鞍点, E_{31}^* 和 E_{33}^* 是非鞍点的初等奇点, 同时有 $p_{31}^* < p_1 < (1+\alpha)p_1 < p_{32}^*$. 选择 σ 作为控制参数, 令

$$\Delta = \begin{vmatrix} F & G \\ \frac{\partial F}{\partial \sigma} & \frac{\partial G}{\partial \sigma} \end{vmatrix}.$$

对于系统 (8.7.2), 当 σ 改变时, 初等奇点的个数和位置不会改变. 对于轨线上非奇异点, 当 $\Delta > 0$ 时, 系统有正的旋转场且随着 σ 从零开始增加, 向量场的旋转方向是逆时针的. 当 $\Delta < 0$, 系统有负的旋转场且随着 σ 从零开始增加, 向量场的旋转方向是顺时针的 (见文献 [25,45]).

定理 8.7.2 假设 $Q_{32} < 0$, $q < q^*$ 和 $y_C \leqslant \phi(y_E, q)$, $y_F \geqslant \phi(y_A, q), \sigma > 0$, 则系统 (8.7.2) 存在唯一且稳定的阶 1 周期解.

证明 首先令 p-轴和向量 (F, G) 之间的夹角为 δ. 则 $\tan\delta = \dfrac{F}{G}$ 和 $\delta = \arctan\dfrac{F}{G}$. 进一步,

$$\frac{\partial \delta}{\partial \sigma} = \frac{1}{F^2 + G^2} \begin{vmatrix} F & G \\ \dfrac{\partial F}{\partial \sigma} & \dfrac{\partial G}{\partial \sigma} \end{vmatrix} = \frac{p^2}{F^2 + G^2} \left(k - p - \frac{y}{1+p} \right)^2 \geqslant 0.$$

所以 δ 关于 σ 是单调递增的且向量场的旋转方向是逆时针的 [45]. 因此, 随着 σ 的变化, 奇异点的位置和指数保持不变, 轨迹有以下特征.

让 σ 从 $\sigma = 0$ 变化到 $\sigma > 0$, 则不稳定的流形 τ_A 逆时针旋转到 $\tau_{A\sigma}$. 同时, τ_A 和脉冲集 M 的交点 $A(p_A, y_A)$ 旋转到 $A_\sigma(p_{A_\sigma}, y_{A_\sigma})$ (见图 8.7.1). 类似地, 稳定流形 τ_B 逆时针旋转到 $\tau_{B\sigma}$. 同时 τ_B 和相集 N 的交点 $C(p_C, y_C)$ 转移到 $C_\sigma(p_{C_\sigma}, y_{C_\sigma})$.

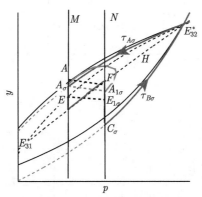

图 8.7.1 Bendixson 环域 H 和阶 1 周期解

假设 $y_C < \phi(y_E, \beta) = y_{E_{1\sigma}}$, $y_F > \phi(y_A, \beta) = y_{A_{1\sigma}}$ (见图 8.7.1). 由于 $y_A > y_{A_\sigma}$, 则 $y_F > y_{A_1} > y_{A_{1\sigma}}$, 其中点 $A_{1\sigma}$ 是点 A_σ 的脉冲点. 因此, 系统 (8.7.2) 的脉冲集是线段 $A_\sigma E$, 相集是线段 $A_{1\sigma} E_1$ 且有 $A_{1\sigma} E_{1\sigma} \subseteq FC_\sigma$. 此时, 线段 $A_\sigma E, FC_\sigma, C_\sigma E_{32}^*$ 和线段 $E_{32}^* A_\sigma$ 形成了 Bendixson 环域 H, 其中线

段 EF 是 y-等倾线 $\dfrac{dy}{dt} = 0$ 的一部分. 基于 Bendixson 定理, 此时, 系统 (8.7.2) 存在阶 1 周期解. □

8.8　数值分析

从资源管理的角度出发, 上面的内容对多种状态反馈控制的阶 1 周期解进行了研究. 接下来, 选择参数 k, a, p_1, α, β 和 h 进行数值验证.

数值模拟 1　令 $k = 3$, $a = 4/50$. 通过简单的计算, 系统 (8.3.1) 有不稳定的焦点 $E_1^*(0.415, 3.658)$ 并产生唯一极限环. 此时, 对于系统 (8.5.1), 取 $p_1 = 0.5$, $\alpha = 0.856$, 计算出 $\beta^* = 0.136$. 选取 $\beta = 0.35 > \beta^*$ 和 $\beta = 0.043 < \beta^*$ 时, 分别在极限环上会产生阶 1 周期解 (见图 8.8.1). 数值仿真验证了定理 8.5.1. 进一步, 从图 8.8.1 中, 观察到了随着收获影响率 β 的增大, 浮游生物和浮游动物两

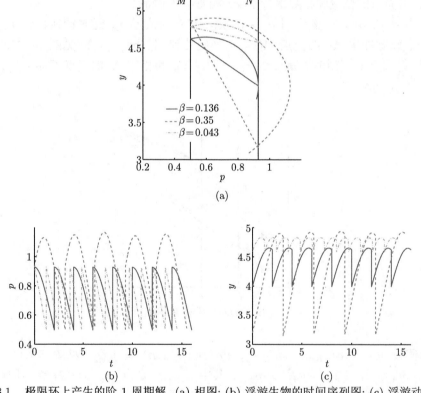

图 8.8.1　极限环上产生的阶 1 周期解. (a) 相图; (b) 浮游生物的时间序列图; (c) 浮游动物的时间序列图

个种群的振荡变大且阶 1 周期解的周期也变大. 这些结果表明, 从渔业管理的角度出发, 扰动原始的极限环, 可以获得新的周期行为.

数值模拟 2 令 $k = 3$, $a = 1/5$, 则系统 (8.3.1) 存在一个渐近稳定的平衡点 $E_1^*(1.86, 3.254)$. 在系统 (8.6.1) 中取 $h = 1.9$, $\beta = 0.22$, 计算出 $\alpha^* = 0.77$ 并画出阶 1 周期解, 此结论和定理 8.6.1 一致. 当 $\alpha = \alpha^*$, $\alpha = 0.8$ 和 $\alpha = 0.041$ 时, 分别产生阶 1 周期解 (见图 8.8.2).

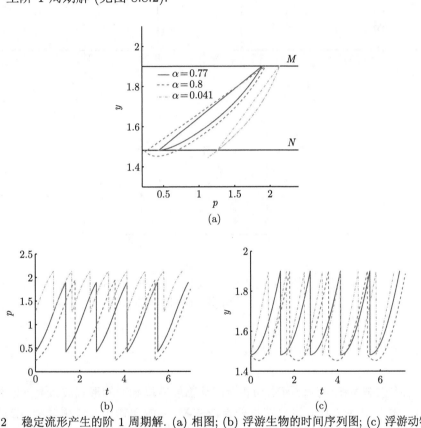

图 8.8.2 稳定流形产生的阶 1 周期解. (a) 相图; (b) 浮游生物的时间序列图; (c) 浮游动物的时间序列图

数值模拟 3 令 $k = 20$, $a = 1/100$, 则系统 (8.3.1) 存在三个内部平衡点, 且 $E_2^*(4, 80)$ 是一个鞍点. 从定理 8.7.1 中得到: 对于系统 (8.5.1), 如果取参数 $\alpha = 0.8$, $\beta^* = 0.078$ 和 $p_1 = 1.5$, 则系统在脉冲的作用下会产生同宿环. 若取 $\beta < \beta^*$, 则同宿环破裂同时产生新的阶 1 周期解. 具体地取 $\beta = 0.06 < \beta^*$, 系统 (8.5.1) 的周期解可以在初始点 $(2.7, 63.415)$ 处产生. 进一步, 添加小扰动参数 σ, 系统 (8.5.1) 将变成系统 (8.7.1). 然后, 取扰动参数 $\sigma = 0.08$, 扰动系统的阶 1 周期解在图 8.8.3 中观察到. 此结论和定理 8.7.2 的结论是一致的.

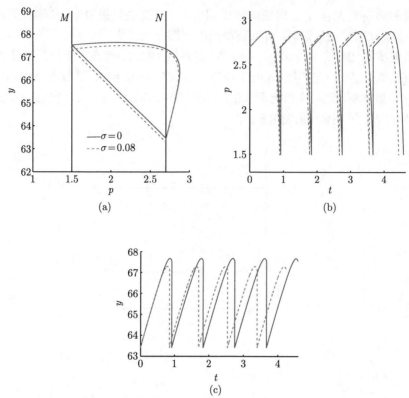

图 8.8.3　扰动系统的稳定流形产生的阶 1 周期解. (a) 相图; (b) 浮游生物的时间序列图; (c) 浮游动物的时间序列图

8.9 小　　结

　　水生生态系统中的浮游生物和浮游动物经常以脉冲的形式被人类开发行为所扰动. 本章引入了具有自食特性的浮游生物–浮游动物相互作用模型, 首先对其内部平衡的数量、存在性和稳定性、极限、同宿周期, Hopf 分支、鞍节点分支、Pitchfork 分支和 Bogdanov-Takens 分支等复杂动力学行为进行了粗略的研究. 此外, 从生物管理的角度, 对不同的动力学行为下的种群实施了不同的状态脉冲控制, 从而产生了不同的阶 1 周期解. 继而基于后继函数法和 Bendixson 定理, 证明了阶 1 周期解的存在性. 最后, 对于相应的小参数摄动系统, 利用变分系统讨论了阶 1 周期解的 B-收敛性以及利用旋转向量场探讨了同宿环的形成和同宿环破裂后形成了阶 1 周期解的行为.

　　从生物学角度考虑, 上述周期解和状态反馈控制策略经常被应用到不同情况下的生态和渔业管理中. ① 如果浮游生物和浮游动物种群出现周期振荡, 则通过适当的状态反馈控制可以重建周期和周期更短的周期轨迹. 新的周期性行为可以保证浮游生物的水平保持在一定的水平之上, 这就确保了浮游动物拥有丰富的食物. ② 从生物或者经济的角度, 如果系统有唯一稳定的内部平衡点且不是所期望的, 则可以当浮游动物达到一定数量时, 采取状态反馈控制策略以减少浮游动物和浮游生物的数量, 并形成新的周期解. 特别地, 当浮游生物过度捕捞时产生一个异宿环, 会导致浮游生物的灭绝进而引起浮游动物的灭绝, 这从生物管理的角度是被禁止的.

状态反馈控制是一种有效的控制方案, 但控制成本是非常重要的. 在渔业管理中, 为了获得最大的利益, 经常制定合适的成本函数. 例如, 在一个周期内确定一个控制问题:

$$J = \nu_1 \alpha p^* - \nu_2 \beta y^* + \int_0^T y(t)dt, \tag{8.9.1}$$

其中 ν_1 和 ν_2 分别表示单位数量内浮游生物和浮游动物的价格. 在数值模拟 1 中, 取参数 $\nu_1 = 2$, $\nu_2 = 1$, $\alpha = 0.856$, $\beta = 0.136$ 和 $y(0^+) = 3.9948$, 则计算出周期长度为 2 且成本是 $J = 9.1345$. 实际上, 在实施反馈控制的过程中, 如何优化脉冲控制和时间以获得最大的效益也是一项有价值的工作.

参 考 文 献

[1] Fang D, Pei Y, Lv Y, Chen L. Periodicity induced by state feedback controls and driven by disparate dynamics of a herbivore-plankton model with cannibalism. Nonlinear Dyn., 2017, 90: 2657-2672.

[2] Lehman J T. Release and cycling of nutrients between planktonic algae and herbivores. Limnology Oceanography, 1980, 25(4): 620-632.

[3] Lv Y, Pei Y, Gao S, Li C. Harvesting of a phytoplankton model. Nonlinear Analysis Real World Applications, 2010, 11(5): 3608-3619.

[4] Busenberg S, Kumar S K, Austin P, Wake G. The dynamics of a model of a plankton-nutrient interaction. Bulletin of Mathematical Biology, 1990, 52(5): 677-696.

[5] Daufresne T, Loreau M. Plant-herbivore interactions and ecological stoichiometry: when do herbivores determine plant nutrient limitation. Ecology Letters, 2010, 4(3): 196-206.

[6] Lou J, Lou Y, Wu J. Threshold virus dynamics with impulsive antiretroviral drug effects. Journal of Mathematical Biology, 2012, 65(4): 623-652.

[7] Tang S, Xiao Y, Chen L, Cheke R A. Integrated pest management models and their dynamical behaviour. Bulletin of Mathematical Biology, 2005, 67(1): 115-135.

[8] Xiao Y, Miao H, Tang S, Wu H. Modeling antiretroviral drug responses for HIV-1 infected patients using differential equation models. Advanced Drug Delivery Reviews, 2013, 65(7): 940-953.

[9]　Yang Y, Xiao Y. Threshold dynamics for compartmental epidemic models with impulses. Nonlinear Analysis Real World Applications, 2012, 13(1): 224-234.

[10]　Zhang M, Song G, Chen L. A state feedback impulse model for computer worm control. Nonlinear Dynamics, 2016, 85(3): 1-9.

[11]　Cheng H D, Wang F, Zhang T Q. Multi-state dependent impulsive control for holling i predator-prey model. Discrete Dynamics in Nature Society, 2012, 12: 30-44.

[12]　Fu J, Wang Y. The mathematical study of pest management strategy. Discrete Dynamics in Nature and Society, 2012(4): 1-19.

[13]　Tang S, Chen L. Modelling and analysis of integrated pest management strategy. Discrete and Continuous Dynamical Systems-Series B, 2004, 4(3): 759-768.

[14]　Tian Y, Sun K, Chen L. Original article: Modelling and qualitative analysis of a predator-prey system with state-dependent impulsive effects. Mathematics Computers in Simulation, 2011, 82(2): 318-331.

[15]　Dnofrio A. On pulse vaccination strategy in the SIR epidemic model with vertical transmission. Applied Mathematics Letters, 2005, 18(7): 729-732.

[16]　Shulgin B, Stone L, Agur Z. Pulse vaccination strategy in the SIR epidemic model. Bulletin of Mathematical Biology, 1998, 60(6): 1123-1148.

[17]　Stone L, Shulgin B, Agur Z. Theoretical examination of the pulse vaccination policy in the SIR epidemic model. Mathematical Computer Modelling An International Journal, 2000, 31(4-5): 207-215.

[18]　Tang S, Xiao Y, Cheke R A. Dynamical analysis of plant disease models with cultural control strategies and economic thresholds. Mathematics Computers in Simulation, 2010, 80(5): 894-921.

[19]　Xiao Y, Xu X, Tang S. Sliding mode control of outbreaks of emerging infectious diseases. Bulletin of Mathematical Biology, 2012, 74(10): 2403-2422.

[20]　Chen L. Pest control and geometric theory of semi-continuous dynamical system. J. Beihua Univ., 2011, 12(1): 9-11.

[21]　Chen L. Theory and application of semi-continuous dynamical system. J. Yulin Norm. Univ., 2013, 34(2): 1-10.

[22]　Tang S, Tang B, Wang A, Xiao Y. Holling ii predator prey impulsive semi-dynamic model with complex poincare map. Nonlinear Dynamics, 2015, 81(3): 1-22.

[23]　Zeng G, Chen L, Sun L. Existence of periodic solution of order one of planar impulsive autonomous system. Journal of Computational Applied Mathematics, 2006, 186(2): 466-481.

[24]　Zhao L, Chen L, Zhang Q. The geometrical analysis of a predator-prey model with two state impulses. Mathematical Biosciences, 2012, 238(2): 55-64.

[25]　Wei C, Chen L. Heteroclinic bifurcations of a prey-predator fishery model with impulsive harvesting. International Journal of Biomathematics, 2013, 6(6): 85-99.

[26]　Wei C, Chen L. Homoclinic bifurcation of prey predator model with impulsive state feedback control. Applied Mathematics Computation, 2014, 237(7): 282-292.

[27] Huang M, Duan G, Song X. A predator-prey system with impulsive state feedback control. Mathematica Applicata, 2012, 25(3): 661-666.

[28] Jiang G, Lu Q, Qian L. Complex dynamics of a holling type ii prey predator system with state feedback control. Chaos Solitons Fractals, 2007, 31(2): 448-461.

[29] Guckenheimer J, Philip H. Nonlinear Oscillations, Dynamical Systems, and Bifurcations of Vector Fields. New York: Springer-Verlag, 1983.

[30] Kunkel P, Kuznetsov Y A. Elements of applied bifurcation theory. Zamm Journal of Applied Mathematics Mechanics Zeitschrift Fur Angewandte Mathematik Und Mechanik, 1997, 77(5): 392.

[31] Ivanov A P. Bifurcations in impact systems. Chaos Solitons Fractals, 1996, 7(10): 1615-1634.

[32] Leine R I, Campen D H V, Vrande B L V D. Bifurcations in nonlinear discontinuous systems. Nonlinear Dynamics, 2000, 23(2): 105-164.

[33] Dai C, Zhao M, Chen L. Homoclinic bifurcation in semi-continuous dynamic systems. International Journal of Biomathematics, 2012, 5(5): 183-201.

[34] Steele J H, Henderson E W. The role of predation in plankton models. Journal of Plankton Research, 1992, 14(1): 157-172.

[35] Steele J H, Henderson E W. A simple plankton model. The American Naturalist, 1981, 117(5): 676-691.

[36] Pei Y, Min G, Li C. A delay digestion process with application in a three-species ecosystem. Communications in Nonlinear Science Numerical Simulation, 2011, 16(11): 4365-4378.

[37] Noymeir I. Stability of grazing systems: An application of predator-prey graphs. Journal of Ecology, 1975, 63(2): 459.

[38] Pei Y, Chen L, Zhang Q, Li C. Extinction and permanence of one-prey multi-predators of holling type ii function response system with impulsive biological control. Journal of Theoretical Biology, 2005, 235(4): 495.

[39] Ntr L, Murray J D. Mathematical biology. I. an introduction. 3 rd ed. Photosynthetica, 2002, 40(3): 414.

[40] Hainzl J. Stability and hopf bifurcation in a predator-prey system with several parameters. Siam Journal on Applied Mathematics, 1988, 48(1): 170-190.

[41] Lv Y, Yuan R, Pei Y. Two types of predator-prey models with harvesting: Non-smooth and non-continuous. Journal of Computational Applied Mathematics, 2013, 250(10): 122-142.

[42] Yuan T, Sun K B, Chen L S. Geometric approach to the stability analysis of the periodic solution in a semi-continuous dynamic system. International Journal of Biomathematics, 2014, 7(2): 121-139.

[43] Freedman H I. Deterministic mathematical models in population ecology. Biometrics, 1980, 22(7): 219-236.

[44] Bainov D D, Simeonov P S. Impulsive Differential Equation:Periodic Solutions and Applications. London: Longman, 1993.

[45] Chen Y L, Liu S A, Shang T, Zhang Y K. Characteristic analysis of hydraulic hybrid vehicle based on limit cycle. Science China Technological Sciences, 2012, 55(4): 1031-1036.

[46] Wang C, Chu R, Ma J. Controlling a chaotic resonator by means of dynamic track control. John Wiley and Sons Inc., 2015, 12(1): 370-378.

第 9 章　状态脉冲的优化问题及应用

本章首先详细介绍了具有周期性的最优状态脉冲控制的参数选择问题、具体的转化、求解及实现的方法, 阐明了具有实际背景的单次脉冲和多次脉冲优化问题的具体应用 [1]. 接着介绍了非周期的脉冲次数和脉冲时刻未定的最优状态脉冲控制的参数选择问题. 由于该问题的目标函数是间断函数, 因此通过构造连续可微的近似目标函数来逼近原目标函数. 从而将原问题的求解转化为近似目标函数的求解, 并证明了近似问题的最优解逼近收敛于原问题的最优解. 最后以实例验证算法和理论的有效性 [2].

9.1　具有周期性的最优状态脉冲控制问题的转化、求解及实现

在过去的几十年里, 关于 ISFC(状态脉冲反馈控制) 的主题已经被广泛研究, 因为它在培养微生物 [3-5]、病虫害综合防治 [6,7,50]、疾病控制 [9,10]、鱼类收获 [11-13] 和野生动物管理 [14,15] 等方面有潜在的应用. 例如, [3] 提出了一种利用状态脉冲反馈控制的生物过程模型, 通过精确喂养获得等效稳定的输出. 文章 [6] 用状态脉冲反馈控制探讨昆虫病原线虫入侵昆虫模型的周期解. [9] 通过 ISFC 将某些疫苗考虑为疾病, 并通过几何方法得到阶 1 周期解的唯一性. 参考文献 [14] 提出了一种具有稀疏效应和连续时滞的白头叶猴 ISFC 模型来研究了周期释放和人工释放. 在状态脉冲反馈控制模型中, 学者们经常关注阶 1 周期解的定性分析. 参考文献 [13] 提出了 ISFC 的浮游生物–鱼类模型, 通过制定一个 OCP (最优控制问题) 寻找适当的收获率, 并在一个脉冲周期上最大限度地提高目标函数. 这里, 由于系统的可解性为拉格朗日乘子求解 OCP 提供了方便. 但是对于不能明确表达出解析解的复杂生态系统来说, 如果在周期模式下进行开发, 则应该实施什么样的策略、确定多大的周期来实现目标函数的最小化? 此外, 如何将状态脉冲反馈控制的阶 1 周期解转化为在一个周期内的参数优化问题是有趣的. 到目前为止, 很少有研究人员关注这些方面, 因而这也是本章的重点.

最优控制几乎可以在所有应用的科学领域中找到, 比如渔业模型 [16]、化学疗法 [17]、开关电源 [18]、航天器控制 [19]、海底车辆 [20]、生态流行病学 [12] 和病毒治疗 [22]. 庞特里亚金原理和哈密顿方程是求解连续系统控制问题的主要理论工

具 [23]. 然而, 涉及脉冲阈值和系统参数的混合优化问题仍然具有足够的挑战性和值得探索的价值. 控制参数技术为解决这一问题提供了可行性 [23]. K. L. Teo 等人在 [24] 中详细地介绍了控制参数技术的基本理论. 到目前为止, 近年来已经取得了许多重要成果. 本章将这些理论与约束转录技术 [25] 结合起来去解决上述问题.

　　本章的其他部分如下. 在第 2 节中, 将状态脉冲反馈控制的最优问题转化为在一个不确定时间内的参数优化问题, 同时需要满足不等式约束和首次到达阈值的约束. 在第 3 节中, 推导出所需的梯度公式, 并提出了求解近似 OCP 的算法. 在第 4 节中, 给出了两个例子以及数值模拟. 最后给出结论.

9.1.1　问题描述及转化

考虑状态脉冲反馈控制系统

$$\frac{d\hat{y}}{dt} = f(\hat{y}, \delta), \quad \phi(\hat{y}, \delta) \neq 0, \tag{9.1.1}$$

$$\triangle \hat{y} = I(\hat{y}, \beta), \quad \phi(\hat{y}, \delta) = 0, \tag{9.1.2}$$

其中 $t \in \mathbb{R}$, $\hat{y} \in \mathbb{R}^n$, $f \in \mathbb{R}^n$ 是一个给定的函数, $\delta = (\delta_1, \cdots, \delta_m)$ 和 $\beta = (\beta_1, \cdots, \beta_q)$ 是控制参数向量. 记 $\hat{y}(t; 0, \hat{y}_0, \delta, \beta)$ 为 (9.1.1) 和 (9.1.2) 满足初始条件 $\hat{y}(0^+; 0, \hat{y}_0, \delta, \beta) = \hat{y}_0$ 的解. 为了方便起见, 将 $\hat{y}(t; 0, \hat{y}_0, \delta, \beta)$ 缩写为 $\hat{y}(t)$ 或 $\hat{y}$. 其中 $I(\hat{y}, \beta)$ 是脉冲作用, $\phi(\hat{y}, \delta) = 0$ 是脉冲集. 具体地,

$$\hat{y} = \begin{pmatrix} \hat{y}_1 \\ \vdots \\ \hat{y}_n \end{pmatrix}, \quad \hat{y}_0 = \begin{pmatrix} \hat{y}_{10} \\ \vdots \\ \hat{y}_{n0} \end{pmatrix}, \quad f = \begin{pmatrix} f_1(\hat{y}_1, \cdots, \hat{y}_n, \delta) \\ \vdots \\ f_n(\hat{y}_1, \cdots, \hat{y}_n, \delta) \end{pmatrix},$$

$$I = \begin{pmatrix} I_1(\hat{y}_1, \cdots, \hat{y}_n, \beta) \\ \vdots \\ I_n(\hat{y}_1, \cdots, \hat{y}_n, \beta) \end{pmatrix}.$$

下面给出几个条件:

(H1)　假设 f, ϕ 和 I 是连续可微的.

(H2)　定义欧几里得范数 $\| \cdot \|$. 假设对所有 $\hat{y}$ 都存在常数 $k > 0$ 满足 $|f_i(\hat{y})| \leqslant k(1+ \| \hat{y} \|)$.

(H3)　假设对固定的 $\hat{y}_0$, 系统 (9.1.1) 和 (9.1.2) 有唯一的周期为 T 的阶 1 周期解 $\Gamma_{A \to B}$, 其中 A 和 B 分别为周期解的末端点和初始点. 当脉冲效应发生时, 点 A 被脉冲到 B, 即

$$A(\hat{y}_1(T), \cdots, \hat{y}_n(T)) + I(I_1(\hat{y}(T), \beta), \cdots, I_n(\hat{y}(T), \beta)) \to B(\hat{y}_{10}, \cdots, \hat{y}_{n0}).$$

接下来在条件 (H3) 下建立阶 1 周期解的最优问题, 即假设系统 (9.1.1) 和 (9.1.2) 存在阶 1 周期解 $\Gamma_{A \to B}$, 则系统 (9.1.1) 可以写为

$$\frac{d\hat{y}}{dt} = f(\hat{y}, \delta), \quad t \in (0, T). \tag{9.1.3}$$

根据假设 (H3), 可得

$$\hat{y}_{i0} = \hat{y}_i(T) + I_i(\hat{y}(T), \beta), \quad i = 1, \cdots, n. \tag{9.1.4}$$

为了保证 T 是 (9.1.1) 的解 $\hat{y}(t)$ 首次与曲面 $\phi(\hat{y}(t), \delta) = 0$ 相交所用的时间, $\hat{y}(t)$ 定义如下.

(H4) $\hat{y}(t) \in \Omega$, 其中

$$\Omega = \{\hat{y}(t) \mid \phi(\hat{y}(t), \delta) \neq 0 \ \text{当} \ t \in (0, T) \ \text{且} \ \phi(\hat{y}(T), \delta) = 0\}. \tag{9.1.5}$$

如果 T 不是 (9.1.1) 的解 $\hat{y}$ 首次与曲面 $\phi(\hat{y}(t), \delta) = 0$ 相交所用的时间, 则存在 $0 < \check{T} < T$ 使得 $\phi(\hat{y}(\check{T}), \delta) = 0$. 这与定义 (9.1.5) 矛盾. 显然, (9.1.5) 等价于

$$\Omega = \{\hat{y}(t) \mid \phi(\hat{y}(t), \delta) > \phi(\hat{y}(T), \delta) \quad \text{或} \quad \phi(\hat{y}(t), \delta) < \phi(\hat{y}(T), \delta) \ t \in (0, T)\}. \tag{9.1.6}$$

结合 (9.1.4), 初始点为 $(0, \hat{y}_0)$ 的解首次到达 $\phi(\hat{y}(t), \delta) = 0$ 的时间为 T. 也就是说, (9.1.5) 或 (9.1.6) 的解集可以写为

$$\Omega = \{\Psi(\hat{y}(t), \hat{y}_0) < 0 \ \text{且} \ \Psi^*(\hat{y}(t), \hat{y}(T)) < 0, \ t \in (0, T)\}. \tag{9.1.7}$$

定义容许集 Λ 和 Θ, 分别是 p 维和 q 维, 使得 $\delta \in \Lambda$, $\beta \in \Theta$, 则对每一个 $(\delta, \beta) \in \Lambda \times \Theta$, 混合型 (9.1.4) 的边界条件等价表示为

$$\Phi(\hat{y}_0, \hat{y}(T|\delta, \beta)) = 0, \tag{9.1.8}$$

其中 $\Phi = (\Phi_1, \cdots, \Phi_n)^\top$ 是 n-维向量函数. 显然, 终端时间 T 取依赖变量 (δ, β), 因此 T 是一个变量. 假设 $\hat{T} < \infty$ 是所有容许 T 的上界.

(H5) 假设 Φ_i, Ψ 和 Ψ^* 是连续可微的.

给出目标函数:

$$J_0 = \Theta_0(\hat{y}(T), \delta, \beta) + \int_0^T L_0(\hat{y}(t), \delta)dt, \tag{9.1.9}$$

其中 $\Theta_0 \in \mathbb{R}^n \to \mathbb{R}$ 定义了终端成本, L_0 定义了运行成本. 等式 (9.1.9) 也可以称为目标函数 [23]. 假设 Θ_0 和 L_0 满足下面条件.

(H6)　Θ_0 是连续可微的.

(H7)　对每一个 $t \in [0, \hat{T}]$, 函数 L_0 关于 $\hat{y}$ 是连续可微的. 此外, 对所有 $\hat{y}$, 存在约束 $l > 0$ 使得 $|L_0(\hat{y})| \leqslant l(1+ \parallel \hat{y} \parallel)$.

下面建立如下最优参数选择问题.

问题 (P_0)　对于系统 (9.1.3), 寻找参数向量 $(\delta, \beta) \in \Lambda \times \Theta$ 使得目标函数 (9.1.9) 在 $\Lambda \times \Theta$ 最小化. 其中 T 是满足条件 (9.1.7) 和 (9.1.8) 的周期.

如果 (9.1.1) 和 (9.1.2) 的某些解分量 $\hat{y}_i(t)$ $(t \in (0, T))$ 是单调的, 则 (9.1.7) 改写为

$$\hat{y}_{i0} < \hat{y}_i(t) < \hat{y}_i(T) \ \ 或 \ \ \hat{y}_i(T) < \hat{y}_i(t) < \hat{y}_{i0} \ 对某些 \ i = 1, \cdots, n, \ \ t \in (0, T),$$
$$(9.1.10)$$

上式保证了 T 是解 $\hat{y}(t)$ 首次到达曲面 $\phi(\hat{y}(t), \delta) = 0$ 的时间. 相应地, 结合 (9.1.4), (9.1.10) 可以由下式等价代替

$$\Psi_i(\hat{y}_i(t), \hat{y}_{i0}) < 0, \Psi_i^*(\hat{y}_i(t), \hat{y}_i(T)) < 0, \ 对某些 \ i = 1, \cdots, n. \qquad (9.1.11)$$

9.1.2　解决方案

脉冲跳跃时间的可变性增加了解决问题 (P_0) 的难度. 为了克服困难, 选择时间缩放变换技术, 简称为 CPET (控制参数提升变换). 参考文献 [26] 首次选择 CPET 来确定时间最优控制的最佳切换时刻. 然后, 利用 CPET 技术把变化的跳跃时间点按照新的时间尺度映射到固定的点, 从而得到具有固定跳跃时间的最优化问题. 为了应用这种方法, 引入时间缩放技术 [26,27]:

$$s = t/T. \qquad (9.1.12)$$

显然, 系统 (9.1.3) 可写为

$$\frac{dy}{ds} = h(y, \delta, T), \qquad (9.1.13)$$

其中 $s \in (0, 1)$. 把 T 称为功能参数, 它是一个决策变量. 此外,

$$y(s) \triangleq \hat{y}(Ts),$$

$$h(y(s), \delta, T) \triangleq Tf(\hat{y}(Ts), \delta).$$

(9.1.7) 和 (9.1.8) 可以分别表示为

$$\Psi(y(s), y_0) < 0, \quad \Psi^*(y(s), y(1)) < 0, \quad s \in (0, 1) \qquad (9.1.14)$$

和

$$\Phi(y_0, y(1), \beta) = 0. \qquad (9.1.15)$$

目标函数 (9.1.9) 等价为

$$J_1 = \Theta_0(y(1), \delta, \beta) + \int_0^1 L_0(y(s), \delta, T)ds, \tag{9.1.16}$$

其中

$$\Theta_0(y(1), \delta, \beta) \triangleq \Theta_0(\hat{y}(T), \delta, \beta), \qquad L_0(y(s), \delta, T) \triangleq TL_0(\hat{y}(t), \delta).$$

通过引用 [27, 28] 中的引理, 可得到问题 (P$_0$) 的等价问题.

问题 (P$_1$) 给定系统 (9.1.13), 寻找组合参数向量 $(\delta, \beta, T) \in \Lambda \times \Theta \times (0, \hat{T})$ 使得目标函数 (9.1.16) 在满足条件 (9.1.14) 和 (9.1.15) 时达到最小.

接下来引入约束违反函数 [23] 解决 (9.1.14) 定义的函数不等式约束, 其难点在于在时间尺度上对状态变量定义了不可数个约束. 它是非标准的 "开" 的状态约束, 给出近似形式如下:

$$\Psi(y(s), y_0) \leqslant \bar{\varepsilon}, \quad \Psi^*(y(s), y(1)) \leqslant \bar{\varepsilon}, \quad s \in [\varrho, 1 - \varrho], \tag{9.1.17}$$

其中 $\bar{\varepsilon} > 0$ 和 $\varrho \in \left(0, \dfrac{1}{2}\right)$ 是可调节的参数. 定义约束违反函数如下:

$$\Xi(\delta, \beta, T) = [\Phi(y_0, y(1), \beta)]^2$$
$$+ T \int_0^1 \left\{ [\max\{\bar{\varepsilon}, \Psi(y(s), y_0)\}]^2 + [\max\{\bar{\varepsilon}, \Psi^*(y(s), y(1))\}]^2 \right\} ds. \tag{9.1.18}$$

注意到 $\Xi(\delta, \beta, T) = 0$ 当且仅当 (9.1.14) 和 (9.1.15) 成立. 通过 [29-32] 中的理论和方法 [33], 对很小的正数 ε_1, 定义新决策变量 ε 满足

$$0 \leqslant \varepsilon \leqslant \varepsilon_1. \tag{9.1.19}$$

从而建立 J_1 的精确惩罚函数

$$J_2(\delta, \beta, T, \varepsilon) = \begin{cases} J_1(\delta, \beta, T), & \text{若 } \varepsilon = 0 \text{ 且 } \Xi(\delta, \beta, T) = 0, \\ J_1(\delta, \beta, T) + \varepsilon^{-\alpha}\Xi(\delta, \beta, T) + \sigma\varepsilon^\gamma, & \text{若 } \varepsilon > 0, \\ +\infty, & \text{其他}, \end{cases}$$

其中 $\sigma > 0$ 是惩罚参数. $\alpha > 0$ 和 $\gamma > 0$ 满足 $1 \leqslant \gamma \leqslant \alpha$.

基于以上的精确惩罚函数, 给出无约束的最优控制问题:

问题 (P_2) 对定义在区间 $(0,1)$ 上的动力系统 $(9.1.12)$ 和 $(9.1.13)$, 寻找参数向量 $(\delta,\beta,T) \in \Lambda \times \Theta \times (0,\hat{T})$ 和新的决策变量 $\varepsilon \in [0,\varepsilon_1]$, 使得目标函数 $J_2(\delta,\beta,T,\varepsilon)$ 最小.

根据 [31] 中的收敛性结论, 当 $\bar{\varepsilon}$ 和 ϱ 趋于零时, J_2 的值趋近于问题 (P_1) 的最优值 J_1.

定理 9.1.1   令 $\iota > 0$ 为任意固定的常数向量. 对每一个足够小的 $\varrho > 0$, 可以找到相对应的点 $\bar{\varepsilon}_1(\varrho) > 0$ 使得

$$|J_2 - J_1| < \iota, \quad \bar{\varepsilon} \in (0,\bar{\varepsilon}_1].$$

上述近似问题是一个非线性优化问题. 为了使有约束的目标函数最小化, 选择较小的决策变量. 目标函数在问题 (P_2) 中关于决策向量是隐式的, 可以计算它们的梯度得到搜索方向 [23]. 为了实现这些算法, 给出协态方法计算最终目标函数的偏导数. 根据定理 4.1 [34] 和定理 5.2 [35], 定义哈密顿函数

$$H(s,y(s),y(1),\lambda(s),\delta,T,\varepsilon) = L_0(y(s),\delta,\beta,T) + \lambda^\top h(y,\delta,T)$$
$$+ \varepsilon^{-\upsilon} T \left\{ [\max\{\bar{\varepsilon}, \Psi(y(s),y_0)\}]^2 \right.$$
$$\left. + [\max\{\bar{\varepsilon}, \Psi^*(y(s),y(1))\}]^2 \right\}, \quad (9.1.20)$$

其中 $\lambda^\top(s) = (\lambda_1(s),\cdots,\lambda_n(s))$, $\lambda_i(s)$ 是相对应的协态, $i = 1,2,\cdots,n$. $\lambda(s)$ 由下述微分方程确定

$$\frac{d\lambda}{ds} = -\left(\frac{\partial H(s,y(s),y(1),\lambda(s),\delta,T,\varepsilon)}{\partial y} \right)^\top, \quad (9.1.21)$$

$$\lambda^\top(1) = \frac{\partial \Theta_0}{\partial y(1)} + 2\varepsilon^{-\alpha}\Phi(y_0,y(1),\beta)^2 \frac{\partial \Phi}{\partial y(1)} + \int_0^1 \frac{\partial H}{\partial y(1)} ds. \quad (9.1.22)$$

定理 9.1.2   目标函数 J_2 关于 T, δ, β 和 ε 的梯度由下式表示:

$$\frac{\partial J_2}{\partial T} = \int_0^1 \frac{\partial H}{\partial T} ds, \quad (9.1.23)$$

$$\frac{\partial J_2}{\partial \delta} = \int_0^1 \frac{\partial H}{\partial \delta} ds, \quad (9.1.24)$$

$$\frac{\partial J_2}{\partial \beta} = \frac{\partial \Theta_0}{\partial \beta} + 2\varepsilon^{-\alpha}\Phi(y_0,y(1),\beta)\frac{\partial \Phi}{\partial \beta}, \quad (9.1.25)$$

$$\frac{\partial J_2}{\partial \varepsilon} = -\alpha \varepsilon^{-\alpha-1} \Xi(\delta, \beta, T) + \gamma \sigma \varepsilon^{\gamma-1}. \tag{9.1.26}$$

注意到协态系统 (9.1.21) 和 (9.1.22) 所包含的是终端值而不是初始值. 所以必须从 $s = 1$ 到 $s = 0$ 积分. 此外, 根据方程 (9.1.23)—(9.1.26), 提出下面关于计算 J_2 和其梯度的算法:

算法 1 输入一组 $(\delta, \beta, T) \in \Lambda \times \Theta \times (0, \hat{T})$,

- 步骤 1 求解系统 (9.1.13)、(9.1.21) 和 (9.1.22) 得到 $y(s)$ 和 λ.

- 步骤 2 利用 $y(s)$ 计算 J_2.

- 步骤 3 根据等式 (9.1.23)、(9.1.24) 和 (9.1.25), 代入 $y(s)$ 和 λ 计算 $\dfrac{\partial J_2}{\partial T}$, $\dfrac{\partial J_2}{\partial \delta}$ 和 $\dfrac{\partial J_2}{\partial \beta}$.

综上所述, 以上提出的方法将状态脉冲的周期最优控制问题转化为标准的最优控制问题, 然后可以用标准的方法进行计算.

9.1.3 应用

本节给出两个例子实现上述理论和方法, 并进一步验证算法的有效性.

例 9.1.1 浮游植物–鱼类系统. 考虑以下脉冲系统 [13]

$$\begin{cases} \left.\begin{aligned} \frac{dp}{dt} &= (r - az)p, \\ \frac{dz}{dt} &= \left(bp - u - \frac{dp}{\gamma + p}\right)z, \end{aligned}\right\} z < H, \\ \left.\begin{aligned} \Delta p &= p(T^+) - p(T) = -e_1 p, \\ \Delta z &= z(T^+) - z(T) = -e_2 z, \end{aligned}\right\} z = H, \\ p(0) = p_0 \geqslant 0, \quad z(0) = z_0 \geqslant 0. \end{cases} \tag{9.1.27}$$

其中 p 和 z 分别代表浮游植物和鱼类的种群水平, p_0 和 z_0 分别代表它们的初始水平. r 是浮游植物的再生率, a 表示捕食率, b 表示转化率. 函数 $dp/(\gamma + p)$ 表示浮游植物对鱼类的毒杀作用. H 表示鱼类到达的捕捞水平, e_1 和 e_2 分别表示对两种生物的捕捞率.

根据 [13] 中定理 3.1 和定理 4.3, 对固定的 (p_0, z_0), 得到系统 (9.1.27) 从点 $A((1-e_1)p, (1-e_2)H)$ 到点 $B(e_1, H)$ 的阶 1 周期解 $\Gamma_{A \to B}$. 假设 c_1 和 c_2 分别描述单位生物量中浮游植物和鱼类的价格, 建立最优控制问题 [13]:

寻找合适的收获率 e_1 和 e_2 使目标函数

$$J(e_1, e_2) = c_1 e_1 p + c_2 e_2 H$$

在一个脉冲周期内实现最大化.

本例以 [13] 中的周期解理论为基础, 对周期模式下的最优资源开发问题进行研究. 以收获率 e_1, e_2 和收获周期 T 作为控制参数来实现最大收益, 即

$$\min_{e_1,e_2,T}\{J_1(e_1, e_2)\} = \min_{e_1,e_2,T}\{-c_1 e_1 p - c_2 e_2 H\}. \tag{9.1.28}$$

结合收获的周期性, 系统 (9.1.27) 在 $(0, T]$ 上的解 $(p(t), z(t))$ 满足下列条件:

$$\begin{cases} \dfrac{dp}{dt} = (r - az)p, \\ \dfrac{dz}{dt} = \left(bp - u - \dfrac{dp}{\gamma + p}\right)z, \end{cases} \quad t \in (0, T), \tag{9.1.29}$$

$$p(T) = \frac{p_0}{1 - e_1}, \quad z(T) = H = \frac{z_0}{1 - e_2}. \tag{9.1.30}$$

结合 $z(t)$ 的单调性, 可得

$$z(0) < z(t) < z(T), \tag{9.1.31}$$

其中 T 是使得 (9.1.30)、(9.1.31) 成立的时间. 经过时间缩放变化, (9.1.29)、(9.1.30)、(9.1.31) 可表示为如下形式

$$\begin{cases} \dfrac{dp}{ds} = T(r - az)p \triangleq f_1, \\ \dfrac{dz}{ds} = T\left(bp - u - \dfrac{dp}{\gamma + p}\right)z \triangleq f_2, \end{cases} \quad s \in (0, 1), \tag{9.1.32}$$

$$p(1) = \frac{p_0}{1 - e_1}, \quad z(1) = H = \frac{z_0}{1 - e_2}, \tag{9.1.33}$$

$$z(0) < z(s) < z(1). \tag{9.1.34}$$

优化问题 (9.1.28) 可以表示为: 对于系统 (9.1.32)—(9.1.34),

$$\min_{e_1,e_2,T}\{J_2(e_1, e_2)\} = \min_{e_1,e_2,T}\{-c_1 e_1 p(1) - c_2 e_2 z(1)\}.$$

定义约束违反函数

$$\Xi(e_1, e_2, T) = [(1-e_1)p(1) - p_0]^2 + [(1-e_2)z(1) - z_0]^2$$

$$+ T \int_0^1 \{[\max\{\bar{\varepsilon}, z(0) - z(s)\}]^2 + [\max\{\bar{\varepsilon}, z(s) - z(1)\}]^2\} ds. \tag{9.1.35}$$

由于 $\Xi(e_1, e_2, T) = 0$ 当且仅当约束 (9.1.33) 和 (9.1.34) 成立, 则目标函数 $J_2(e_1, e_2)$ 转变成

$$J_3(e_1, e_2) = -c_1 e_1 p(1) - c_2 e_2 z(1) + \varepsilon^{-v} \Xi(e_1, e_2, T) + \sigma \varepsilon^w. \tag{9.1.36}$$

相应的哈密顿函数为

$$H(s, p(s), z(s), \lambda_1(s), \lambda_2(s), T, \varepsilon)$$
$$= \lambda_1 f_1 + \lambda_2 f_2 + T[\max\{\bar{\varepsilon}, z(0) - z(s)\}]^2 + T[\max\{\bar{\varepsilon}, z(s) - z(1)\}]^2, \tag{9.1.37}$$

其中 $\lambda_1(s)$ 和 $\lambda_2(s)$ 由下列辅助系统确定:

$$\begin{cases} \dot{\lambda}_1(s) = -T\left[\lambda_1(r - az) + \lambda_2 z\left(b - \dfrac{dy}{(\gamma + p)^2}\right)\right], \\ \dot{\lambda}_2(s) = -T\left[-\lambda_1 ap + \lambda_2\left(bp - u - \dfrac{dp}{\gamma + p}\right)\right] \\ \qquad\quad - 2\varepsilon^{-v} T \max\{\bar{\varepsilon}, z(0) - z(s)\} + 2\varepsilon^{-v} T \max\{\bar{\varepsilon}, z(s) - z(1)\}, \\ \lambda_1(1) = -c_1 e_1 + 2\varepsilon^{-v}((1 - e_1)p(1) - p_0)(1 - e_1), \\ \lambda_2(1) = -c_2 e_2 + 2\varepsilon^{-v}((1 - e_2)z(1) - z_0)(1 - e_2) \\ \qquad\quad - \int_0^1 2\varepsilon^{-v} T \max\{\bar{\varepsilon}, z(s) - z(1)\} ds. \end{cases} \tag{9.1.38}$$

关于 T, e_1, e_2 和 ε 的梯度公式如下:

$$\frac{\partial J_3}{\partial T} = \int_0^1 \left\{\lambda_1(r - az)p + \lambda_2\left(bp - u - \frac{dp}{\gamma + p}\right)z\right.$$
$$\left. + \varepsilon^{-v}[\max\{\bar{\varepsilon}, z(0) - z(s)\}]^2 + \varepsilon^{-v}[\max\{\bar{\varepsilon}, z(s) - z(1)\}]^2\right\} ds, \tag{9.1.39}$$

$$\frac{\partial J_3}{\partial e_1} = -c_1 p_1 - 2p_1 \varepsilon^{-v}[(1 - e_1)p_1 - p_0], \tag{9.1.40}$$

$$\frac{\partial J_3}{\partial e_2} = -c_2 H - 2z_1 \varepsilon^{-v}[(1 - e_2)z_1 - z_0], \tag{9.1.41}$$

$$\frac{\partial J_3}{\partial \varepsilon} = -v\varepsilon^{-v-1}\Xi(e_1, e_2, T) + w\sigma\varepsilon^{w-1}. \tag{9.1.42}$$

下面给出例 9.1.1 的数值模拟. 把 e_1, e_2, T 和 ε 看成控制变量, 其他参数取值如下:

$$r = 1.144,\ a = 0.2,\ b = 0.2,\ d = 0.5,\ \gamma = 2,\ u = 0.5,$$
$$v = 2,\ w = 1.55,\ \bar{\varepsilon} = -1e - 8,\ \sigma = 100,\ c_1 = 3,\ c_2 = 2, \qquad (9.1.43)$$

状态变量的初值取为 $p_0 = 7$, $z_0 = 1$. 控制参数的初值取为 $T_0 = 3$, $e_{10} = 0.7$, $e_{20} = 0.9$ 和 $\varepsilon_0 = 0.1$, 得到目标函数 $J_0 = 1634.15$ 和阈值 $H_0 = S(T_0) = 13.64$. 由 (9.1.32) 中的协态方程, 横截条件以及 (9.1.39)—(9.1.42) 中的梯度公式, 从控制参数的初值出发的最优解序列展示在表 9.1.1 中. 显然, 收获周期 T, 收获率 e_1 和 e_2 均增加了. 经过最优控制之后, 最终增益也增加了. 根据初始控制和最优控制得到的数据绘制浮游植物与鱼类之间的相图 (见图 9.1.1). 红色圆表示基于最优方案的种群变化轨迹, 而蓝色实线表示初始方案下的变化轨迹. 从图 9.1.1 中发现, 浮游生物的阈值也增加了, 这与表 9.1.1 中的结果一致. 综上所述, 最优控制策略不仅延迟了收获, 而且增加了收获阈值和目标收益.

表 9.1.1　例 9.1.1 的数值计算结果

组	初始控制参数	最优控制参数
1	$T_0 = 1.5$, $e_{10} = 0.7$, $e_{20} = 0.9$, $\varepsilon_0 = 0.1$, $J_3 = 7931.6$, $H_0 = 11.23$	$T^* = 1.6789$, $e_1^* = 0.6823$, $e_2^* = 0.9075$, $\varepsilon^* = 0.1$, $J_3^* = 8140.94$, $H^* = 14.49$
2	$T_0 = 1.5$, $e_{10} = 0.4$, $e_{20} = 0.8$, $\varepsilon_0 = 0.1$, $J_3 = 6291.7$, $H_0 = 11$	$T^* = 1.8038$, $e_1^* = 0.4285$, $e_2^* = 0.8429$, $\varepsilon^* = 0.1$, $J_3^* = 7592.98$, $H^* = 16.44$
3	$T_0 = 1$, $e_{10} = 0.7$, $e_{20} = 0.9$, $\varepsilon_0 = 0.1$, $J_3 = 5333.51$, $H_0 = 13.64$	$T^* = 1.8364$, $e_1^* = 0.7127$, $e_2^* = 0.9665$, $\varepsilon^* = 0.1$, $J_3^* = 8041.65$, $H^* = 16.84$

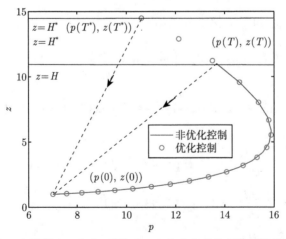

图 9.1.1　在一个周期 $(0, T]$ 上, 系统 (9.1.27) 在初始控制和最优控制下的相图

例 9.1.2 食物-捕食者系统. 考虑下面系统[38]:

$$
\begin{cases}
\left.\begin{array}{l} \dfrac{dx}{dt} = -\gamma xy, \\[2mm] \dfrac{dy}{dt} = -y(\epsilon - \delta x), \end{array}\right\} \quad x \neq x_1, \\[6mm]
\left.\begin{array}{l} \Delta x(\tau_k) = \lambda, \\[2mm] \Delta y(\tau_k) = \begin{cases} 0, & k \text{ 不能整除 } n, \\ -\alpha y(\tau_k), & k \text{ 能整除 } n. \end{cases} \end{array}\right\} \quad x = x_1.
\end{cases}
\tag{9.1.44}
$$

其中 $x(t)$ 和 $y(t)$ 分别代表 t 时刻食物 A 和捕食者 B 的量. 令 $n > 0$ 为整数, 假设每次脉冲效应发生后, 食物的增加量是 λ, 而捕食者减少的脉冲时刻为 τ_k, 每次减少的比例为 α. 假设 k 是 n 的倍数, $\lambda > 0$ 且 $0 < \alpha < 1$.

基于 [38] 周期解的研究提出最优控制问题. 在周期 $(0, T)$ 内的系统 (9.1.44) 写为如下形式:

$$
\begin{cases}
\left.\begin{array}{l} \dfrac{dx}{dt} = -\gamma xy, \\[2mm] \dfrac{dy}{dt} = -y(\epsilon - \delta x), \end{array}\right\} \quad t \neq \tau_k, \ k = 1, 2, \cdots, n, \ n \in \mathbb{Z}_+, \tau_k \in (0, T], \\[6mm]
\left.\begin{array}{l} \Delta x = \lambda, \\[1mm] \Delta y = 0, \end{array}\right\} \quad t = \tau_k, \ k = 1, 2, \cdots, n-1, \\[6mm]
\left.\begin{array}{l} \Delta x = \lambda, \\[1mm] \Delta y = -\alpha y, \end{array}\right\} \quad t = \tau_n,
\end{cases}
\tag{9.1.45}
$$

其中 $n \in \mathbb{Z}_+$, 表示释放食物的次数. 在 $(0, T]$ 上食物 A 和捕食者 B 数量满足下列约束条件:

$$
\begin{cases}
x(\tau_{k-1}^+) > x(t) > x(\tau_k), & k = 1, 2, \cdots, n, \\
y(\tau_{k-1}^+) < y(t), & k = 1, 2, \cdots, n,
\end{cases}
\tag{9.1.46}
$$

$$
x(\tau_k) + \lambda = x_0, \quad k = 1, 2, \cdots, n, \quad y(T) = y(\tau_n) = \frac{y_0}{1-\alpha},
\tag{9.1.47}
$$

其中 τ_n 是使 (9.1.47) 成立的时间. 假设 p_1 和 p_2 分别代表食物和捕食者的价格. 构建最优控制问题如下:

问题 (P_0) 对于系统 (9.1.45)—(9.1.47), 为了最大程度地降低释放食物 A 的成本以及在终端时间获得对捕食者 B 最大的收益, 寻找合适的 λ, α 和 τ_k ($i = 1, 2, \cdots, \tau_{n-1}$), 使目标函数 $J_0^n = p_1 n\lambda - p_2 \alpha y(T)$ 最小化.

首先, 使用时间缩放变换把 $t = 0, \tau_1, \tau_2, \cdots, \tau_n$ 转化到新的时间尺度 $s = 0, 1, 2, \cdots, n$ 上. 定义所需的变换

$$\frac{dt(s)}{ds} = v(s), \tag{9.1.48}$$

其中 $t(0) = 0$. $v(s)$ 是时间缩放控制函数, 当 $s = 1, 2, \cdots, n$ 时是不连续的, 即

$$v(s) = \sum_{k=1}^{n} \bar{\tau}_k \chi_{(k-1,k)}(s), \tag{9.1.49}$$

其中 $\bar{\tau}_k = \tau_k - \tau_{k-1}$ 为时间区间, I 为指示函数, 分别满足下述条件:

$$\sum_{k=1}^{n} \bar{\tau}_k = T. \tag{9.1.50}$$

$$\chi_I(s) = \begin{cases} 1, & \text{若 } s \in I, \\ 0, & \text{其他.} \end{cases} \tag{9.1.51}$$

通过时间缩放变化, 系统 (9.1.45)—(9.1.47) 转换成

$$\left\{ \begin{array}{l} \left. \begin{array}{l} \dfrac{dx}{ds} = v(s)(-\gamma xy), \\[2mm] \dfrac{dy}{ds} = v(s)[-y(\epsilon - \delta x)], \end{array} \right\} s \in (0, n), s \neq 1, 2, \cdots, n-1, \\[6mm] \left. \begin{array}{l} \Delta x = \lambda, \\[1mm] \Delta y = 0, \end{array} \right\} s = 1, 2, \cdots, n-1, \\[6mm] \left. \begin{array}{l} \Delta x = \lambda, \\[1mm] \Delta y = -\alpha y, \end{array} \right\} s = n, \end{array} \right. \tag{9.1.52}$$

$$\begin{cases} x((k-1)^+) > x(s) > x(k), & k = 1, 2, \cdots, n, \\ y((k-1)^+) < y(s), & k = 1, 2, \cdots, n. \end{cases} \tag{9.1.53}$$

$$x(k) + \lambda = x_0, \quad k = 1, 2, \cdots, n, \quad y(n) = y(T) = \frac{y_0}{1 - \alpha}. \tag{9.1.54}$$

上述变换可以把问题 (P_0) 转换成下述问题.

问题 (P_1)　对于系统 (9.1.52)—(9.1.54), 通过选择 λ 和 α, 使得转化的目标函数 $J_1^n = p_1 n \lambda - p_2 \alpha y(n)$ 极小化.

与例 9.1.1 不同的是, 本例中的最优控制问题有多次跳跃, 这个求解更复杂. 为此, 引用 [39] 中的时间平移变化. 定义

$$x_i(s) = x(s+i-1), \quad y_i(s) = y(s+i-1), \quad \tau_i(s) = t(s+i-1), \quad s = 1, 2, \cdots, n. \tag{9.1.55}$$

然后 (9.1.52) 变成

$$
\begin{cases}
\dfrac{dx_i}{ds} = \bar{\tau}_i(-\gamma x_i y_i) \triangleq f_1^i, & \\
\dfrac{dy_i}{ds} = \bar{\tau}_i[-y_i(\epsilon - \delta x_i)] \triangleq f_2^i, & s \in (0,1), \ i = 1, 2, \cdots, n, \\
\dfrac{d\tau_i(s)}{ds} = \bar{\tau}_i.
\end{cases}
\tag{9.1.56}
$$

初值条件为 $x_1(0) = x_0$, $y_1(0) = y_0$. 约束 (9.1.53) 和 (9.1.54) 可表示为

$$
\begin{cases}
x_i(0) > x_i(s) > x_i(1), & i = 1, 2, \cdots, n, s \in (0,1) \\
y_i(0) < y_i(s), & i = 1, 2, \cdots, n,
\end{cases}
\tag{9.1.57}
$$

$$x_i(1) + \lambda = x_0, \quad k = 1, 2, \cdots, n, \quad y_n(1) = \frac{y_0}{1-\alpha}. \tag{9.1.58}$$

此外目标函数 J_1^n 转化为 $J_2^n = p_1 n\lambda - p_2 \alpha y_n(1)$. 根据 (9.1.18), 定义约束违反函数

$$
\begin{aligned}
\Xi(\lambda, \alpha, \bar{\tau}) = & \sum_{i=1}^{n} [x_i(1) - x_0 + \lambda]^2 + [(1-\alpha)y_n(1) - y_0]^2 \\
& + \int_0^1 \left\{ [\max\{x_i(s) - x_0, \bar{\varepsilon}\}]^2 + [\max\{x_i(1) - x_i(s), \bar{\varepsilon}\}]^2 \right. \\
& \left. + [\max\{y_i(s) - y_i(0), \bar{\varepsilon}\}]^2 \right\} ds.
\end{aligned}
\tag{9.1.59}
$$

记 $\bar{\tau} = (\bar{\tau}_1, \bar{\tau}_2, \cdots, \bar{\tau}_n)$. 综上可得等价的优化问题:

问题 (P$_2$) 针对系统 (9.1.56)—(9.1.58) 以及约束 $0 < \alpha < 1$ 和 $\lambda > 0$, 优化参数 λ, α, 向量 $\bar{\tau}$ 以及决策变量 $\varepsilon \in [0, \varepsilon_1]$ 使得转换后的目标函数 $J_3^n = p_1 n\lambda - p_2 \alpha y_n(1) + \varepsilon^{-a} \Xi + \sigma \varepsilon^b$ 最小化.

下面根据 [34, 40] 中的定理 4.1, 定义相应的哈密顿函数

$$
\begin{aligned}
H_i = & \varepsilon^{-a} \bar{\tau}_i \left\{ [\max\{x_i(s) - x_i(0), \bar{\varepsilon}\}]^2 + [\max\{x_i(1) - x_i(s), \bar{\varepsilon}\}]^2 \right. \\
& \left. + [\max\{y_i(0) - y_i(s), \bar{\varepsilon}\}]^2 \right\} + l_1^i f_1^i + l_2^i f_2^i, \quad i = 1, 2, \cdots, n,
\end{aligned}
\tag{9.1.60}
$$

其中 l_1^i 和 l_2^i 由以下协态系统确定

$$
\left\{
\begin{aligned}
\frac{dl_1^i}{ds} &= -\bar{\tau}_i \left\{ 2\varepsilon^{-a} \left[\max\{x_i(s) - x_i(0), \bar{\varepsilon}\} \right. \right. \\
&\quad \left. - \max\{x_i(1) - x_i(s), \bar{\varepsilon}\} \right] - l_1^i \gamma y_i + l_2^i \delta y_i \}, \\
\frac{dl_2^i}{ds} &= -\bar{\tau}_i \left\{ - l_1^i \gamma x_i - l_2^i \epsilon + l_2^i \delta x_i \right. \\
&\quad \left. - 2\varepsilon^{-a} \left[\max\{y_i(0) - y_i(s), \bar{\varepsilon}\} \right]^2 \right\},
\end{aligned}
\right\} \quad i = 1, \cdots, n,
$$

$$(9.1.61)$$

$$
\left.
\begin{aligned}
l_1^i(1) &= 2\varepsilon^{-a} \left\{ (x_i(1) - x_0 + \lambda) \right. \\
&\quad \left. + \int_0^1 \bar{\tau}_i \max\{x_i(1) - x_i(s), \bar{\varepsilon}\} ds \right\} + l_1^{i+1}(0), \\
l_2^i(1) &= l_2^{i+1}(0),
\end{aligned}
\right\} \quad i = 1, \cdots, n-1,
$$

$$
\left.
\begin{aligned}
l_1^n(1) &= 2\varepsilon^{-a} \left\{ (x_n(1) - x_0 + \lambda) + \int_0^1 \bar{\tau}_n \max\{x_n(1) - x_n(s), \bar{\varepsilon}\} ds, \right\} \\
l_2^n(1) &= -p_2 \alpha + 2\varepsilon^{-a}(1 - \alpha)((1 - \alpha)y_n(1) - y_0),
\end{aligned}
\right\} \quad i = n.
$$

$$(9.1.62)$$

现在给出 J_3^n 关于 $\bar{\tau}$, λ, α 和 ε 的导数

$$
\nabla_\tau J_3^n = \sum_{i=1}^n \int_0^1 \left\{ \varepsilon^{-a} \left\{ [\max\{x_i(s) - x_0, \bar{\varepsilon}\}]^2 + [\max\{x_i(1) - x_i(s), \bar{\varepsilon}\}]^2 \right. \right.
$$

$$
\left. + [\max\{y_i(0) - y_i(s), \bar{\varepsilon}\}]^2 \right\} - l_1^i \gamma x_i y_i - l_2^i [y_i(\epsilon - \delta x_i)] \right\} ds, \quad (9.1.63)
$$

$$
\nabla_\lambda J_3^n = p_1 n + 2 \sum_{i=1}^n \varepsilon^{-a}(x_i(1) - x_0 + \lambda) + \sum_{i=2}^n l_1^i(0), \quad (9.1.64)
$$

$$
\nabla_\alpha J_3^n = -p_2 y_n(1) - 2\varepsilon^{-a} y_n(1)((1 - \alpha)y_n(1) - y_0), \quad (9.1.65)
$$

$$
\nabla_\varepsilon J_3^n = -a\varepsilon^{-a-1}\Xi(\lambda, \alpha, \bar{\tau}) + b\sigma\varepsilon^{b-1}. \quad (9.1.66)
$$

下面给出例 9.1.2 的数值模拟. 选取状态变量的初值 $(x_0, y_0) = (5, 0.5)$. 所取的模型参数值为

$$
\begin{aligned}
& \gamma = 0.6, \ \epsilon = 0.4, \ \delta = 0.3, \ a = 2, \ b = 1.55, \\
& \bar{\varepsilon} = -1e - 8, \ \sigma = 100, \ p_1 = 1, \ p_2 = 2, \ \lambda = 4.5, \ \alpha = 0.8773.
\end{aligned}
$$

$$(9.1.67)$$

通过使用 Matlab 程序和上述计算方法求解该最优问题. 取 $n = 5$, 意味着在一个周期 $(0, T]$ 内, 食物 A 被释放五次, 捕食者 B 被收获一次. 然后, 对于不同的控制参数初始值, 系统 (9.1.44) 的优化问题的仿真结果列于表 9.1.2 中. 显然优化策略缩短了投放食物的时间间隔 $\tau_1^*, \tau_2^*, \tau_3^*, \tau_4^*$ 和 τ_5^*, 从而缩短了周期 T. 食物投放量 λ^* 的优化值也略有下降, 同时最优收获率 α^* 保持不变, 目标函数 J_3^{5*} 减小了. 图 9.1.2(c) 显示了最佳控制策略, 即在每个脉冲时刻释放较少的食物, 并且在终端时获得更多的捕食者. 根据表 9.1.2 中第一组数据绘制了最优控制与初始控制下的食物和捕食者的时间演变 (见图 9.1.2(a) 和 (b)). 黑线表示初始控制下的动力学行为, 红线表示最优控制下的动力学行为. 显然, 最佳控制策略提升了捕食者的水平, 从而保护了捕食者种群.

表 9.1.2　例 9.1.2 当 $n = 5$ 时的数值模拟结果

组	初始控制参数	优化的控制参数
1	$\tau_1 = 3.23,\ \tau_2 = 1.98,\ \tau_3 = 1.44,$ $\tau_4 = 1.13,\ \tau_5 = 0.94,$ $\lambda = 4.51,\ \alpha = 0.8773,\ \varepsilon_0 = 0.1,$ $J_3^5 = 18.2467,\ x_1 = 0.49$	$\tau_1^* = 2.99,\ \tau_2^* = 1.77,\ \tau_3^* = 1.26,$ $\tau_4^* = 0.98,\ \tau_5^* = 0.81,$ $\lambda^* = 4.4,\ \alpha^* = 0.89,\ \varepsilon^* = 6.581e-5,$ $J_3^{5*} = 14.1559,\ x_1^* = 0.6$
2	$\tau_1 = 2.35,\ \tau_2 = 1.27,\ \tau_3 = 0.88,$ $\tau_4 = 0.67,\ \tau_5 = 0.54,$ $\lambda = 4,\ \alpha = 0.9028,\ \varepsilon_0 = 0.1,$ $J_3^5 = 13.5705,\ x_1 = 1$	$\tau_1^* = 2.34,\ \tau_2^* = 1.26,\ \tau_3^* = 0.876,$ $\tau_4^* = 0.67,\ \tau_5^* = 0.54,$ $\lambda^* = 3.99,\ \alpha^* = 0.9029,\ \varepsilon^* = 71e-5,$ $J_3^{5*} = 10.6311,\ x_1^* = 4$
3	$\tau_1 = 4.77,\ \tau_2 = 3.82,\ \tau_3 = 3.2,$ $\tau_4 = 2.76,\ \tau_5 = 2.44,$ $\lambda = 4.8,\ \alpha = 0.7724,\ \varepsilon_0 = 0.1,$ $J_3^5 = 24.2191,\ x_1 = 0.2$	$\tau_1^* = 4.74,\ \tau_2^* = 3.80,\ \tau_3^* = 3.17,$ $\tau_4^* = 2.73,\ \tau_5^* = 2.40,$ $\lambda^* = 4.79,\ \alpha^* = 0.7274,\ \varepsilon^* = 21e-4,$ $J_3^{5*} = 21.30982,\ x_1^* = 0.21$

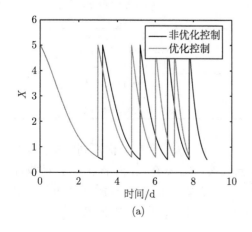

(a)

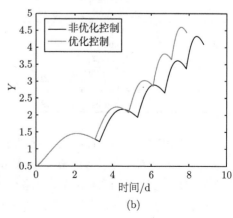

(b)

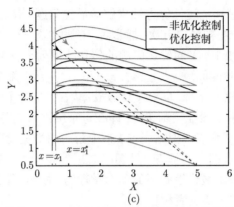

图 9.1.2　当 $n = 5$ 时, 系统 (9.1.44) 在初始控制和最优控制下的比较. (a) 和 (b) 分别为食物和种群的时间序列图; (c) 是相图

考虑 $n = 1$ 的情况, 意味着在一个时间周期 $(0, T]$ 内食物被释放了一次, 捕食者被收获了一次. 取三组参数值, 获得的结果显示在表 9.1.3 中. 对于给定的时间间隔 T 和初始捕获率 α, 目标是极小化目标函数 J_3^{1*}, 寻找最优的时间区间 T^*、释放量 λ^* 和捕获率 α^*. 模拟结果发现控制策略降低了目标函数的值, 提高了在末端时刻捕食者的数量并缩短了时间间隔. 图 9.1.3(c) 直接展示了当 $n = 1$ 时由 (9.1.44) 表示的最优控制策略. 黑线表示初始控制下的动力学行为, 红线表示最优控制下的动力学行为. 当实施最优控制策略时, 食物和捕食者的轨迹如图 9.1.3(a) 和 (b) 所示. 它表明, 在末端时刻最优控制下捕食者的水平高于初始控制下捕食者的水平.

表 9.1.3　例 9.1.2 当 $n = 1$ 时的数值模拟结果

集合	初始控制参数	优化的控制参数
1	$T = 3.23,\ \lambda = 4.51,$ $\alpha = 0.5881,\ \varepsilon = 0.1,$ $J_3^1 = 3.65,\ x_1 = 0.49$	$T^* = 2.93,\ \lambda^* = 4.37,$ $\alpha^* = 0.62,\ \varepsilon^* = 1.57\text{e} - 4,$ $J_3^{1*} = 2.77,\ x_1^* = 0.63$
2	$T = 2.35,\ \lambda = 4,$ $\alpha = 0.6501,\ \varepsilon = 0.1,$ $J_3^1 = 2.71,\ x_1 = 1$	$T^* = 2.31,\ \lambda^* = 3.96,$ $\alpha^* = 0.65,\ \varepsilon^* = 9\text{e} - 5,$ $J_3^{1*} = 2.01,\ x_1^* = 1.04$
3	$T = 4.77,\ \lambda = 4.8,$ $\alpha = 0.2952,\ \varepsilon = 0.1,$ $J_3^1 = 4.94,\ x_1 = 0.2$	$T^* = 4.42,\ \lambda^* = 4.76,$ $\alpha^* = 0.41,\ \varepsilon^* = 2.64\text{e} - 4,$ $J_3^{1*} = 4.05,\ x_1^* = 0.24$

为了比较单次投放 ($n = 1$) 和多次投放 ($n = 5$) 两种最优控制策略, 根据表 9.1.3 计算 $5J_3^{1*}$(表示情形 $n = 1$ 被执行五次). 与表 9.1.2 情形 $n = 5$ 被执行一次的 J_3^{5*} 相比, 目标函数 $5J_3^{1*}$ 略小于 J_3^{5*}. 结果表明, 多次释放食物和多次收获捕食者的控制策略优于频繁释放食物和单次收获捕食者的控制策略.

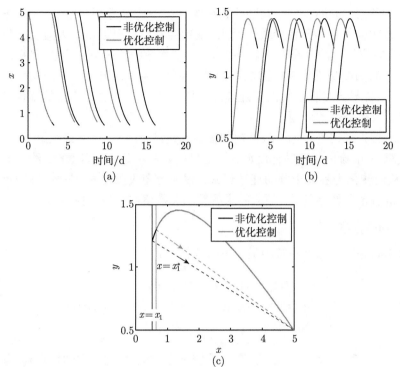

图 9.1.3　当 $n = 1$ 时, 系统 (9.1.44) 在初始控制和最优控制下的比较. (a) 和 (b) 分别为食物和种群的时间序列图; (c) 是相图

9.2　状态依赖脉冲微分方程的最优参数选择问题

近年来, 脉冲控制方法在多个不同的领域得到广泛而重要的应用, 比如生物资源管理 [41–43]、病毒动力学 [44,45]、糖尿病模型 [46]、卫星轨道转移以及微生物培养 [47,48] 等. 其中一些应用, 比如血糖控制和药物吸收 [45,46]、脉冲控制通常是固定时刻来实施的, 并不依赖于系统状态. 另外一种控制方法, 依赖状态的脉冲控制, 受到了许多研究者的关注, 特别是在害虫管理领域 [43,49,50]. 这种控制方法更符合实际, 而且已经应用于微生物培养 [48] 和计算机病毒研究 [51].

最优控制理论对于确定实际系统的控制策略是至关重要的. 著名的最大值原理已经被推广到固定时刻的最优脉冲控制, 并给出了相应的充分必要条件 [52,53]. 基于控制参数化和时间尺度变化, 不同的数值方法也推广到脉冲系统 [54,55].

在状态依赖脉冲系统的研究中, 大多数工作更关注于定性分析, 比如周期解的存在性和稳定性 [50,56,57]. 关于最优控制的研究还比较少 [43]. 粒子群法应用到状态脉冲批次补料过程来寻找最优控制参数 [48]. 当系统可以得到解析解时, 最优控制策略也可以得到解析解 [58,59].

本节考虑一般的状态依赖脉冲系统的最优控制问题. 这里的控制变量是微分方程或脉冲函数中的系统参数. 因此, 最优控制问题可以转化为最优参数选择问题. 在状态依赖脉冲系统中, 脉冲时刻是控制参数的隐函数. 因此, 目标函数关于控制参数的梯度是不容易得到的. 此外, 在固定时间范围内, 脉冲次数是不确定的, 这有可能导致目标函数的不连续性. 因此, 状态依赖脉冲系统的最优控制问题是一个具有挑战性的问题.

本节首先考虑当目标函数是控制参数的连续函数时, 证明最优解的存在性, 并基于文献 [64] 给出相应的梯度公式. 当目标函数不是连续函数时, 给出一个近似变换, 从而转化为容易求解的连续形式. 根据上图收敛性质 [65,66], 证明近似问题的最优解收敛于原始问题. 相应的求解算法和数值例子也一并给出.

9.2.1　问题描述

考虑状态依赖脉冲系统的最优参数选择问题:

$$\begin{cases} \dot{x} = f(t, x, \mu), & x \notin M(x, \mu), \\ \Delta x(\tau_k) = I(x, \mu), & x(\tau_k^-) \in M(x(\tau_k^-, \mu)), \\ x(0) = x_0, \end{cases} \tag{9.2.1}$$

其中 $t \in [0, T], x \in \mathbb{R}^n$, $\mu \in \mathbb{R}^m$ 是控制参数向量, 在脉冲时刻 τ_k 有状态跳跃 $\Delta x(\tau_k) = x(\tau_k^+) - x(\tau_k^-)$. 定义

$$\Omega = \{\mu = (\mu_1, \mu_2, \cdots, \mu_m) \in \mathbb{R}^m \mid \underline{\mu}_i \leqslant \mu_i \leqslant \overline{\mu}_i, \ i = 1, 2, \cdots, m\},$$

其中 μ_i 是 μ 的第 i 个分量, $\underline{\mu}_i$ 和 $\overline{\mu}_i$ 是两个常数, 作为 μ_i 的上下界. 脉冲集 $M(x, \mu)$ 定义为

$$M(x, \mu) = \{x | \phi(x, \mu) = 0, \mu \in \Omega\}.$$

三个函数 $f : \mathbb{R} \times \mathbb{R}^n \times \mathbb{R}^m \to \mathbb{R}^n$, $I : \mathbb{R}^n \times \mathbb{R}^m \to \mathbb{R}^n$ 和 $\phi : \mathbb{R}^n \times \mathbb{R}^m \to \mathbb{R}$ 是连续可微的.

给定 $\mu \in \Omega$, 令 $x(t|\mu) = x(t; x_0, \mu)$ 为方程 (9.2.1) 的解. 假设脉冲次数为 N, 即, 当 $t \in [0, T]$ 时, 存在 N 个脉冲时刻,

$$0 = \tau_0 < \tau_1 < \cdots < \tau_{i-1} < \tau_i < \cdots < \tau_N < \tau_{N+1} = T,$$

其中 τ_i 为脉冲时刻, 且使得 $\phi(x(\tau_i), \mu) = 0$, 即 $x(\tau_i|\mu) \in M$, 则定义下面的最优参数选择问题:

问题 $(\mathbf{Q}_1)$　给定 (9.2.1), 找到一控制参数向量 $\mu \in \Omega$ 来最小化目标函数

$$J(\mu) = \Phi(x(T|\mu)), \tag{9.2.2}$$

其中 $\Phi : \mathbb{R}^n \to \mathbb{R}$ 是连续可微的.

目标函数 (9.2.2) 中没有积分项, 只有状态末端值. 这是因为积分项可以转化为状态向量末端值[67]. 对于系统 (9.2.1), 脉冲时刻和脉冲次数都依赖于控制参数 μ. 给定 $\mu \in \Omega$, 脉冲时刻是不固定的且不能事先确定. 因此, 问题 (Q_1) 不同于固定时刻的脉冲最优控制问题. 此外, 当 μ 在 Ω 中变化时, 脉冲次数 N 也是变化的, 从而使得末端值 $x(T|\mu)$ 是不连续的. 因此问题 (Q_1) 是一个具有挑战性的问题.

9.2.2　主要结果

求解问题 (Q_1) 的关键是获得目标函数对于控制参数的梯度. 经典的基于梯度的最优化算法就可以用来找到最优解. 因此首先考虑 $x(T|\mu)$ 对于 $\mu \in \Omega$ 是连续可微的这种简单情形, 此时脉冲次数 N 是固定的. 在下一小节考虑不连续的情形.

1. $x(T|\mu)$ 连续可微

假设存在 $\delta > 0$ 使得对于 $|\mu - \mu_0| < \delta$, 由 $\phi(x,\mu) = 0$ 定义一个光滑超平面 $S(\mu)$, 以及一个开的光滑 n 维流形

$$D_k(\mu) = \{(t,x) \in \mathbb{R} \times \mathbb{R}^n : \phi(x,\mu) = 0, |t - \tau_k| < \delta, |x(t) - x(\tau_k)| < \delta\}, \quad k = 1, \cdots, N.$$

为了获得梯度, 引入下面的假设和定理[70]:

(A1) 超平面 $S(\mu)$ 将空间 $\mathbb{R} \times \mathbb{R}^N$ 分割为 $N+1$ 个不相交的区域 $D_i(\mu)$ ($i = 1, \cdots, N+1$): $\mathbb{R} \times \mathbb{R}^N = D_1(\mu) \cup \cdots \cup D_{N+1}(\mu) \cup S(\mu)$. 方程解 $x(t) = x(t; x_0, \mu_0)$ 有脉冲时刻 $\tau_k = \tau_k(x_0, \mu_0)$ 满足关系 $(t, x(t)) \in D_k(\mu_0)$, $t \in \Delta_k$, $k = 1, \cdots, N+1$, 其中 $\Delta_1 = [0, \tau_1)$, $\Delta_{N+1} = (\tau_N, T]$, $\Delta_k = (\tau_{k-1}, \tau_k)$, $k = 2, \cdots, N$.

(A2) 对于 $|\mu - \mu_0| < \delta$ 和 $|x_0' - x_0| < \delta$, 解 $x(t) = x(t; x_0', \mu_0)$ 定义在区间 $[0,T]$ 且积分曲线 $(t, x(t))$ 与 $S_k(\mu)$ 相交且仅交一次.

(A3) $\dfrac{\partial \phi}{\partial t}(\tau_k, x(\tau_k), \mu_0) + \dfrac{\partial \phi}{\partial x}(\tau_k, x(\tau_k), \mu_0) f(\tau_k, x(\tau_k), \mu_0) \neq 0, k = 1, \cdots, N.$

定理 9.2.1[70] 设假设 (A1)—(A3) 成立. 方程 (9.2.1) 的解 $x(t; x_0, \mu)$ 和脉冲时刻 $\tau_i(x_0, \mu)$ 在参数 μ_0 的小邻域内是连续可微的, 则梯度 $v = \dfrac{\partial x}{\partial \mu}(t; x_0, \mu_0)$ 定义为

$$\begin{cases} \dot{v} = \dfrac{\partial f}{\partial x}(t, x(t), \mu_0) v + \dfrac{\partial f}{\partial \mu}(t, x(t), \mu_0), \quad t \neq \tau_k, \\[3mm] \Delta v = \dfrac{\partial I}{\partial x} v + \dfrac{\partial I}{\partial \mu} + \left(f^+ - f - \dfrac{\partial I}{\partial x} f \right) \dfrac{\dfrac{\partial \phi}{\partial x} v + \dfrac{\partial \phi}{\partial \mu}}{\dfrac{\partial \phi}{\partial x} f}, \quad t = \tau_k, \\[3mm] v(0) = O_{nm}, \end{cases} \quad (9.2.3)$$

其中 O_{nm} 为 $n \times m$ 零矩阵, $\dfrac{\partial I}{\partial x}$, $\dfrac{\partial I}{\partial \mu}$, $\dfrac{\partial \phi}{\partial x}$, $\dfrac{\partial \phi}{\partial \mu}$ 和 f 的值在点 $(\tau_k, x(\tau_k), \mu_0)$ 计算所得, 此外 $f^+ = f(\tau_k, x(\tau_k^+), \mu_0)$, $\Delta v = v(\tau_k^+) - v(\tau_k^-)$.

下面的线性增长假设可以确保系统 (9.2.1) 在有限时间内有界, 从而问题 (Q_1) 及相应的梯度可以定义在 $\mu \in \Omega$ [64,71].

(A4) 函数 $f(t, x, \mu)$ 满足线性增长条件, 即存在正常数 K 使得

$$\| f(t, x, \mu) \| \leqslant K(1 + \| x \|), \quad (t, x, \mu) \in \mathbb{R} \times \mathbb{R}^n \times \Omega.$$

则目标函数对于控制参数 μ 的梯度由下面的定理给出.

定理 9.2.2 对于 $\mu \in \Omega$, 如果假设 (A1)—(A4) 成立且脉冲次数固定, 则存在一个紧凸集 $\Gamma \subset \mathbb{R}^n$ 使得对于任给的 $x_0 \in \Gamma$, 系统 (9.2.1) 有唯一的解 $x(t; x_0, \mu)$, 函数 $x(T; x_0, \mu)$ 对于控制参数 μ 是连续可微的, 目标函数对于控制参数 μ 的梯度为

$$\frac{\partial J(\mu)}{\partial \mu} = \frac{\partial \Phi(x(T|\mu))}{\partial x} \frac{\partial x(T|\mu)}{\partial \mu} = \frac{\partial \Phi(x(T|\mu))}{\partial x} v(T|\mu), \tag{9.2.4}$$

其中 $v(t|\mu)$ 是系统 (9.2.3) 的解.

该定理的证明类似于文献 [48,64], 此处省略. 方程 (9.2.4) 可由链式法则得到. 如果问题 (Q_1) 的最优解存在, 则基于上面的定理, 该最优解可由基于梯度的优化算法, 比如序列二次规划等得到 [72]. 下面考虑最优解的存在性问题. 定义可行控制参数集为

$$\mathfrak{U} = \{\mu \in \Omega | \ \text{当} \ x_0 \in \Gamma, x(t; x_0, \mu) \in \Gamma \ \text{是方程} \ (9.2.1) \ \text{的解, 且}$$

$$x(T; x_0, \mu) \ \text{是连续可微的,} \ t \in [0, T]\}.$$

引理 9.2.1 如果定理 9.2.2 的假设成立, 可行控制参数集 $\mathfrak{U}$ 是一个紧集.

证明 显然集合 Ω 是一个有界闭集, 则对任意序列 $\{u_i\}_{i=1}^\infty \subset \Omega$, 存在一个子序列 $\{u_{ik}\} \subset \{u_i\}$ 使得当 $k \to \infty$ 时有 $u_{ik} \to \hat{u}$, 则由定理 9.2.2 可得 $\hat{u} \in \mathfrak{U}$, 即集合 $\mathfrak{U}$ 是闭的. □

定理 9.2.3 如果定理 9.2.2 中的假设成立, 则对任给的 $x_0 \in \Gamma$, 问题 (Q_1) 有全局有最优解 $\mu^* \in \mathfrak{U}$ 使得

$$J(\mu^*) \leqslant J(\mu), \quad \forall \mu \in \mathfrak{U}.$$

证明 该结论可由目标函数 $J(\mu)$ 的连续性和引理 9.2.1 得到. □

2. $x(T|\mu)$ 不连续

一般脉冲次数是随着控制参数 μ 的变化而变化. 假设当参数 μ 穿过 μ_0 时脉冲次数发生变化, 则状态脉冲跳跃 $I(x(\tau_i), \mu_0)$ 使得函数 $x(T|\mu)$ 在点 μ_0 处是不

连续的. 因此相应的梯度在 μ_0 处不存在, 相应的梯度算法也不能使用. 下面提出一种近似方法使得梯度存在, 从而克服不连续带来的困难. 为了保证近似方法的收敛, 下面介绍一些上图收敛的预备知识.

定义 9.2.1 [65]   函数 $f : \mathbb{R}^n \to [-\infty, +\infty]$ 在点 $\bar{x}$ 处是下半连续的 (lsc), 如果

$$\liminf_{x \to \bar{x}} f(x) \geqslant f(\bar{x}),$$

在 $\mathbb{R}^n$ 上是下半连续的, 如果上式对于每一个 $\bar{x} \in \mathbb{R}^n$ 都成立, 其中

$$\liminf_{x \to \bar{x}} f(x) = \sup_{\delta > 0} \Big[\inf_{x \in B_\delta(\bar{x})} f(x) \Big], \quad B_\delta(\bar{x}) = \{x | \parallel x - \bar{x} \parallel \leqslant \delta\}. \tag{9.2.5}$$

定义 9.2.2 [65]   设 $\{f^\nu\}$ 为 $\mathbb{R}^n$ 上的任一函数序列, $\nu = 1, 2, \cdots, x$ 为 $\mathbb{R}^n$ 上的任一点. 函数 f^ν 上图收敛于 f, 标记为 $f^\nu \xrightarrow{e} f$, 当且仅当下面的条件成立

$$\liminf_\nu f^\nu(x_\nu) \geqslant f(x), \quad 对任一序列 \ x^\nu \to x; \tag{9.2.6}$$

$$\limsup_\nu f^\nu(x_\nu) \leqslant f(x), \quad 对某一序列 \ x^\nu \to x. \tag{9.2.7}$$

定理 9.2.4 [65-66]   假设 $f^\nu \xrightarrow{e} f$. 假设 $x_\nu = \arg\min f^\nu(x)$, $\nu = 1, 2, \cdots$, 以及存在 $\{x_{\nu_k}\}$ 使得 $\lim\limits_{k \to \infty} x_{\nu_k} = \bar{x}$, 其中 $\bar{x}$ 是 $\{x_\nu\}$ 的一个聚点, 则 $f(\bar{x}) = \inf f = \lim\limits_{k \to \infty} \inf f_{\nu_k}$.

下面我们构造问题 (Q_1) 的近似问题. 当 $\mu \in \Omega$, 令 $N_{\max}$ 和 $N_{\min}$ 代表最大和最小脉冲次数且 $N_{\max} - N_{\min} = N_1 > 0$. 对某个 $\mu \in \Omega$, 如果解有 N 个脉冲时刻, 意味着 $\tau_{N+1} = \tau_{N+2} = \cdots = \tau_{N_{\max}+1} = T$. 定义下面的函数和集合:

$$x_i(t; x_0, \mu) = x(t; , x_0, \mu), \quad t \in [\tau_{i-1}^+, \tau_i^-];$$

$$\theta_i(\mu) = \tau_i(x(t, \mu), \mu) - \tau_{i-1}(x(t, \mu), \mu), \quad i = 1, 2, \cdots, N_{\max}+1;$$

$$\Omega_i = \{\mu | \theta_{N_{\min}+i+1} > 0, \theta_{N_{\min}+j} = 0, \ \text{且} \phi(x(T|\mu), \mu) \neq 0, j \geqslant i+2\}, i = 0, \cdots, N_1;$$

$$\Omega_0^i = \{\mu | \theta_{N_{\min}+i} > 0, \theta_{N_{\min}+j} = 0, \ \text{且} \phi(x(T|\mu), \mu) = 0, \ j \geqslant i+1\}, i = 1, \cdots, N_1.$$

集合 Ω_0^i 包含函数 $x(T|\mu)$ 的所有不连续点. 显然, $\Omega_i \cap \Omega_j = \varnothing$ 且 $\Omega_0^i \cap \Omega_0^j = \varnothing$ 当 $i \neq j$, 且 $\Omega_i \cap \Omega_0^j = \varnothing$ 对所有的 i, j. 因此可得

$$\Omega = \Omega_0 \cup \Omega_2 \cup \cdots \cup \Omega_{N_1} \cup \Omega_0^1 \cup \Omega_0^2 \cup \cdots \cup \Omega_0^{N_1}.$$

为了避免方程解驻留在集合 M 上, 引入下面的假设:

(A5)   对任一 $i \in \{1, 2, \cdots, N_1\}$, 如果 $\theta_{N_{\min}+i} > 0$, 则该函数对于参数 μ 是连续可微的, 且存在某个 $j \in \{1, 2, \cdots, m\}$ 使得

$$\frac{\partial \theta_{N+i}}{\partial \mu_j}(\tau_k, x(\tau_k|\mu), \mu) \neq 0, \quad k = 1, 2, \cdots, N_{\min} + i,$$

其中 μ_j 是 $\mu \in \Omega \subset \mathbb{R}^m$ 的第 j 个分量.

由上述假设可得下面的引理.

引理 9.2.2 对任给的 $\mu_0 \in \Omega_0^j$ 和 $\delta > 0$, 存在 μ_0' 使得 $\mu_0' \in \Omega_i \cap N_\delta(\mu_0)$, $i = j + 1$ 或 $i = j - 1$, 其中 $N_\delta(\mu_0) = \{\mu| \parallel \mu - \mu_0 \parallel < \delta\}$.

证明 如果上述结论不成立, 则存在 $\mu_0 \in \Omega_0^j$ 和 $\delta > 0$ 使得 $\mu \in \Omega_0^j$ 对任给的 $\mu \in N_\delta(\mu_0)$, 意味着 $\theta_{N+j}(\mu) = 0$ 对所有的 $\mu \in N_\delta(\mu_0)$. 但这与假设 (A5) 矛盾. □

基于以上引理, 函数 $x(T|\mu)$ 可以描述为

$$x(T|\mu) = \begin{cases} x_{N_{\min}+1}(T|\mu), & \mu \in \Omega_0, \\ \min\{x_{N_{\min}+1}(T^-|\mu), x_{N_{\min}+1}(T^+|\mu)\}, & \mu \in \Omega_0^1, \\ x_{N_{\min}+2}(T|\mu), & \mu \in \Omega_1, \\ \min\{x_{N_{\min}+2}(T^-|\mu), x_{N_{\min}+2}(T^+|\mu)\}, & \mu \in \Omega_0^2, \\ x_{N_{\min}+3}(T|\mu), & \mu \in \Omega_2, \\ \cdots\cdots \\ x_{N_{\max}+1}(T|\mu), & \mu \in \Omega_{N_1}, \end{cases} \quad (9.2.8)$$

其中 $x_{N_{\min}+i}(T^+|\mu) = x_{N_{\min}+i}(T^-|\mu) + I(x(\tau_{N_{\min}+i}^-), \mu)$. 当 $\mu \in \Omega_0^i$, $T = \tau_{N_{\min}+i}$. 显然, 函数 $x(T|\mu)$ 是下半连续的. 当 $\mu \in \Omega_i$, 脉冲次数 $N_{\min} + i$ 是固定的, 则函数 $\theta_{N_{\min}+i+1}$ 是正的且连续, $\theta_{N_{\min}+i+2}$ 为零. 当 μ 从 Ω_{i-1} 到 Ω_i 穿过 Ω_0^i, 函数 $\theta_{N_{\min}+i+2}$ 为正, 且 $x(T|\mu)$ 有一状态跳跃 $I(x(\tau_{N_{\min}+i+1}^-), \mu)$. 为了近似该函数 $x(T|\mu)$, 定义集合

$$\Omega_0^{i\varepsilon} = \{\mu \notin \Omega_{i-1}, 0 \leqslant \theta_{N_{\min}+i+1} \leqslant \varepsilon, \theta_{N_{\min}+i+2} = 0, \varepsilon > 0\}, i = 1, \cdots, N_1$$

和近似函数

$$\tilde{x}(T|\varepsilon, \mu) = \begin{cases} x_{N_{\min}+1}(T|\mu), & \mu \in \Omega_0, \\ x_{N_{\min}+1}(T^-|\mu) + \chi_\varepsilon(\theta_{N_{\min}+2})I(x(\tau_{N_{\min}+1}^-), \mu), & \mu \in \Omega_0^{1\varepsilon}, \\ x_{N_{\min}+2}(T|\mu), & \mu \in \Omega_1 \setminus \Omega_0^{1\varepsilon}, \\ \cdots\cdots \\ x_{N_{\max}}(T^-|\mu) + \chi_\varepsilon(\theta_{N_{\max}+1})I(x(\tau_{N_{\max}}^-), \mu), & \mu \in \Omega_0^{N_1\varepsilon}, \\ x_{N_{\max}+1}(T|\mu), & \mu \in \Omega_{N_1} \setminus \Omega_0^{N_1\varepsilon}, \end{cases}$$

$$(9.2.9)$$

其中

$$\chi_\varepsilon(\theta_i) = \begin{cases} 1, & \text{如果 } \theta_i \geqslant \varepsilon, \\ \frac{3}{\varepsilon^2}\theta_i^2 - \frac{2}{\varepsilon^3}\theta_i^3, & \text{如果 } 0 \leqslant \theta_i < \varepsilon. \end{cases} \quad (9.2.10)$$

可以注意到 $\chi_\varepsilon(\cdot)$ 是连续可微的 [71]. 为了得到函数 (9.2.9), 需要首先数值求解方程 (9.2.1). 然后确定脉冲时刻以及函数 (9.2.10) 和 (9.2.9) 中的判定条件. 现在考虑下面的近似优化问题.

问题 (Q_2) 给定 (9.2.1) 和 $x_0 \in \Gamma$, 找到一控制参数向量 $\boldsymbol{\mu} \in \mathfrak{U}$ 来最小化目标函数

$$\widetilde{J}(\varepsilon, \mu) = \Phi(\widetilde{x}(T|\varepsilon, \mu)), \tag{9.2.11}$$

其中 ε 为一正常数.

根据方程 (9.2.10), 状态跳跃 $I(x, \mu)$ 可以由不连续点的左端或右端替代. 当 ε 趋于零, 我们希望近似问题 (Q_2) 的解收敛于原始最优问题 (Q_1). 因此, 我们建立下面的收敛性结果来联系问题 (Q_1) 和 (Q_2) 的最优解.

引理 9.2.3 令 $\mu_0 \in \Omega_i$, 则存在两个正常数 ε 和 δ 使得对所有的 $\mu \in N_\delta(\mu_0)$, 有 $\widetilde{x}(T|\varepsilon, \mu) = x(T|\mu)$.

证明 根据 Ω_i 的定义, 当 $\mu_0 \in \Omega_i$ 时有 $\theta_{N_{\min}+i+1} > 0$ 和 $\phi(x(T|\mu_0), \mu_0) \neq 0$. 不失一般性, 我们假设 $\phi(x(T|\mu_0), \mu) > 0$. 根据 $\theta_{N_{\min}+i}(\mu)$ 和 $\phi(x(T|\mu), \mu)$ 的连续性, 存在 $\delta > 0$ 使得对所有的 $\mu \in N_\delta(\mu_0)$ 有 $\theta_{N_{\min}+i+1} > \varepsilon$ 和 $\phi(x(T|\mu_0), \mu) > 0$, 其中 ε 为充分小的正数. 这意味着 $\mu \notin \Omega_0^{i\varepsilon}$ 和 $\mu \notin \Omega^{i\pm1}$, 则根据方程 (9.2.8) 和 (9.2.9) 可以得到结论. □

定理 9.2.5 令 $I^q(x(\tau_j), \mu)$ 和 $x^q(\mu)$ 分别表示向量 $I(x(\tau_j), \mu)$ 和 $x(\mu)$ 的第 q 个分量, $q = 1, 2, \cdots, n$. 假设 $I^q(x(\tau_j), \mu)$ 的符号在 $\mu_0 \in \Omega_0^i$ 的小邻域内保持不变. 令 $\varepsilon_k = 1/k$, $\widetilde{x}_k(\mu) = \widetilde{x}(T|\varepsilon_k, \mu)$, $k = 1, 2, \cdots$, 则 $\widetilde{x}_k^q(\mu) \xrightarrow{e} x^q(T|\mu)$, $q = 1, 2, \cdots, n$.

证明 对任给的点 $\mu_0 \in \Omega_i$, 引理 9.2.3 表明当 $k > K_1$ 和 $\mu \in N_\delta(\mu_0)$ 时存在 $K_1 > 0$ 和 $\delta > 0$ 使得 $\widetilde{x}(T|\varepsilon_k, \mu) = x(T|\mu)$. 这意味着在点 μ_0 处有 $\widetilde{x}_k(\mu) \xrightarrow{e} x(T|\mu)$. 因此在下面我们只考虑 $\mu_0 \in \Omega_0^i$.

不失一般性, 假设对某一 q, 存在 $K_1 > 0$ 使得 $I^q(x(\tau_{N_{\min}+i}), \mu_0) \leqslant 0$ 对 $\| \mu - \mu_0 \| < 1/K_1$. 由方程 (9.2.8) 可得 $x^q(T|\mu_0) = x_{N_{\min}+i}^q(T^+|\mu_0) = x_{N_{\min}+i}^q(T^-|\mu) + I^q(x(\tau_{N_{\min}+i}), \mu)$. 对任给的序列 $\{\mu_k\} \in \Omega_i$ 且 $\mu_k \to \mu_0$, 可以得到 $\theta_{N_{\min}+i+1}(\mu_k) \to 0$. 则对任给的 $\eta > 0$, 由于 $x(\tau_{N_{\min}+i}^-|\mu)$ 和 $I(x(\tau_{N_{\min}+i}^-), \mu)$ 关于参数 μ 是连续的, 存在一个整数 $K_2 > 0$ 和一个序列 $\{\mu_k\}$ 使得

$$\| x^q(\tau_{N_{\min}+i}^-|\mu_k) - x^q(\tau_{N_{\min}+i}^-|\mu_0) \| < \frac{\eta}{2},$$
$$\| I^q(\tau_{N_{\min}+i}^-|\mu_k), -I^q(\tau_{N_{\min}+i}^-|\mu_0) \| < \frac{\eta}{2},$$
$$\frac{1}{k} \leqslant \theta_{N_{\min}+i+1}(\mu_k) \leqslant \frac{2}{k},$$

其中 $k > K_2$. 当 $k > \max\{K_1,\ K_2\}$, 有

$$
\begin{aligned}
\widetilde{x}^q(T|\varepsilon_k,\mu_k) &= x^q_{N_{\min}+i}(T^-|\mu_k) + \chi_\varepsilon(\theta_{N_{\min}+i+1})I^q(x(\tau^-_{N_{\min}+1}),\mu_k)\\
&\leqslant x^q(\tau^-_{N_{\min}+i}|\mu_0) + \frac{\eta}{2} + \chi_\varepsilon(\theta_{N_{\min}+i+1})\left(I^q(\tau^-_{N_{\min}+i}|\mu_0) + \frac{\eta}{2}\right)\\
&\leqslant x^q(T|\mu_0) + \eta,
\end{aligned}
$$

即 $\limsup_{k\to\infty}\widetilde{x}^q(T|\varepsilon_k,\mu_k) \leqslant x^q(T|\mu_0)$.

当 $\mu_k \to \mu_0$ 时, 对任给的 $\eta > 0$ 和序列 $\{\mu_k\}$, 方程 (9.2.8) 表明 $\inf\widetilde{x}_k(T|\varepsilon_k,$ $\mu_k) > x(T|\mu_0) - \eta$, 即, $\liminf_{k\to\infty}\widetilde{x}(T|\varepsilon_k,\mu_k) \geqslant x(T|\mu_0)$.

当 $\mu_0 \in \Omega^i_0$ 时, 类似的方法可以推得 $I^q(x(\tau_i),\mu) \geqslant 0$. 根据定义 9.2.2, 条件 (9.2.6) 和 (9.2.7) 满足, 则可以得到 $x^q_k(T|\varepsilon_k,\mu)$ 的上图收敛性. □

定理 9.2.6　设定理 9.2.5 中的条件成立, 且函数 $\Phi(x)$ 为增函数. 对 $k = 1, 2,$ $\cdots$, 假设存在一序列 $\{\mu_k\} \in \Omega$ 使得

(1) $\widetilde{J}(\varepsilon_k,\mu_k) = \min\limits_{\mu\in\Omega}\widetilde{J}(\varepsilon_k,\mu)$;

(2) 存在一收敛序列 $\{\mu_{ks}\}$ 使得 $\lim\limits_{s\to\infty}\mu_{ks} = \overline{\mu}$ 和 $\lim\limits_{s\to\infty}\widetilde{J}(\varepsilon_{ks},\mu_{ks}) = \overline{J}$,

则可得 $\overline{J} = J^* = J(\mu^*) = \min_{\mu\in\Omega}J(\mu)$, 其中 μ^* 是问题 (Q_1) 的最优解.

证明　由文献 [65] 中的练习 7.8 和 定理 3.5, 以及增函数 $\Phi(x)$ 和 $\widetilde{x}(T|\varepsilon_k,\mu)$ $\xrightarrow{e} x(T|\mu)$, 有

$$\Phi(\widetilde{x}(T|\varepsilon_k,\mu)) \xrightarrow{e} \Phi(x(T|\mu)),$$

则根据定理 9.2.4 可得该结论. □

现在给出类似定理 9.2.2 的目标函数 (9.2.11) 的梯度, 并给出问题 (Q_2) 的求解算法.

定理 9.2.7　令假设 (A1)—(A5) 成立, 则近似函数 $\widetilde{x}(T|\varepsilon,\mu)$ 是连续可微的, 且目标函数 (9.2.11) 关于 μ 的梯度定义为

$$
\frac{\partial\widetilde{J}(\mu)}{\partial\mu} =
\begin{cases}
\dfrac{\partial\Phi(\widetilde{x}(T|\mu))}{\partial\widetilde{x}}v(T|\mu), & \mu \in \Omega_0\bigcup\left(\bigcup\limits_{i=1}^{N_1}\Omega_i\setminus\Omega^{i\varepsilon}_0\right);\\[4mm]
\dfrac{\partial\Phi(\widetilde{x}(T|\mu))}{\partial\widetilde{x}}\left[v(T|\mu) + \dfrac{\partial\chi_\varepsilon}{\partial\theta}\dfrac{\partial\theta_{N_{\min}+i+1}}{\partial\mu}I(\widetilde{x}(\tau_{N_{\min}+i}),\mu)\right.\\[4mm]
\quad\left. + \chi_\varepsilon(\theta_{N_{\min}+i+1})\left(\dfrac{\partial I}{\partial\widetilde{x}}v(\tau_{N_{\min}+i}) + \dfrac{\partial I}{\partial\mu}\right)\right], & \mu \in \bigcup\limits_{i=1}^{N_1}\Omega^{i\varepsilon}_0,
\end{cases}
\tag{9.2.12}
$$

其中 $v(t|\mu)$ 是系统 (9.2.3) 的解,

$$\frac{\partial \theta_{N_{\min}+i+1}}{\partial \mu} = \left(\frac{\partial \tau_{N_{\min}+i+1}}{\partial \mu} - \frac{\partial \tau_{N_{\min}+i}}{\partial \mu} \right) \quad \text{和} \quad \frac{\partial \tau}{\partial \mu} = -\frac{\dfrac{\partial \phi}{\partial x}v + \dfrac{\partial \phi}{\partial \mu}}{\dfrac{\partial \phi}{\partial x}f}. \quad (9.2.13)$$

证明 结论可以由链式法则和隐函数定理得到 [73], 方程 (9.2.13) 中的第二个等式可以由文献 [64] 得到. □

算法 1 给定初始值 $x_0 \in \Gamma$ 和 $\mu_0 \in \Omega$, 容许误差 $\eta > 0$, 因子 $c > 1$, $\varepsilon_1 = 0.1$. 令 $k = 1$.

- 步骤 1 求解方程 (9.2.1) 得到数值解和脉冲时刻. 然后根据方程 (9.2.10) 得到方程 (9.2.9).

- 步骤 2 根据梯度 (9.2.12), 给出初始条件 μ_{k-1}, 采用基于梯度的优化算法求解

$$\min_{\mu \in \Omega} \widetilde{J}(\varepsilon_k, \mu) \quad \text{约束于系统 (9.2.1)}.$$

设 μ_k 为求得的解.

- 步骤 3 如果 $\| \mu_k - \mu_{k-1} \| < \eta$, 停止计算并令 μ_k 为最优解.

- 步骤 4 更新 $k = k + 1$, $\varepsilon_k = c\varepsilon_{k-1}$, 然后跳转到步骤 1.

备注 算法 1 的复杂度依赖于梯度计算和基于梯度的优化算法 (比如 SQP、信赖域法等) 两个因素. 在算法 1 中, 梯度计算需要先求解一个 $n \times m$ 维的微分方程 (9.2.3), 其中 n 和 m 分别代表微分方程和控制参数的个数. 方程 (9.2.3) 是一个前向微分方程, 不同于文献 [62,63] 中的后向微分方程.

9.2.3 数值模拟

例 9.2.1 Logistic 模型. 考虑具有状态依赖脉冲控制的一维 Logistic 模型,

$$\begin{cases} \dot{x} = rx\left(1 - \dfrac{x}{K}\right), & x < h, \\ \Delta x = -\eta x, & x = h, \\ x(0^+) = x_0 < h, \end{cases} \quad (9.2.14)$$

其中 $x(t)$ 代表害虫的密度. 当 $x(t)$ 达到阈值 h 时, 实施脉冲控制, 比如喷洒农药, 则害虫以比例 η $(0 < \eta < 1)$ 被杀死. 在末端时刻 T, 希望害虫种群最小化, 即,

$$\min_h J(h) = \min_h x(T|h), \quad \text{其中 } h_{\min} < h < h_{\max}.$$

　　模型中的参数选择为: $r = 0.5$, $K = 10$, $\eta = 0.6$, $x_0 = 2$, $T = 10$, $h \in [3\ 5]$. 图 9.2.1(a) 展示了函数 $x(T|h)$ 和 h 的关系. 图 9.2.1(b) 展示了脉冲次数和 h 的关系. 由于脉冲次数的变化, 函数 $x(T|h)$ 是不连续的. 在图 9.2.1(a) 中, 最优解 $(h^*, J(h^*))$ 标记为 '*'. 对于不同的近似函数, 表 9.2.1 列出了最优值和最优解. 这个结果表明当 ε_k 趋于零时, 近似解 $\widetilde{J}(\varepsilon_k, h_k)$ 趋向于最优解, 从而验证了定理 9.2.4.

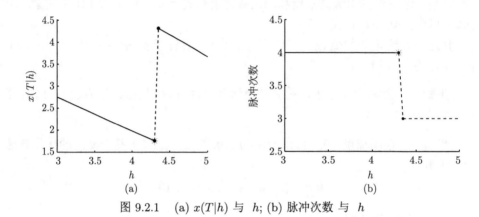

图 9.2.1　(a) $x(T|h)$ 与 h; (b) 脉冲次数 与 h

表 9.2.1　例 9.2.1 的最优值和最优解

ε_k	h_k	$\widetilde{J}(\varepsilon_k, h_k)$
10^{-1}	4.271004793540294	1.783020662983246
10^{-2}	4.326518117302244	1.737773397545567
10^{-3}	4.332200691560692	1.733599366842360
10^{-4}	4.332766689654859	1.733184179471357
10^{-5}	4.332828549824852	1.733138803556381

　　例 9.2.2　害虫管理模型. 考虑具有状态依赖脉冲控制的二维害虫管理模型[74],

$$\begin{cases} \left.\begin{array}{l} \dot{x} = x(a - by), \\ \dot{y} = y(cx - d), \end{array}\right\} x < h, \\ \left.\begin{array}{l} \Delta x = -px, \\ \Delta y = q, \end{array}\right\} x = h, \\ x(0) = x_0 < h, \quad y(0) = y_0, \end{cases} \tag{9.2.15}$$

其中 $x(t)$ 和 $y(t)$ 代表被捕食者 (害虫) 和捕食者 (害虫天敌) 的密度, 系统参数 a, b, c, d, p 和 h 均为常数. 当害虫 $x(t)$ 达到阈值 h 时, 控制方式除了喷洒农药以外, 还以固定数量 q 释放天敌, 则害虫以比例 p $(0 < p < 1)$ 被杀死. 该例子包

含 h 和 q 两个控制参数, 最小化末端时刻 T 的害虫密度, 即

$$\min_{h,q} J(h,q) = \min_{h,q} x(T|h,q), \quad \text{其中 } (h,q) \in [h_{\min}, h_{\max}] \times [q_{\min}, q_{\max}].$$

模型参数选为 $a = 1.0$, $b = 1.0$, $c = 0.25$, $d = 0.3$, $p = 0.52$, $x_0 = 1.8$, $y_0 = 1.7$, $T = 50$, $h \in [2.1, 3]$, $q \in [1.1, 1.4]$. 图 9.2.2 展示了目标函数 $x(T|h,q)$ 和两个系统参数 h 和 q 的关系. 最优点 $(h^*, q^*, J(h^*, q^*))$ 在图中标记为 '*'. 由于脉冲次数的变化, $x(T|h,q)$ 为不连续函数. 对于不同的近似函数, 表 9.2.2 列出了相应的最优值和最优解. 由于目标函数最优点处连续, 因此最优解没有随着 ε_k 发生变化.

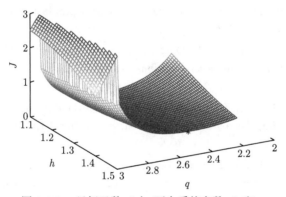

图 9.2.2　目标函数 J 与两个系统参数 h 和 q

表 9.2.2　例 9.2.2 的最优值和最优解

ε_k	$[h_k, q_k]$	$\widetilde{J}(\varepsilon_k, h_k, q_k)$
10^{-1}	[2.382460442333801, 1.399999999058002]	0.216067793669968
10^{-3}	[2.382460442333801, 1.399999999058002]	0.216067793669968
10^{-5}	[2.382460442333801, 1.399999999058002]	0.216067793669968

9.3　小　　结

由于状态依赖脉冲微分方程潜在的应用, 它的最优参数选择问题引起广泛的关注, 特别是脉冲次数和脉冲时刻依赖于状态变量的优化问题的求解具有一定的挑战性. 本章的第一个工作是考虑系统是周期脉冲模式的优化控制问题, 我们首先把最优问题在不确定时间内转化为参数优化问题, 并且把不等式和首次到达阈值的时间作为约束. 然后引入时间缩放和约束违反函数, 将最优问题转化为无约束的特定时间内的参数选择问题, 并给出目标函数关于所有参数的梯度, 计算目标函数的最优值. 本章第二个工作考虑了一般状态依赖脉冲系统的最优参数选择

问题. 当目标函数是控制参数的连续函数时, 证明了最优解的存在性. 对于不连续目标函数情形, 通过引入近似函数, 将难题转化为简单的连续函数情形, 从而利用经典的梯度优化算法进行计算. 同时还证明了近似问题收敛于原始的最优问题. 尽管本章对状态依赖脉冲微分方程的最优参数选择问题做了一些研究, 但仍有很多富有挑战的工作要做. 比如, 计算复杂度和收敛速度问题还不是很清楚. 此外, 梯度的计算过程比较复杂和费时, 将来需要借助于协态方程来简化梯度的计算.

参 考 文 献

[1] Song Y, Pei Y, Chen M, Zhu M. Translation, solving scheme, and implementation of a periodic and optimal impulsive state control problem. Advances in Difference Equations, 2018, 93: 1-20.

[2] Liang X, Pei Y, Tan J, Lv Y. Optimal parameter selection problem of the state dependent impulsive differential equations. Nonlinear Analysis: Hybrid Systems, 2019, 34: 238-247.

[3] Tian Y, Sun K, Chen L, Kasperski A. Studies on the dynamics of a continuous bioprocess with impulsive state feedback control. Chemical Engineering Journal, 2010, 157(2): 558-567.

[4] Li Z, Chen L, Liu Z. Periodic solution of a chemostat model with variable yield and impulsive state feedback control. Applied Mathematical Modelling, 2012, 36(3): 1255-1266.

[5] Zhao Z, Yang L, Chen L. Impulsive state feedback control of the microorganism culture in a turbidostat. Journal of Mathematical Chemistry, 2010, 47(4): 1224-1239.

[6] Sun K, Tian Y, Chen L, Kasperski A. Nonlinear modelling of a synchronized chemostat with impulsive state feedback control. Mathematical and Computer Modelling, 2010, 52(1-2): 227-240.

[7] Wei C, Chen L. Homoclinic bifurcation of prey-predator model with impulsive state feedback control. Applied Mathematics and Computation, 2014, 237(7): 282-292.

[8] Tang S, Tang B, Wang A, Xiao Y. Holling ii predator-prey impulsive semi-dynamic model with complex poincaré map. Nonlinear Dynamics, 2015, 81(3): 1-22.

[9] Guo H, Chen L, Song X. Dynamical properties of a kind of sir model with constant vaccination rate and impulsive state feedback control. International Journal of Biomathematics, 2017, 10(7): 1-2.

[10] Zhang M, Song G, Chen L. A state feedback impulse model for computer worm control. Nonlinear Dynamics, 2016, 85(3): 1-9.

[11] Wei C, Chen L. Heteroclinic bifurcations of a prey-predator fishery model with impulsive harvesting. International Journal of Biomathematics, 2013, 6(5): 85-99.

[12] Guo H, Chen L, Song X. Qualitative analysis of impulsive state feedback control to an algae-fish system with bistable property. Applied Mathematics and Computation. 2015, 271: 905-922.

[13] Zhao Z, Pang L, Song X. Optimal control of phytoplankton-fish model with the impulsive feedback control. Nonlinear Dynamics, 2017: 1-9.

[14] Chen S, Xu W, Chen L, Huang Z. A white-headed langurs impulsive state feedback control model with sparse effect and continuous delay. Communications in Nonlinear Science and Numerical Simulation, 2017, 50: 88-102.

[15] Guo H, Song X, Chen L. Qualitative analysis of a korean pine forest model with impulsive thinning measure . Applied Mathematics and Computation, 2014, 234: 203-213.

[16] Run Y U, Leung P. Optimal partial harvesting schedule for aquaculture operations. Marine Resource Economics, 2006, 21(3): 301-315.

[17] Martin R B. Optimal control drug scheduling of cancer chemotherapy, Automatica, 1992, 28(6): 1113-1123.

[18] Loxton R C, Teo K L, Rehbock V, Ling W K. Brief paper: Optimal switching instants for a switched-capacitor dc/dc power converter. Automatica, 2009, 45(4): 973-980.

[19] Blackmore L. Brief paper: Lossless convexification of a class of optimal control problems with non-convex control constraints. London: Pergamon Press Inc., 2011.

[20] Chyba M, Haberkorn T, Smith R N, Choi S K. Design and implementation of time efficient trajectories for autonomous underwater vehicles. Ocean Engineering, 2008, 35(1): 63-76.

[21] Liang X, Pei Y, Zhu M, Lv Y. Multiple kinds of optimal impulse control strategies on plant-pest-predator model with eco-epidemiology. Applied Mathematics and Computation, 2016, s287-288(C): 1-11.

[22] Pei Y, Li C, Liang X. Optimal therapies of a virus replication model with pharmacological delays based on rtis and pis. Journal of Physics A Mathematical and Theoretical, in press, DOI: 10. 1088/1751-8121/aa8a92.

[23] Lin Q, Loxton R, Teo K L. The control parameterization method for nonlinear optimal control: A survey. Journal of Industrial and Management Optimization, 2017, 10(1): 275-309.

[24] Teo K L, Goh C J, Wong K H. A Unified Computational Approach to Optimal Control Problems. London: Longman Scientific and Technical, 1991.

[25] Caccetta L, Loosen I, Rehbock V. Computational aspects of the optimal transit path problem. Journal of Industrial and Management Optimization, 2017, 4(1): 95-105.

[26] Lee H W J, Teo K L, Rehbock V, Jennings L S. Control parametrization enhancing technique for time-optimal control problems. Dynamic Systems and Applications, 1997, 6(2): 243-262.

[27] Teo K L, Goh C J, Lim C C. A computational method for a class of dynamical optimization problems in which the terminal time is conditionally free. Ima Journal of Mathematical Control and Information, 1989, 6(1): 81-95.

[28] Lin Q, Loxton R, Teo K L, Wu Y H. Optimal control problems with stopping constraints. Journal of Global Optimization, 2015, 63(4): 835-861.

[29] Jiang C, Lin Q, Yu C, Teo K L, Duan G R. An exact penalty method for free terminal time optimal control problem with continuous inequality constraints. Journal of Optimization Theory and Applications, 2012, 154(1): 30-53.

[30] Yu C, Teo K L, Bai Y. An exact penalty function method for nonlinear mixed discrete programming problems. Optimization Letters, 2013, 7(1): 23-38.

[31] Lin Q, Loxton R, Teo K L, Wu Y H, Yu C. A new exact penalty method for semi-infinite programming problems. Journal of Computational and Applied Mathematics, 2014, 261(4): 271-286.

[32] Yu C J, Teo K L, Zhang L S, Bai Y Q. A new exact penalty function method for continuous inequality constrained optimization problems. Journal of Industrial and Management Optimization, 2010, 6(4): 559-576.

[33] Teo K L, Goh C J, A simple computational procedure for optimization problems with functional inequality constraints. IEEE Transactions on Automatic Control, 2003, 32(10): 940-941.

[34] Liu Y, Teo K L, Jennings L S, Wang S. On a class of optimal control problems with state jumps. Journal of Optimization Theory and Applications, 1998, 98(1): 65-82.

[35] Rui L. Optimal Control Theory and Application of pulse Switching System. Chengdw: University of Electronic Science and Technology Press, 2010.

[36] Tchuenche J M, Dube N, Bhunu C P, Smith R J, Bauch C T. The impact of media coverage on the transmission dynamics of human influenza. Bmc Public Health, 2011, 11(S1): S5.

[37] Li Y, Cui J. The effect of constant and pulse vaccination on sis epidemic models incorporating media coverage. Communications in Nonlinear Science and Numerical Simulation, 2009, 14(5): 2353-2365.

[38] Li X, Bohner M, Wang C K. Impulsive Differential Equations. London: Pergamon Press, Inc., 2015.

[39] Wu C Z, Teo K L. Global impulsive optimal control computation. Journal of Industrial and Management Optimization, 2017, 2(2): 435-450.

[40] Teo K L. Control parametrization enhancing transform to optimal control problems. Nonlinear Analysis Theory Methods and Applications, 2005, 63(5-7): e2223-e2236.

[41] Gajardo P, Ramirez C, Rapaport C. Minimal time sequential batch reactors with bounded and impulse controls for one or more species. SIAM J. Control Optim., 2008, 47(6): 2827-2856.

[42] Liu X, Rohlf K. Impulsive control of a Lotka-Volterra system. IMA J. Math. Contr. Inf., 1998, 15(3): 269-284.

[43] Tang S, Chen L. Modelling and analysis of integrated pest management strategy. Contin. Dyn. Syst. Ser. B, 2004, 4(3): 759-768.

[44] Lou J, Lou Y, Wu J. Threshold virus dynamics with impulsive antiretroviral drug effects. Journal of Mathematical Biology, 2012, 65(4): 623-652.

[45] Rivadeneira P S, Moog C H. Impulsive control of single-input nonlinear systems with application to HIV dynamics. J. Appl. Math. Comput., 2012, 218(17): 8462-8474.

[46] Huang M, Li J, Song X, Guo H. Modeling impulsive injections of insulin: towards artificial pancreas. SIAM J. Appl. Math., 2012, 72(5): 1524-1548.

[47] Prussing J E, Wellnitz L J, Heckathorn W G. Optimal impulsive time-fixed direct-ascent interception. J. Guidance Contr. Dynam., 1989, 12(4): 487-494.

[48] Shen B, Zhai J, Gao J, Feng E, Xiu Z. Nonlinear state-dependent impulsive system and its parameter identification in microbial fed-batch culture. Appl. Math. Model., 2015, 40(2): 1126-1136.

[49] Tang S, Pang W, Cheke R A, Wu J. Global dynamics of a state-dependent feedback control system, Adv. Diff. Equ., 2015, 1: 322.

[50] Tang S, Tang B, Wang A, Xiao Y. Holling II predator-prey impulsive semi-dynamic model with complex poincaré map. Nonlin. Dyn., 2015, 81(3): 1-22.

[51] Zhang M, Song G, Chen L. A state feedback impulse model for computer worm control. Nonlinear Dyn., 2016, 85(3): 1561-1569.

[52] Blaquière A. Impulsive optimal control with finite or infinite time horizon. Journal of Optimization Theory and Applications, 1985, 46(4): 431-439.

[53] Chahim M, Hartl R F, Kort P M. A tutorial on the deterministic impulse control maximum principle: Necessary and sufficient optimality conditions. European Journal of Operational Research, 2012, 219(1): 18-26.

[54] Lin Q, Loxton R, Teo K L. Optimal control of nonlinear switched systems: computational methods and applications. Journal of the Operations Research Society of China, 2013, 1(3): 275-311.

[55] Lin Q, Loxton R, Teo K L. The control parameterization method for nonlinear optimal control: A survey. Journal of Industrial & Management Optimization, 2014, 10(1): 275-309.

[56] Ciesielski K. On stability in impulsive dynamical systems. Bull. Pol. Acad. Sci. Math., 2010, 52(84): 81-91.

[57] Tang S, Pang W. On the continuity of the function describing the times of meeting impulsive set and its application. Math. Biosci. Eng., 2017, 14(5-6): 1399-1406.

[58] Zhao Z, Pang L, Song X. Optimal control of phytoplankton-fish model with the impulsive feedback control. Nonlinear Dyn., 2017, 88(3): 2003-2011.

[59] Liang J, Tang S. Optimal dosage and economic threshold of multiple pesticide applications for pest control. Mathematical & Computer Modelling, 2010, 51(5-6): 487-503.

[60] Tanwani A, Brogliato B, Prieur C. Stability notions for a class of nonlinear systems with measure controls. Math. Controls, Signals & Syst., 2015, 27(2): 245-275.

[61] Tanwani A. Observer design for unilaterally constrained lagrangian systems: A passivity-based approach. IEEE Trans. Autom. Control, 2016, 61(9): 2386-2401.

[62] Silva G N, Vinter R B. Necessary conditions for optimal impulsive control problems. SIAM J. Control Optim., 1997, 36(6): 1829-1846.

[63] Vinter R. Optimal Control. Boston: Springer, 2000.

[64] Lakshmikantham V, Bainov D D, Simeonov P S. Theory of Impulsive Differential Equations. Singapore: World Scientific. 1989.

[65] Rockafellar R T, Wets R J B. Variational Analysis. Dordrecht: Springer. 2013.

[66] Kall P. Approximation to optimization problems: an elementary review. Mathematics of Operations Research, 1986, 11(1): 9-18.

[67] Kamien M I, Schwartz N L. Dynamic Optimization: The Calculus of Variations and Optimal Control in Economics & Management. New York: North Holland. 1998.

[68] Liu Y, Teo K L, Jennings L S, Wang S. On a class of optimal control problems with state jumps. Journal of Optimization Theory and Applications, 1998, 98(1): 65-82.

[69] Loxton R C, Teo K L, Rehbock V. Optimal control problems with multiple characteristic time points in the objective and constraints. Automatica, 2008, 44(11): 2923-2929.

[70] Bainov D, Simeonov P. Impulsive Differential Equations: Periodic Solutions and Applications. London: Longman Scientific & Technical, 1993.

[71] Loxton R C, Teo K L, Rehbock V. Computational method for a class of switched system optimal control problems. IEEE Trans. Automat. Contr., 2009, 54(10): 2455-2460.

[72] Nocedal J, Wright S J. Numerical Optimization. New York: Springer. 2006.

[73] Stewart J. Calculus: Early Transcendentals. 6th ed. USA:Thomson Brooks/Cole, 2008.

[74] Zeng G, Chen L, Sun L. Existence of periodic solution of order one of planar impulsive autonomous system. Journal of Computational & Applied Mathematics, 2006, 186(2): 466-481.

第 10 章 基于马尔可夫链的最优脉冲控制

本章以蚜虫的综合治理为例, 介绍带有脉冲干扰量的个体随机模型的优化控制问题及应用, 提出一种将控制变量与相应状态的矩直接联系起来的回归方法. 首先利用 Gillespie 算法对所有可能的控制变量对应的状态轨迹进行多次仿真, 得到相应控制次数下相关状态的样本矩, 然后建立了控制变量与潜在状态样本矩之间的对数线性回归模型, 最后用最小二乘法估计回归系数. 与 ODE 脉冲优化方法相比, 回归关系更为直观, 极大地减少了优化过程中的计算负担 [1].

10.1 引　　言

全球已发现的蚜虫种类有 4000 余种. 蚜虫的大量侵染会引起植物叶片的卷曲、脆化或枯黄, 甚至引起植物的矮化现象. 一些物种例如棉蚜、桃蚜等, 可以传播植物疾病, 特别是在蚜虫觅食过程中很容易传播植物病毒. 蚜虫给农业生产造成了巨大的经济损失, 其防治是农业和森林生态系统管理中的一个世界性和长期性问题, 因此, 准确地模拟蚜虫种群数量的演变规律具有重要的经济价值. 数学模型是农业生态学研究的重要特征和工具, 许多学者试图通过确定性模型和随机模型模拟蚜虫种群的动力学行为, 它们在计算机仿真 [2]、非线性回归 [3] 和扩散模型中 [4] 都有着广泛的应用. 种群水平模型一般是用 ODE (常微分方程) 描述, 可以通过常微分方程中的定性理论的相关知识研究系统的动力学行为. 虽然可以用确定模型对昆虫种群规模进行适当的分析和处理 [5], 但它们忽略了个体之间的内在随机性所引起的随机效应. 本章主要研究连续时间离散马尔可夫链描述的随机过程模型在害虫最优管理中的应用.

尽管杀虫剂对非靶标物种有毒害作用, 会造成大气污染、水产养殖污染、杀虫剂残留以及引起害虫的抗性等, 但由于其具有高效性, 它仍被广泛应用于病虫害防治. 生物防治在植物病虫害管理中也有着重要的应用, 主要包括引入天敌和微生物、释放不育昆虫等. 昆虫不育技术是一种生物调控手段, 其目标是通过释放不育昆虫 (通常是雄性) 与野生昆虫交配, 以降低害虫种群的出生率进而降低害虫种群的数量. IPM (综合害虫防治) 作为一种生态学方法, 越来越受到青睐 [6]. 它将生物控制、基因调控、化学控制等多种方法和技术结合在一起协同控制害虫, 以降低经济、环境和农产品的风险 [7-11]. 本章考虑喷洒杀虫剂和释放不育害虫两种不同控制策略防治蚜虫.

　　许多文献对化学和生物控制方法防治害虫的数学模型, 运用脉冲微分方程将控制变量与状态变量联系起来 [12,13], 然后用优化方法求解, 这种方法被称为脉冲微分方程优化方法. 对于连续时间马尔可夫链表示的随机模型, 基于主方程 [14], 利用矩封闭技术得到一系列关于所有状态矩的常微分方程. 尽管矩封闭技术在建立生物种群的数学模型 (ODE 模型) 中起着重要的作用 [15–19], 并且对包含 2 到 3 个化学反应的生态系统的优化问题求解非常有效, 但是种群过多会导致矩方程的维数急剧增加, 从而产生巨大的计算负荷. 此外, 由于矩封闭技术的近似计算, 矩方程的状态方差可能为负值, 这将不满足生态系统的约束条件.

　　本章其余部分的结构如下: 第 2 节详细介绍化学和生物控制, 并建立最优控制问题. 第 3 节, 建立对数线性回归模型, 解决害虫控制的最优化问题, 并与矩封闭方法的性能做对比. 最后两节讨论并给出了模型的矩封闭微分方程.

10.2　问 题 建 立

　　不育昆虫技术作为一种基于生物学的遗传控制方法, 具有不影响益虫, 对生态环境不具有侵入性, 能与寄生虫、天敌、病原体等生物控制手段相结合等诸多优点. 许多实际项目已经验证了不育昆虫技术在害虫调控中的有效性和威力, 如加利福尼亚的粉红棉铃虫的防治 [20].

　　不育昆虫技术即为将人为饲养的大量目标物种暴露在伽马射线中以破坏染色体, 使其核分裂异常产生显性突变, 进而导致不育. 当不育雄虫被释放并与野生雌虫交配时, 野生雌虫产生的卵由于发育不良而不能孵化, 或孵化后不久就会死亡, 从而导致害虫逐渐消灭 [21,22].

10.2.1　模型的描述

　　本节的研究基于文献 [23] 提出的棉蚜模型. 该模型是一个 DSSP (离散状态随机过程), 由当前蚜虫数量 (以 $N(t)$ 表示) 和环境恶化指标 (以生产蜜露为例, 即从蚜虫的出现开始直到当前时间 t 所产生的蜜露, 以 $C(t)$ 表示) 组成, 这两个过程更新方式如下:

$$\varnothing \xrightarrow{\alpha} N + C, \qquad (a)$$
$$N \xrightarrow{\lambda} 2N + C, \qquad (b)$$
$$N + C \xrightarrow{\eta} C, \qquad (c) \qquad (10.2.1)$$
$$C \xrightarrow{r} \varnothing, \qquad (d)$$

下面说明模型 (10.2.1) 的结构和参数的生物学意义.

• 参数 α 是新蚜虫个体的迁入率, (10.2.1a) 表示一个单位的蚜虫在时间间隔 $(t, t + dt)$ 内以概率 αdt 迁入当前的生态系统, 并且以相同的概率对当前的生态环境造成破坏.

• 参数 λ 是蚜虫的出生率, (10.2.1b) 表示给定当前状态 $N(t)$, 新蚜虫的出生在时间间隔 $(t, t + dt)$ 内以概率 $\lambda N(t)$ 发生, 同时产生一个单位的环境恶化.

• 参数 η 是蚜虫的死亡率, 环境恶化是害虫死亡的主要原因, (10.2.1c) 表示给定当前状态 $N(t)$ 和 $C(t)$, 在时间间隔 $(t, t + dt)$ 内蚜虫死亡的概率为 $\eta N(t)C(t)$.

• 参数 r 称为被蜜露污染的环境的恢复率, (10.2.1d) 给定当前状态 $C(t)$, 在时间间隔 $(t, t + dt)$ 内蜜露退化一个单位的概率是 $rC(t)dt$.

对于模型 (10.2.1), 取定参数值 $\alpha = 0.03$, $\lambda = 0.012$, $\eta = 0.247e - 4$, $r = 0.003$ [23], 通过使用 Gillespie 算法, 模拟蚜虫种群的动力学行为, 并在图 10.2.1(a) 中描绘蚜虫数量随时间的演变规律. 图中的横线表示害虫防治的 ET (经济阈值), 即害虫的密度, 害虫的数量超过这个值, 应采取控制措施阻止不断增加的害虫达到经济损失水平. 显然, 从第 1.5 周开始, 害虫数量超过了 ET=150, 意味着农作物处于风险水平. 因此, 应采取更多的干预措施来抑制害虫.

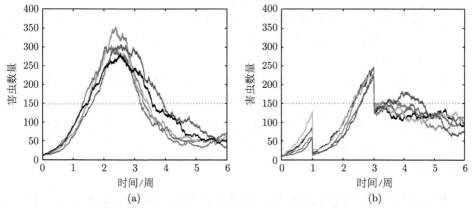

图 10.2.1 蚜虫数量的模拟轨迹. (a) 模型 (10.2.1) 的害虫轨迹; (b) 模型 (10.2.1) 和 (10.2.2) 在第一周和第三周施加控制后害虫轨迹

IPM (病虫害综合防治) 通过采用不同的病虫害防治方法相结合的方式, 最大限度地发挥控制效果, 同时尽量减少对周围环境带来的危害. 本章将化学防治和不育昆虫技术结合在模型 (10.2.1) 中一起使用, 以达到害虫防治的最佳效果. 一方面在控制时间喷洒杀虫剂直接降低蚜虫的水平, 另一方面释放用不育技术饲养的不育蚜虫抑制蚜虫种群, 文献 [23] 将其视为新物种记为 $S(t)$. 为了模拟不育蚜虫的释放效应, 根据健康蚜虫个体与不育蚜虫个体之间的相互作用机制进行建模.

$$N + S \xrightarrow{k_1} B, \qquad (a)$$
$$B \xrightarrow{k_2} N + S, \qquad (b)$$
$$B + C \xrightarrow{\eta} C, \qquad (c) \qquad\qquad (10.2.2)$$
$$S + C \xrightarrow{\eta} C. \qquad (d)$$

每个人工培育的不育蚜虫和健康蚜虫相互作用的机理是: 假设不育蚜虫随机地阻碍健康蚜虫在一定的时间内生育, 称其为临时不育个体, 将其在 t 时刻的数量记为 $B(t)$, 并假设健康蚜虫和不育蚜虫在生命周期内具有相同的死亡率. 模型 (10.2.2) 的机理和参数的含义如下.

• 参数 k_1 是健康蚜虫转化为临时不育个体的速率, 即 (10.2.2a) 意味着, 在给定当前状态 $N(t)$ 和 $S(t)$ 的情况下, 一个单位的健康蚜虫在时间间隔 $(t, t+dt)$ 内以 $k_1 N(t)S(t)dt$ 的概率转化为临时不育个体 $B(t)$.

• 参数 k_2 是临时不育蚜虫个体 $B(t)$ 转化为健康蚜虫和不育蚜虫的恢复速率, 也就是说, (10.2.2b) 意味着给定当前状态 $B(t)$, 在时间间隔 $(t, t+dt)$ 内以 $k_2 B(t)dt$ 的概率恢复成正常生育能力的个体.

• 参数 η 是由蜜露对环境的破坏而引起的害虫死亡率, (10.2.2c) 和 (10.2.2d) 表明在给定的当前状态 $B(t)$, $S(t)$ 和 $C(t)$, 在时间间隔为 $(t, t+dt)$ 内, 人工培育的不育个体和临时不育个体的死亡概率分别是 $\eta B(t)C(t)$, $\eta S(t)C(t)$.

图 10.2.1(b) 显示了在第 1 周和第 3 周分别释放 100 个不育蚜虫时的 5 次模拟轨迹, 其中参数与图 10.2.1(a) 中相同且设另外两个参数的值为 $k_1 = k_2 = 0.01$. 从图中可见由于不育个体的释放, 蚜虫的数量大大减少, 可以想象, 如果更多不育的蚜虫被更频繁地释放, 蚜虫数量将会大量地持续减少.

10.2.2 害虫综合防治

假设害虫的脉冲干扰发生在规定的时间节点 t_h, 且 $t_h \in [0, T]$, 其中 T 为害虫控制的终端时刻. 据此可得如下关系:

$$0 < t_1 < t_2 < \cdots < t_H < T \doteq t_{H+1}, \quad t_h - t_{h-1} = \frac{T}{H+1}.$$

虽然只是在时刻 $t_1, t_2, \cdots, t_H$ 处施加控制使得蚜虫的数量低于经济阈值 ET, 但只要控制的次数 H 足够大, 在蚜虫防治期间 $[0, T]$, 蚜虫的数量还是能够得到很好的控制.

为了模拟杀虫剂控制的效果, 将其作为害虫的脉冲状态重置. 为了简单, 定义状态集合为 $\mathcal{M} = \{N, S, B, C\}$. 对任意 $G \in \mathcal{M}$, 定义 $G(t)$ 的 j 阶矩如下

$$\chi_j^G \doteq E[G(t)^j], \quad j = 0, 1, 2, \qquad (10.2.3)$$

其中 $\chi_0^G = 1$. 施用杀虫剂时, 害虫数量减少关系如下

$$N(t_h) = (1 - \mu_{p_h})N(t_h^-),$$

其中 $0 < \mu_{p_h} < 1$ 表示在控制时刻杀虫剂的喷洒比例或表示杀虫剂对害虫的杀灭率, $N(t_h^-)$ 表示施用杀虫剂之前的害虫数量. 即

$$N(t_h^-) = \lim_{s \to t_h, \ s < t_h} N(s).$$

对 $N(t_h)$ 经过 i 次乘方并取期望, 可得

$$\chi_i^N(t_h) = \mathbb{E}[N(t_h)^i] = \mathbb{E}[((1 - \mu_{p_h})N(t_h^-))^i] = (1 - \mu_{p_h})^i \chi_i^N(t_h^-), \quad i = 1, 2.$$
(10.2.4)

进一步考虑释放人工饲养的不育蚜虫对模型的影响, 设 $0 < \mu_{s_h} < 1$ 为在 t_h 时刻对不育昆虫的释放比例, $\overline{S}$ 为释放不育昆虫的总头数. 这种控制效应在建模时也被视为状态的脉冲效应, 即, 设 $M(t_h) = \mu_{s_h}\overline{S}$ 为 t_h 时刻对不育昆虫释放的数量. 当释放了 $M(t_h)$ 头不育昆虫后, 模型的状态发生如下变化

$$S(t_h) = S(t_h^-) + M(t_h), \quad C(t_h) = C(t_h^-) + M(t_h).$$

状态的矩也发生相应的变化

$$\chi_i^S(t_h) = \mathbb{E}[S(t_h)^i] = \mathbb{E}[(S(t_h^-) + M(t_h))^i] = \sum_{\nu=0}^{i} \binom{i}{\nu} \cdot \chi_\nu^S(t_h^-) \cdot M^{i-\nu}(t_h),$$
(10.2.5)

$$\chi_i^C(t_h) = \mathbb{E}[C(t_h)^i] = \mathbb{E}[(C(t_h^-) + M(t_h))^i] = \sum_{\nu=0}^{i} \binom{i}{\nu} \cdot \chi_\nu^C(t_h^-) \cdot M^{i-\nu}(t_h).$$
(10.2.6)

式子 (10.2.4)、(10.2.5) 和 (10.2.6) 被称为跳跃条件.

10.2.3 优化问题

为了简单起见, 设

$$\mu_p = (\mu_{p_1}, \mu_{p_2}, \cdots, \mu_{p_H})^\top$$
(10.2.7)

和

$$\mu_s = (\mu_{s_1}, \mu_{s_2}, \cdots, \mu_{s_H})^\top$$
(10.2.8)

分别为所有控制时间点上的杀虫剂和不育昆虫的释放比例构成的向量, 则上述最优的害虫管理问题可以归结为极小化目标函数

$$J(\mu_p, \mu_s) = \sum_{h=1}^{H} [Ap^i \mu_{p_h} + p^s \mu_{s_h} \overline{S}] + p^c \chi_1^C(T).$$
(10.2.9)

上式中的参数 A 表示害虫控制的区域, 参数 p^i 和 p^s 分别为喷洒单位面积杀虫剂的费用和释放单位不育昆虫的费用. $\chi_1^C(T)$ 为终端时刻状态 $C(t)$ 的数学期望. 为了描述由于蜜露污染导致的减产而产生的环境治理, 用 p^c 表示把状态 $C(t)$ 在终端时刻的期望值转化为环境治理的经济成本 (称之为治理环境恶化的代价) 的指标.

在 IPM 中, ET 是一个重要的概念, 它是田间害虫管理的一个重要参考标准, 管理控制必须使害虫的数量低于这个标准, 以防止害虫数量过多而造成经济损失 [24]. 这里将 ET 设置为 ζ, 对害虫数量的约束表示为

$$P\{N(t) > \zeta\} \leqslant \varrho, \tag{10.2.10}$$

其中 ϱ 是一个很小的概率值. 假设 $N(t)$ 服从标准正态分布, 因此上述约束可以转化为下列不等式约束

$$g(t) \doteq \chi_1^N(t) + \Psi^{-1}(1-\varrho)\sigma^N(t) \leqslant \zeta, \quad \forall t \in [0,T], \tag{10.2.11}$$

其中 $\Psi(\cdot)$ 是标准正态分布的概率密度函数, $\sigma^N(t) := \sqrt{\chi_2^N(t) - (\chi_1^N(t))^2}$ 是 $N(t)$ 的标准差. 另外, 根据实际的生物学意义, 定义控制参数的约束为

$$\Theta = \left\{(\mu_p, \mu_s) \mid \mu_{p_h}, \mu_{s_h} \geqslant 0 \; (h = 1, \cdots, H), \sum_{h=1}^H \mu_{p_h}, \sum_{h=1}^H \mu_{s_h} \leqslant 1\right\}. \tag{10.2.12}$$

综上所述, 以上最优控制问题描述如下.

- **问题 (Q)** 在约束 (10.2.1)、(10.2.2)、(10.2.11) 和 (10.2.12) 的条件下, 寻找最优的参数向量 (μ_p, μ_s) 使得目标函数 (10.2.9) 达到极小值.

这是一个带有不等式约束的最优控制问题. 在求解问题 (Q) 时, 因为 (10.2.11) 约束中含有状态 $N(t)$ 的期望和方差以及 $C(t)$ 在末端时刻的期望, 因此需要计算出相应的值. CME (化学主方程) 与矩封闭技术是解决模型随机变量期望和方差的重要方法之一. 文献 [23] 通过这种方式解决了问题 (Q). 然而, 不可否认的是, 引入不育昆虫使 CME 的维数呈指数增长. 即引入不育昆虫 S 将产生临时不育个体 B, 则使矩方程的数量从 5 个增加到 14 个. 关于更多细节, 可参考本章后面的附录部分. 由于 CME 的近似计算, CME 方程的解 $\chi_1^N(t)$ 和 $\chi_2^N(t)$ 可能不满足约束 $\chi_2^N(t) - (\chi_1^N(t))^2 > 0$, 即可能导致方差 $\sigma^N(t)$ 变为虚数. 虽然在每一次迭代的过程中可以通过投影技术使得 $\sigma^N(t)$ 为正值, 并保证满足约束 $\chi_2^N(t) - (\chi_1^N(t))^2 > 0$ [23], 但是所有这些修正都会增加计算负荷, 使问题变得不可解.

10.3 解决方案

在处理优化问题 (Q) 时, 关键步骤是将每个控制时刻的控制变量和相应时刻状态的矩联系起来. 也就是说, 希望在控制变量和问题 (Q) 的约束之间建立更直接的联系. 与矩封闭方法不同, 用一个回归模型来建立控制变量与约束之间的关系, 从而消除矩封闭方法的瓶颈. 图 10.3.1 中描述了一个解决问题 (Q) 的回归算法.

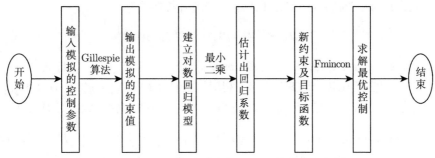

图 10.3.1 用回归方法求问题 (Q) 的算法流程图

10.3.1 基于对数线性回归的控制问题描述

假设控制共施加了 H 次, 且施加的时间间隔为一周. 假设在 t_h 时刻施加的喷洒杀虫剂和释放不育昆虫的控制对用 $(\mu_{p_h}, \mu_{s_h}), h = 1, \cdots, H$ 表示. 给出需要满足的约束条件

$$g(t_{h+1}) = \chi_1^N(t_{h+1}) + \Psi^{-1}(1-\varrho)\sigma^N(t_{h+1}) \leqslant \zeta, \quad h = 1, \cdots, H. \quad (10.3.1)$$

回归参数向量表述为

$$\beta_h = (\beta_{p_1}, \beta_{s_1}, \cdots, \beta_{p_h}, \beta_{s_h})^\top, \quad h = 1, \cdots, H. \quad (10.3.2)$$

控制对向量记为

$$\mu_h = (\mu_{p_1}, \mu_{s_1}, \cdots, \mu_{p_h}, \mu_{s_h})^\top, \quad h = 1, 2, \cdots, H, \quad (10.3.3)$$

建立约束与控制变量的对数线性回归模型, 将约束与控制变量联系起来:

$$\log g(t_{h+1}) = \beta_h^\top \mu_h + \beta_0 + \varepsilon, \quad h = 1, 2, \cdots, H. \quad (10.3.4)$$

其中回归系数向量 β_h 和 β_0 是待估计的参数, ε 是服从均值为 0、方差为 $\sigma^2(t_h)$ 的正态分布的随机变量. 模型 (10.3.4) 表明, t_{h+1} 时刻的对数回归约束只与前一个时刻 t_h 施加的控制有关. 同样的方式我们可以建立末端时刻 C 的均值 $\chi_1^C(T)$ 与控制变量的对数回归关系

$$\log \chi_1^C(T) = \alpha_H^\top \mu_H + \alpha_0 + \varepsilon, \tag{10.3.5}$$

其中 $\alpha_H = (\alpha_{p_1}, \alpha_{s_1}, \cdots, \alpha_{p_H}, \alpha_{s_H})^\top$ 和 α_0 是待估计的回归系数的参数, 同样 ε 是服从均值为 0、方差为 $\sigma^2(t_h)$ 的正态分布的随机变量. 为了估计回归系数 α_H, β_H, α_0 和 β_0, 将各脉冲时刻的控制变量值作为输入, 约束值作为输出, 通过 Gillespie 算法模拟生成训练样本. 对算法进行 R 次模拟的具体步骤如下.

- 步骤 1　从控制空间 (10.2.12) 中均匀选择控制变量

$$\mu_H = (\mu_{p_1}, \mu_{s_1}, \cdots, \mu_{p_H}, \mu_{s_H})^\top.$$

- 步骤 2　对于 $t \in [0, T]$, 通过 Gillespie 算法对状态 $N(t)$ 和 $C(t)$ 进行 m 次模拟, 得到它们在各个时刻的样本, 利用这些样本得到 $\chi_1^N(t_h), \sigma^N(t_h)$ 和 $\chi_1^C(T)$ 的值, 记为 $\hat{\chi}_1^N(t_h)$, $\hat{\sigma}^N(t_h)$ 及 $\hat{\chi}_1^C(T)$. 设 $\varrho = 0.1$, 则约束函数的估计值为

$$\hat{g}(t_{h+1}) = \hat{\chi}_1^N(t_{h+1}) + \Psi^{-1}(0.9)\hat{\sigma}^N(t_{h+1}), \quad h = 1, 2, \cdots, H. \tag{10.3.6}$$

为简单起见, 将 (10.3.6) 的集合记为 $\hat{g} = \{\hat{g}(t_{h+1})\}_{h=1}^H$.

- 步骤 3　重复步骤 1 和步骤 2 直到得到 R 个训练样本集 $(\mu_H^{(r)}, \hat{g}^{(r)}), r = 1, 2, \cdots, R$, 其中 $\mu_H^{(r)}$ 和 $\hat{g}^{(r)}$ 是第 r 次模拟的结果.

利用这些训练数据, 通过最小二乘方法可以直接得到模型 (10.3.4) 和 (10.3.5) 中回归系数的估计值 $\hat{\beta}_h$, $\hat{\beta}_0$, $\hat{\alpha}_H$ 以及 $\hat{\alpha}_0$. 由参数估计值容易得到约束函数的估计值

$$\hat{g}(t_{h+1}) = \exp(\hat{\beta}_h^\top \mu_h + \hat{\beta}_0), \quad h = 1, 2, \cdots, H \tag{10.3.7}$$

和目标函数中 $\chi_1^C(T)$ 的估计值

$$\hat{\chi}_1^C(T) = \exp(\hat{\alpha}_H^\top \mu_H + \hat{\alpha}_0). \tag{10.3.8}$$

进而得到近似目标函数

$$J(\mu_{p_h}, \mu_{s_h}) = \sum_{h=1}^H [Ap^i \mu_{p_h} + p^S \mu_{s_h} \bar{S}] + p^C \exp(\hat{\alpha}_H^\top \mu_H + \hat{\alpha}_0). \tag{10.3.9}$$

从而问题 (Q) 的关键部分就完成了.

10.3.2　回归系数的估计和性能分析

我们首先把控制变量作为输入, 将其约束作为输出, 然后用最小二乘法估计回归系数. 从相同的输入开始, 用 Gillespie 算法模拟得到的约束值与用回归法得

到的约束预测值进行对比. 取定状态的初值为 $N(0) = 10$, $C(0) = 10$, $S(0) = 0$, $B(0) = 0$, 选取参数的初值为 $\alpha = 0.0307$, $\lambda = 0.0115$, $\eta = 0.247e - 4$, $r = 0.0026$, $k_1 = 0.01$ 及 $k_2 = 0.01$. 正如文献 [23] 所描述的那样, 脉冲时间设置为

$$t_1 = 1,\ t_2 = 2,\ t_3 = 3,\ t_4 = 4,\ t_5 = 5. \tag{10.3.10}$$

时间单位是 "周". 模拟训练样本的大小 $R = 2000$, 每次输入进行 $m = 50$ 次模拟则可以得到控制时刻的约束值和 $C(t)$ 的样本均值并将它们作为输出, 用最小二乘法得到的回归系数和结果列在表 10.3.1 和表 10.3.2 中.

表 10.3.1　控制时刻约束 $g(t)$ 的回归系数

回归系数	控制时间				
	t_1	t_2	t_3	t_4	t_5
$\hat{\beta}_0$	5.849	5.851	5.132	4.444	4.321
$\hat{\beta}_{p_1}$	-1.154	-0.279	0.312	0.608	0.671
$\hat{\beta}_{s_1}$	-3.304	-0.794	0.039	0.360	0.495
$\hat{\beta}_{p_2}$	—	-1.543	-0.458	0.311	0.745
$\hat{\beta}_{s_2}$	—	-1.164	0.610	-0.747	-0.365
$\hat{\beta}_{p_3}$	—	—	-0.080	2.238	-1.373
$\hat{\beta}_{s_3}$	—	—	-0.982	0.765	2.979
$\hat{\beta}_{p_4}$	—	—	—	-0.415	1.349
$\hat{\beta}_{s_4}$	—	—	—	-1.558	-0.162
$\hat{\beta}_{p_5}$	—	—	—	—	-1.846
$\hat{\beta}_{s_5}$	—	—	—	—	-2.992

从表 10.3.1, 可以得到在控制时间 $t_2, \cdots, t_5$ 以及终端时间 T 约束的估计:

$$\hat{g}(t_2) = \exp(5.849 - 1.154\mu_{p_1} - 3.304\mu_{s_1}),$$

$$\hat{g}(t_3) = \exp(5.851 - 0.279\mu_{p_1} - 0.794\mu_{s_1} - 1.543\mu_{p_2} - 1.164\mu_{s_2}),$$

$$\hat{g}(t_4) = \exp(5.132 + 0.312\mu_{p_1} + 0.039\mu_{s_1} - 0.458\mu_{p_2} + 0.610\mu_{s_2} - 0.080\mu_{p_3} - 0.982\mu_{s_3}),$$

$$\hat{g}(t_5) = \exp(4.444 + 0.608\mu_{p_1} + 0.360\mu_{s_1} + 0.311\mu_{p_2} - 0.747\mu_{s_2} + 2.238\mu_{p_3}$$
$$+ 0.765\mu_{s_3} - 0.415\mu_{p_4} - 1.558\mu_{s_4}),$$

$$\hat{g}(T) = \exp(4.321 + 0.671\mu_{p_1} + 0.495\mu_{s_1} + 0.745\mu_{p_2} - 0.365\mu_{s_2} - 1.373\mu_{p_3}$$
$$+ 2.979\mu_{s_3} + 1.349\mu_{p_4} - 0.162\mu_{s_4} - 1.846\mu_{p_5} - 2.992\mu_{s_5}).$$

由表 10.3.2 得到 $C(T)$ 的期望估计值:

$$\hat{\chi}_1^C(T) = \exp(6.232 - 0.053\mu_{p_1} - 0.144\mu_{s_1} - 0.068\mu_{p_2} - 0.209\mu_{s_2} - 0.368\mu_{p_3}$$
$$- 0.808\mu_{s_3} - 0.292\mu_{p_4} - 0.393\mu_{s_4} - 284\mu_{p_5} + 0.152\mu_{s_5}).$$

表 10.3.2　末端时间 $\chi_1^C(T)$ 的回归系数

$\hat{\alpha}_0$	$\hat{\alpha}_{p_1}$	$\hat{\alpha}_{s_1}$	$\hat{\alpha}_{p_2}$	$\hat{\alpha}_{s_2}$	$\hat{\alpha}_{p_3}$	$\hat{\alpha}_{s_3}$
6.232	−0.053	−0.144	−0.068	−0.209	−0.368	−0.808

$\hat{\alpha}_{p_4}$	$\hat{\alpha}_{s_4}$	$\hat{\alpha}_{p_5}$	$\hat{\alpha}_{s_5}$
−0.292	−0.393	−0.284	0.152

现在当新的控制变量被应用时, 检查回归方法的预测性能. 选取与式 (10.3.10) 相同的时间设置的值 t_i $(i = 1, \cdots, 5)$. 首先, 产生一组随机控制变量, 包括五次杀虫剂的随机喷洒比例

$$0.0734, \quad 0.0618, \quad 0.0702, \quad 0.0019, \quad 0.0301$$

和五次不育昆虫的随机释放比例

$$0.3475, \quad 0.1480, \quad 0.3727, \quad 0.0597, \quad 0.0053.$$

从这些控制变量出发, 模拟分别得到 $N(t_i)$ 和 $C(t_i)$ $(i = 1, 2, \cdots, H+1)$ 的 m 组观测值. 利用这些样本估计出 $N(t)$ 的均值和方差以及终端时刻 $C(t)$ 的均值, 分别记为 $\hat{\chi}_1^N(t_i)$, $\hat{\sigma}^N(t_i)$ 和 $\hat{\chi}_1^C(T)(T = t_{H+1})$. 从而约束函数的估计形式如下

$$\hat{g}(t_{h+1}) = \hat{\chi}_1^N(t_{h+1}) + \Psi^{-1}(0.9)\hat{\sigma}^N(t_{h+1}), \quad h = 1, 2, \cdots, H = 5.$$

简记为 $\hat{g} = (\hat{g}(t_2), \hat{g}(t_3), \cdots, \hat{g}(t_{H+1}))$. 重复上述过程直至得到 R 个 $\hat{g}^{(r)}$, $r = 1, 2, \cdots, R = 2000$ 的训练样本. 在此基础上, 得到观测约束的样本中位数 (图 10.3.2 中的蓝色 '∘'). 同时用蓝色的 '-' 画出 10% (Q_{10}) 和 90% (Q_{90}) 的分位点. 同样在同一张图中描述了 $\chi_1^C(T)$ 的中位数和分位数. 同时给出相同的控制变量, 通过回归方法得到 $\hat{g}^{(r)}$, $r = 1, 2, \cdots, R = 2000$ 和 $\chi_1^C(T)$ 的中位数和分位数 (用红色的 '*' 和 '-'). 从图 10.3.2 中可以看出, 用回归方法和 Gillespie 算法得到约束的置信区间有大量重叠部分从而验证了回归方法的可靠性.

为了进一步验证回归预测的有效性, 随机选取 n 组控制变量记为 $\mu_H{}^i$ $(i = 1, 2, \cdots, n)$. 设 $g_j^p(\mu_H{}^i)$ 和 $g_j^s(\mu_H{}^i)$ 分别是控制变量为 $\mu_H{}^i$ 在控制时刻 t_j 的约束回归预测值和 Gillespie 算法模拟得到的约束值. 在控制时间点 t_j 定义 ARPE_j (平均相对预测误差) 为

$$\text{ARPE}_j = \frac{1}{n}\sum_{i=1}^{n}\frac{|g_j^p(\mu_H^i) - g_j^s(\mu_H^i)|}{g_j^s(\mu_H^i)}, \quad j = 2, 3, \cdots, H+1.$$

取 $n = 100$ 和 $H = 5$, 计算平均相对预测误差, 如表 10.3.3 所示. 虽然平均相对预测误差随着时间的增加而增加, 但它们仍保持在 5% 水平以内. 这表明, 用回归方法得到的约束预测很好地拟合了用 Gillespie 算法得到的模拟约束.

表 10.3.3　回归方法中新约束函数的预测误差

时间	t_2	t_3	t_4	t_5	$T(t_6)$
ARPEs	0.0319	0.0394	0.0431	0.0496	0.0463

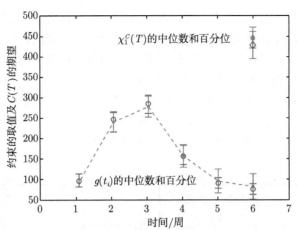

图 10.3.2 通过模拟样本和回归方法得到的约束 $g(t)$ 和 $C(t)$ 的中位数和百分位. 蓝色的 '∘' 和 '-' 表示的是通过 Gillespie 算法模拟得到约束 $g(t)$ 的中位数和百分位. 红色的 '∗' 和 '-' 表示通过回归方法得到约束 $g(t)$ 的中位数和百分位. 灰色的 '•' 和 '-' 表示通过 Gillespie 算法模拟样本得到的终端时刻 $\chi_1^C(T)$ 的中位数和百分位. 紫色的 '◇' 和 '-' 表示通过回归方法估计出在终端时刻的 $\chi_1^C(T)$ 中位数和百分位

10.3.3 最优化问题的求解

考虑到表 10.3.1 中所列的估计系数, 最优化问题 (Q) 转化为一个标准的条件极值问题, 且目标函数为 (10.3.9), 约束条件为

$$\hat{g}(t_{h+1}) = \exp(\hat{\beta}^\top \mu_h + \hat{\beta}_0) \leqslant \zeta, \quad h = 1, 2, \cdots, H$$

和 (10.2.12).

取 $A = 100, \bar{S} = 200, p^i = 1, p^c = 1$ 和 $p^s = 4$[23], 利用 MATLAB 中的 Fmincon 函数, 得到了表 10.3.4 最后一行显示的最优控制策略. 为了进行比较, 我们还分别在表 10.3.4 的第一行和第二行展示了随机控制策略和用矩封闭方法得到的最优控制策略的结果 [23]. 由表 10.3.4 可知, 回归方法的最优控制策略明显降低了目标函数.

表 10.3.4　不同方法得到的最优控制策略

方法	控制参数	目标花费
随机控制策略	$\mu_{p_1}^0 = 0.2375, \mu_{p_2}^0 = 0, \mu_{p_3}^0 = 0.1256,$ $\mu_{p_4}^0 = 0.2875, \mu_{p_5}^0 = 0, \mu_{s_1}^0 = 0.1235,$ $\mu_{s_2}^0 = 0, \mu_{s_3}^0 = 0, \mu_{s_4}^0 = 0.2782, \mu_{s_5}^0 = 0.1672$	$J^{\mathrm{Rand}} = 831.26$
矩封闭方法	$\mu_{p_1} = 0.9234, \mu_{p_2} = 0, \mu_{p_3} = 0, \mu_{p_4} = 0,$ $\mu_{p_5} = 0, \mu_{s_1} = 0.2257, \mu_{s_2} = 0.1241,$ $\mu_{s_3} = 0.1256, \mu_{s_4} = 0.1235, \mu_{s_5} = 0.1232$	$J^{\mathrm{Moment}} = 729.62$[23]
回归方法	$\mu_{p_1}^* = 1, \mu_{p_2}^* = 0, \mu_{p_3}^* = 0,$ $\mu_{p_4}^* = 0, \mu_{p_5}^* = 0, \mu_{s_1}^* = 0.0838,$ $\mu_{s_2}^* = 0.0972, \mu_{s_3}^* = 0, \mu_{s_4}^* = 0, \mu_{s_5}^* = 0$	$J^{\mathrm{Reg.}} = 520.95$

　　图 10.3.3 直观地说明了用矩封闭方法和回归法得到的最优控制策略. J^0, J 和 J^* 分别表示用随机控制策略、矩封闭技术下的最优控制策略和回归法得到的最优控制策略下的目标函数. 与矩封闭技术相比, 回归方法在第一周喷洒全剂量的杀虫剂, 并在第一周和第二周释放较低比例的不育昆虫. 喷洒杀虫剂频率越低, 不育个体释放量越低, 控制成本就越低. 虽然在这项策略下, 害虫数量在最后两周内有所增加 (图 10.3.4), 并且高于 ET 水平, 但从生物意义的角度考虑, 只需在 $(0, T)$ 内控制害虫的水平, 因而这样的控制策略也是可行的.

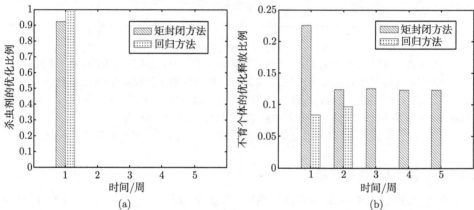

图 10.3.3　用矩封闭技术和回归法得到的最优控制策略. (a) 杀虫剂的优化比例; (b) 不育个体的优化释放比例

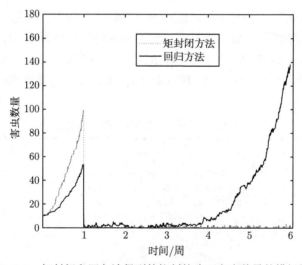

图 10.3.4　矩封闭和回归法得到的控制策略下害虫数量的模拟轨迹

10.3.4 权重常数对最优策略的相对影响

最后探讨参数 A, p^i, p^s 以及 p^c 对最优控制策略 μ_p, μ_s 及目标函数的相对影响. 与上面的模拟相同, 我们取 $A = 100, p^i = 1, p^c = 1, p^s = 4$[23]. 然后对四个参数中的一个进行变化, 固定其他参数, 得到如图 10.3.5 所示的最优控制结果.

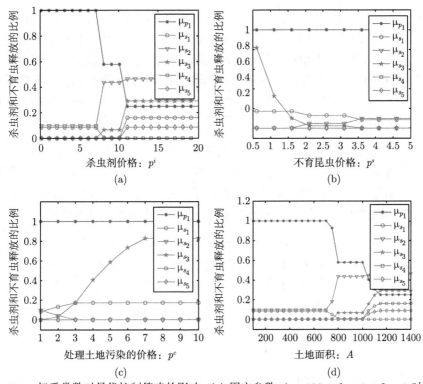

图 10.3.5 权重常数对最优控制策略的影响. (a) 固定参数 $A = 100$, $p^s = 4$, $p^c = 1$ 时, 不同的杀虫剂价格 p^i 对最优控制策略的影响; (b) 当参数 $A = 100$, $p^i = 1$, $p^c = 1$ 时, p^s 对最优控制策略的影响; (c) 权重参数 $A = 100$, $p^i = 1$, $p^s = 4$ 固定时, 环境治理费用 p^c 对最优控制策略的影响; (d) 当 $p^i = 1$, $p^s = 4$, $p^c = 1$ 时, 控制区域大小 A 对最优控制策略的影响

* 固定参数 $A = 100$, $p^s = 4$ 和 $p^c = 1$, 图 10.3.5(a) 描述了当杀虫剂的价格 p^i 增加时的参数最优选择结果. 对于 p^i 的任意值, 最优杀虫剂比例都集中在第一周, 也就是说 $\mu_{p_1} \neq 0$, 而当 $i = 2, 3, 4, 5$ 时 $\mu_{p_i} = 0$. 蓝色 '$-*-$' 折线表示在第一周的最优杀虫剂比例 μ_{p_1}, 其他红色线代表在五周内的不育昆虫的最优释放比例. 结果表明, 随着杀虫剂价格的上涨, 杀虫剂使用量越来越少, 相反对不育昆虫的释放越来越多. 此外, 在 $p^i = 7$ 时, 杀虫剂的释放量急剧下降, 说明最优控制方案对杀虫剂的价格非常敏感.

- 固定参数 $A = 100$, $p^i = 1$, $p^c = 1$, 图 10.3.5(b) 记录当不育昆虫的价格参数 p^s 从 0.5 增加到 5 时的参数最优选择结果. 同样, 杀虫剂的最佳释放时间集中在第一周, 用图中的蓝色 '– * –' 折线表示. 显然, 随着 p^s 价格的上涨, 所有最优不育昆虫的释放比例都在下降, 而最优的杀虫剂比例始终保持在一个稳定的水平.

- 固定参数 $A = 100$, $p^i = 1$, $p^s = 4$, 图 10.3.5(c) 显示随价格参数 p^c 增加的最优控制策略. 图中显示, 随着 p^c 价格的增加, 第三周最优不育昆虫的释放比例增加, 其他比例保持不变. 杀虫剂或不育昆虫的释放量与田间自然环境的退化程度之间存在着均衡关系. 即最初几周释放的不育昆虫和喷洒杀虫剂的量越低, 最终的恶化程度就越高, 反之亦然. 此图表明, 杀虫剂和不育昆虫都应在早期保持高水平的喷洒和释放, 以抑制后期环境的恶变.

- 固定参数 $p^i = 1$, $p^s = 4$, $p^c = 1$, 图 10.3.5(d) 反映了随农场的面积 A 增加时的最佳控制曲线. 从中我们注意到随着农场面积大小的增加, 第二周和第三周释放的不育昆虫的最佳比例超过了杀虫剂喷洒的比例. 这意味着与化学控制策略相比, 生物控制方法在管理大面积的农场时更具有优势.

从以上分析可知: ① 杀虫剂的价格 p^i 和田间控制面积 A 对第一周的杀虫剂最佳喷洒比例和第二周最佳不育昆虫释放比例有显著影响, 特别是当 p^i 处于 7 和 11 之间, 控制面积 A 在 700 和 1150 之间影响更加显著; ② 不育昆虫的价格 p^s 和环境治理的价格 p^c 很大地影响着第三周的不育昆虫的释放比例.

10.4　讨　　论

本章讨论了随机模型的最优控制问题. 从本质上讲, 这类问题包含两个要素, 一方面是包含杀虫剂和不育昆虫等控制变量的目标函数, 另一方面是关于控制变量的约束、经济阈值以及与所考虑的量有关的其他特征等相关约束. 随机模型中害虫数量的约束通常用概率不等式来表示, 其等价于害虫数量的一和二阶矩的不等式约束. 通过化学反应主方程和矩封闭技术, 可以用 ODE 来构造控制变量和害虫的矩之间的间接关系. 然而, 在本章的研究中状态的维数和矩封闭方程系统的近似都使得计算成为构造这种间接关系过程中的一个瓶颈. 为此, 我们建立包括杀虫剂喷洒比例和不育昆虫的释放比例在内的控制变量与相应时刻状态之间的回归关系. 这种方式不但节省了计算的时长, 还弥补了由于化学反应主方程和矩封闭导致的缺点.

回归方法是处理复杂问题的黑箱技术之一. 由于计算机运算速度的提高, 通过扩大输入和输出的规模, 可以获得更好的估计. 对于随机模型的控制问题, 通过在整个支撑集中增加控制变量的数量, 预测似乎更像是一个拟合问题, 而不是一个纯粹的预测. 这意味着可以通过增加输入的大小或输入的设计来提高 "预测" 性能 [26].

考虑到回归系数必须在每个给定的控制点之前进行估计, 而控制是周期性发生的, 因此回归方法对周期脉冲控制问题是非常有用的. 但是对于状态脉冲反馈控制问题, 当害虫的大小达到给定阈值时 [27,28], 立即需要采取控制措施, 就要求对回归系数的估计是瞬时的, 这使得回归模型难以完成这样的任务.

作为一种统计方法, 基于回归系数估计值的最优控制策略只是无限多个可选解中的一个. 计算机仿真结果表明, 不同的回归系数估计值在目标函数值相近的情况下, 其最优控制策略稍有不同. 从这个意义上说, 最优控制策略应该是多组解中的一个, 其中一些解根据其他需求都是可取的.

10.5　附录: 模型 (10.2.1) 和 (10.2.2) 矩的微分方程

为了推导模型 (10.2.1) 和 (10.2.2) 的化学反应主方程, 给出它们的转移概率:

$$Pr\{N(t+dt) = N(t)+1, C(t+dt) = C(t)+1|\varnothing\} = \alpha dt + o(dt), \quad (10.5.1)$$

$$Pr\{N(t+dt) = N(t)+1, C(t+dt) = C(t)+1|N(t)\} = \lambda N(t)dt + o(dt), \quad (10.5.2)$$

$$Pr\{C(t+dt) = C(t)|N(t), C(t)\} = \eta N(t)C(t)dt + o(dt), \quad (10.5.3)$$

$$Pr\{C(t+dt) = 0|C(t)\} = rC(t)dt + o(dt), \quad (10.5.4)$$

$$Pr\{B(t+dt) = B(t)+1|N(t), S(t)\} = k_1 N(t)S(t)dt + o(dt), \quad (10.5.5)$$

$$Pr\{N(t+dt) = N(t)+1, S(t+dt) = S(t)+1|B(t)\} = k_2 B(t)dt + o(dt), \quad (10.5.6)$$

$$Pr\{C(t+dt) = C(t)|B(t), C(t)\} = \eta B(t)C(t)dt + o(dt), \quad (10.5.7)$$

$$Pr\{C(t+dt) = C(t)|S(t), C(t)\} = \eta S(t)C(t)dt + o(dt). \quad (10.5.8)$$

$P_{n,c,s,b}(t)$ 记为状态的转移概率, $(N(t), C(t), S(t), B(t)) = (n, c, s, b)$ 为模型中的状态, 根据文献 [30] 所描述的方法, 得到柯尔莫哥洛夫前向方程:

$$\frac{\partial P}{\partial t} = k_1 ns P_{n,s,b-1,c}(t) + k_2 b P_{n-1,s-1,b,c}(t) + \eta(b+1)c P_{n,s,b+1,c}(t)$$

$$+ \eta(s+1)c P_{n,s+1,b,c}(t) - k_1 ns P_{n,s,b,c}(t) - k_2 b P_{n,s,b,c}(t)$$

$$- \eta bc P_{n,s,b,c}(t) - \eta sc P_{n,s,b,c}(t). \quad (10.5.9)$$

设 $M(\theta,t)$ 和 $K(\theta,t)$ 分别为矩母生成函数和累积量生成函数. 利用 "random-variable" 技术 [31], 推导出关于矩母函数的微分方程表达形式

$$\frac{\partial M}{\partial t} = (\mathrm{e}^{\theta_3} - 1)k_1\frac{\partial^2 M}{\partial\theta_1\partial\theta_2} + (\mathrm{e}^{\theta_1+\theta_2-\theta_3} - 1)k_2\frac{\partial M}{\partial\theta_3}$$

$$+(\mathrm{e}^{-\theta_3} - 1)\eta\frac{\partial^2 M}{\partial\theta_3\partial\theta_4} + (\mathrm{e}^{-\theta_2} - 1)\eta\frac{\partial^2 M}{\partial\theta_2\partial\theta_4}. \tag{10.5.10}$$

又因为 $K(\theta,t) = \log M(\theta,t)$, 所以有

$$\frac{\partial K}{\partial t} = (\mathrm{e}^{\theta_3} - 1)k_1\frac{\partial^2 K}{\partial\theta_1\partial\theta_2} + (\mathrm{e}^{\theta_3} - 1)k_1\frac{\partial^2 K}{\partial\theta_1\partial\theta_2} + (\mathrm{e}^{\theta_1+\theta_2-\theta_3} - 1)k_2\frac{\partial K}{\partial\theta_3}$$

$$+(\mathrm{e}^{-\theta_3} - 1)\eta\frac{\partial^2 K}{\partial\theta_3\partial\theta_4} + (\mathrm{e}^{-\theta_3} - 1)\eta\frac{\partial K}{\partial\theta_3}\frac{\partial K}{\partial\theta_4} + (\mathrm{e}^{-\theta_2} - 1)\eta\frac{\partial K}{\partial\theta_2}\frac{\partial K}{\partial\theta_4}$$

$$+(\mathrm{e}^{-\theta_2} - 1)\eta\frac{\partial^2 K}{\partial\theta_2\partial\theta_4}. \tag{10.5.11}$$

由累积量生成函数的另一种定义形式 $K(\theta,t) = \sum_{i=1}^{\infty} \kappa_i(t)\theta^i/i!$, 其中 $\kappa_i(t)$ 表示 i 阶累积生成函数. 如果将上述定义式中按 θ 的阶数泰勒展开可以得到 $K = k_1\theta + k_2\frac{\theta^2}{2!} + \cdots$ [18], 本研究中, 我们只考虑到二阶累积量生成函数即可. 令

$$\kappa_{1000}(t), \kappa_{2000}(t) \text{ 表示 } N(t)\text{的均值和方差函数},$$

$$\kappa_{0100}(t), \kappa_{0200}(t) \text{ 表示 } S(t)\text{的均值和方差函数},$$

$$\kappa_{0010}(t), \kappa_{0020}(t) \text{ 表示 } B(t)\text{的均值和方差函数},$$

$$\kappa_{0001}(t), \kappa_{0002}(t) \text{ 表示 } C(t)\text{的均值和方差函数},$$

则得到模型中状态变量的各阶矩的微分方程表达式. 首先是一阶矩方程,

$$\kappa'_{1000} = \alpha + \lambda\kappa_{1000} - k_1\kappa_{1000}\kappa_{0100} - k_1\kappa_{1100} + k_2\kappa_{0010} - \eta\kappa_{1000}\kappa_{0001} - \eta\kappa_{1001},$$

$$\kappa'_{0100} = -k_1\kappa_{1000}\kappa_{0100} - k_1\kappa_{1100} + k_2\kappa_{0010} - \eta\kappa_{0100}\kappa_{0001} - \eta\kappa_{0101},$$

$$\kappa'_{0010} = k_1\kappa_{1000}\kappa_{0100} + k_1\kappa_{1100} - k_2\kappa_{0010} - \eta\kappa_{0010}\kappa_{0001} - \eta\kappa_{0200},$$

$$\kappa'_{0001} = \alpha + \lambda\kappa_{1000} - r\kappa_{0001};$$

$$\tag{10.5.12}$$

二阶矩方程,

$$\kappa'_{2000} = \alpha + 2\lambda\kappa_{2000} + \lambda\kappa_{1000} - 2k_1\kappa_{2000}\kappa_{0100} - 2k_1\kappa_{2100}\kappa_{1000} + k_1\kappa_{1100}$$
$$+ 2k_2\kappa_{1010} + k_2\kappa_{0010} - 2\eta\kappa_{2000}\kappa_{0001} - 2\eta\kappa_{1001}\kappa_{1000} - 2\eta\kappa_{2001},$$

$$\kappa'_{0200} = -2k_1\kappa_{1100}\kappa_{0100} - 2k_1\kappa_{0200}\kappa_{1000} + k_1\kappa_{1000}\kappa_{0100} + k_1\kappa_{1100} + 2k_2\kappa_{0110}$$
$$+ k_2\kappa_{0010} - 2\eta\kappa_{0200}\kappa_{0001} - 2\eta\kappa_{0101}\kappa_{0100} + \eta\kappa_{0100}\kappa_{0001} - 2\eta\kappa_{0201} + \eta\kappa_{0101},$$

$$\kappa'_{0020} = 2k_1\kappa_{1010}\kappa_{0100} + 2k_1\kappa_{1000}\kappa_{0110} + k_1\kappa_{1000}\kappa_{0100} + 2k_1\kappa_{1110} + k_1\kappa_{1100} - 2k_2\kappa_{0020}$$
$$+ k_2\kappa_{0010} - 2\eta\kappa_{0010}\kappa_{0011} - 2\eta\kappa_{0001}\kappa_{0020} + \eta\kappa_{0010}\kappa_{0001} - 2\eta\kappa_{0021} + \eta\kappa_{0020},$$

$$\kappa'_{0002} = \alpha + 2\lambda\kappa_{1001} + \lambda\kappa_{1000} - 2r\kappa_{0002} + r\kappa_{1000},$$

$$(10.5.13)$$

以及二阶混合矩方程,

$$\kappa'_{1100} = k_1\kappa_{1000}\kappa_{0100} - k_1\kappa_{1100}\kappa_{0100} - k_1\kappa_{0200}\kappa_{1000} - k_1\kappa_{2000}\kappa_{0100} - k_1\kappa_{1100}\kappa_{1000}$$
$$+ k_2\kappa_{0110} + k_2\kappa_{1010} + k_2\kappa_{0010} - \eta\kappa_{1100}\kappa_{0001} - \eta\kappa_{0100}\kappa_{1001} - \eta\kappa_{1101}$$
$$- \eta\kappa_{1100}\kappa_{0001} - \eta\kappa_{1000}\kappa_{0101} - \eta\kappa_{1101},$$

$$\kappa'_{1010} = \lambda\kappa_{1010} - k_1\kappa_{1010}\kappa_{0100} - k_1\kappa_{0110}\kappa_{1000} + k_1\kappa_{2000}\kappa_{0100} + k_1\kappa_{1100}\kappa_{1000}$$
$$- k_1\kappa_{1000}\kappa_{0100} - k_1\kappa_{1110} - k_1\kappa_{1100},$$

$$\kappa'_{1001} = \alpha + \lambda\kappa_{1001} + \lambda\kappa_{2000} + \lambda\kappa_{1000} - k_1\kappa_{1001}\kappa_{0100} - k_1\kappa_{0101}\kappa_{1000} - k_1\kappa_{1101}$$
$$+ k_2\kappa_{0011} - \eta\kappa_{1001}\kappa_{0001} - \eta\kappa_{0002}\kappa_{1000} - \eta\kappa_{1002} - r\kappa_{1001},$$

$$\kappa'_{0110} = -k_1\kappa_{1010}\kappa_{0100} - k_1\kappa_{0110}\kappa_{1000} + k_1\kappa_{1100}\kappa_{0100} + k_1\kappa_{1000}\kappa_{0200}$$
$$- k_1\kappa_{1000}\kappa_{0100} - k_1\kappa_{1110} + k_1\kappa_{1100} + k_2\kappa_{0020} - k_2\kappa_{0110} - k_2\kappa_{0010}$$
$$- \eta\kappa_{0110}\kappa_{0001} - \eta\kappa_{0100}\kappa_{0101} - \eta\kappa_{0110}\kappa_{0001} - \eta\kappa_{0011}\kappa_{0100} - \eta\kappa_{0111},$$

$$\kappa'_{0101} = \lambda\kappa_{1100} - k_1\kappa_{1001}\kappa_{0100} - k_1\kappa_{1000}\kappa_{0101} - k_1\kappa_{1101} + k_2\kappa_{0011} - \eta\kappa_{0101}\kappa_{0001}$$
$$- \eta\kappa_{0100}\kappa_{0002} - \eta\kappa_{0102} - r\kappa_{0101},$$

$$\kappa'_{0011} = \lambda\kappa_{1000} + k_1\kappa_{1001}\kappa_{0100} + k_1\kappa_{0101}\kappa_{1000} + k_1\kappa_{1101} - k_2\kappa_{0011} - \eta\kappa_{0011}\kappa_{0001}$$
$$- \eta\kappa_{0010}\kappa_{0002} - \eta\kappa_{0012} - r\kappa_{0011}.$$

$$(10.5.14)$$

这三组微分方程构成了一个开放矩微分方程组, 目前还无法得到数值解. 一种常用的近似方法是将某些高阶累积量设为零, 然后求解剩余累积量所组成的封闭的微分方程系统即可得到数值解. 在模型中, 我们设置 $\kappa_{0201} = 0$, $\kappa_{1110} = 0$, $\kappa_{0021} = 0$, $\kappa_{0102} = 0$, $\kappa_{1101} = 0$, 得到以下三组近似的微分方程.

$$\kappa'_{1000} = \alpha + \lambda\kappa_{1000} - k_1\kappa_{1000}\kappa_{0100} - k_1\kappa_{1100} + k_2\kappa_{0010} - \eta\kappa_{1000}\kappa_{0001} - \eta\kappa_{1001},$$

$$\kappa'_{0100} = -k_1\kappa_{1000}\kappa_{0100} - k_1\kappa_{1100} + k_2\kappa_{0010} - \eta\kappa_{0100}\kappa_{0001} - \eta\kappa_{0101},$$

$$\kappa'_{0010} = k_1\kappa_{1000}\kappa_{0100} + k_1\kappa_{1100} - k_2\kappa_{0010} - \eta\kappa_{0010}\kappa_{0001} - \eta\kappa_{0200},$$

$$\kappa'_{0001} = \alpha + \lambda\kappa_{1000} - r\kappa_{0001}, \tag{10.5.15}$$

$$\kappa'_{2000} = \alpha + 2\lambda\kappa_{2000} + \lambda\kappa_{1000} - 2k_1\kappa_{2000}\kappa_{0100} + k_1\kappa_{1100} + 2k_2\kappa_{1010} + k_2\kappa_{0010}$$
$$- 2\eta\kappa_{2000}\kappa_{0001} - 2\eta\kappa_{1001}\kappa_{1000},$$

$$\kappa'_{0200} = -2k_1\kappa_{1100}\kappa_{0100} - 2k_1\kappa_{0200}\kappa_{1000} + k_1\kappa_{1000}\kappa_{0100} + k_1\kappa_{1100} + 2k_2\kappa_{0110}$$
$$+ k_2\kappa_{0010} - 2\eta\kappa_{0200}\kappa_{0001} - 2\eta\kappa_{0101}\kappa_{0100} + \eta\kappa_{0100}\kappa_{0001} + \eta\kappa_{0101},$$

$$\kappa'_{0020} = 2k_1\kappa_{1010}\kappa_{0100} + 2k_1\kappa_{1000}\kappa_{0110} + k_1\kappa_{1000}\kappa_{0100} + 2k_1\kappa_{1110} + k_1\kappa_{1100} - 2k_2\kappa_{0020}$$
$$+ k_2\kappa_{0010} - 2\eta\kappa_{0010}\kappa_{0011} - 2\eta\kappa_{0001}\kappa_{0020} + \eta\kappa_{0010}\kappa_{0001} + \eta\kappa_{0020},$$

$$\kappa'_{0002} = \alpha + 2\lambda\kappa_{1001} + \lambda\kappa_{1000} - 2r\kappa_{0002} + r\kappa_{1000}, \tag{10.5.16}$$

$$\kappa'_{1100} = k_1\kappa_{1000}\kappa_{0100} - k_1\kappa_{1100}\kappa_{0100} - k_1\kappa_{0200}\kappa_{1000} - k_1\kappa_{2000}\kappa_{0100} - k_1\kappa_{1100}\kappa_{1000}$$
$$+ k_2\kappa_{0110} + k_2\kappa_{1010} + k_2\kappa_{0010} - \eta\kappa_{1100}\kappa_{0001} - \eta\kappa_{0100}\kappa_{1001} - \eta\kappa_{1100}\kappa_{0001}$$
$$- \eta\kappa_{1000}\kappa_{0101},$$

$$\kappa'_{1010} = \lambda\kappa_{1010} - k_1\kappa_{1010}\kappa_{0100} - k_1\kappa_{0110}\kappa_{1000} + k_1\kappa_{2000}\kappa_{0100} + k_1\kappa_{1100}\kappa_{1000}$$
$$- k_1\kappa_{1000}\kappa_{0100} - k_1\kappa_{1100},$$

$$\kappa'_{1001} = \alpha + \lambda\kappa_{1001} + \lambda\kappa_{2000} + \lambda\kappa_{1000} - k_1\kappa_{1001}\kappa_{0100} - k_1\kappa_{0101}\kappa_{1000} + k_2\kappa_{0011}$$
$$- \eta\kappa_{1001}\kappa_{0001} - \eta\kappa_{0002}\kappa_{1000} - r\kappa_{1001},$$

$$\kappa'_{0110} = -k_1\kappa_{1010}\kappa_{0100} - k_1\kappa_{0110}\kappa_{1000} + k_1\kappa_{1100}\kappa_{0100} + k_1\kappa_{1000}\kappa_{0200}$$
$$- k_1\kappa_{1000}\kappa_{0100} + k_1\kappa_{1100} + k_2\kappa_{0020} - k_2\kappa_{0110} - k_2\kappa_{0010} - \eta\kappa_{0110}\kappa_{0001}$$
$$- \eta\kappa_{0100}\kappa_{0101} - \eta\kappa_{0110}\kappa_{0001} - \eta\kappa_{0011}\kappa_{0100},$$

$$\kappa'_{0101} = \lambda\kappa_{1100} - k_1\kappa_{1001}\kappa_{0100} - k_1\kappa_{1000}\kappa_{0101} + k_2\kappa_{0011} - \eta\kappa_{0101}\kappa_{0001}$$
$$- \eta\kappa_{0100}\kappa_{0002} - r\kappa_{0101},$$

$$\kappa'_{0011} = \lambda\kappa_{1000} + k_1\kappa_{1001}\kappa_{0100} + k_1\kappa_{0101}\kappa_{1000} - k_2\kappa_{0011} - \eta\kappa_{0011}\kappa_{0001}$$
$$- \eta\kappa_{0010}\kappa_{0002} - r\kappa_{0011}. \tag{10.5.17}$$

参 考 文 献

[1] Pei Y, Lu S, Li C, Liu B, Liu Y. Optimal pest regulation tactics for a stochastic process model with impulsive controls using regression analysis– taking cotton aphids as an example. Journal of Biological Systems, 2019, 27(1): 107-129.

[2] Giarola L T P, Martins S G F, Costa M C P T. Computer simulation of aphis gossypii insects using penna aging model. Physica A Statistical Mechanics Its Applications, 2006, 368(1): 147-154.

[3] Hari Iyer. Model discrimination for nonlinear regression models. Technometrics, 1989, 32(4): 448-450.

[4] Celini L, Vaillant J. Model of temporal distribution of Aphis gossypii (Glover) (Hem. Aphididae) on cotton. Journal of Applied and Entomology, 2004, 128(12): 133-139.

[5] Matis J H, Kiffe T R, Matis T I, Stevenson D E. Application of population growth models based on cumulative size to pecan aphids. Journal of Agricultural Biological Environmental Statistics, 2006, 11(4): 425-449.

[6] Thomas M B. Ecological approaches and the development of "truly integrated" pest management. Proceedings of the National Academy of Sciences of the United States of America, 1999, 96(11): 5944–5951.

[7] Lenteren J C V. Success in Biological Control of Arthropods by Augmentation of Natural Enemies. Springer Link, 2000.

[8] Lenteren J C V, Manzaroli G. Evaluation and use of predators and parasitoids for biological control of pests in greenhouses. Mrs Online Proceeding Library, 1999, 713: 183-201.

[9] Lenteren J C. Integrated pest management in protected crops. Integrated Pest Management D, 1995, 17(3): 270-275.

[10] Tang S, Cheke R A. Models for integrated pest control and their biological implications. Mathematical Biosciences, 2008, 215(1): 115.

[11] Xiang Z, Long D, Song X. 2013. A delayed Lotka-Volterra model with birth pulse and impulsive effect at different moment on the prey. Applied mothematics and Computation, 2013, 219(20): 10263-10270.

[12] Liang X, Pei Y, Zhu M, Lv Y. Multiple kinds of optimal impulse control strategies on plant-pest-predator model with eco-epidemiology. Applied Mathematics Computations, 2016, 287–288(C): 1-11.

[13] Chen M, Pei Y, Liang X, Li C, Zhu M, Lv Y. A hybrid optimization problem at characteristic times and its application in agroecological system. Advances in Difference Equations, 2016, 1: 1-13.

[14] Chang H L, Kim K H, Kim P. A moment closure method for stochastic reaction networks. Journal of Chemical Physics, 2009, 130(13): 134107.

[15] Whittle P. On the use of the normal approximation in the treatment of stochastic processes. Journal of the Royal Statistical Society, 1957, 19(2): 268-281.

[16] Nsell I. Moment closure and the stochastic logistic model. Theoretical Population Biology, 2003, 63(2): 159-168.

[17] Krishnarajah I, Cook A, Marion G, Gibson G. Novel moment closure approximations in stochastic epidemics. Bulletin of Mathematical Biology, 2005, 67(4): 855-873.

[18] Matis J H, Kiffe T R, Matis T I, Stevenson D E. Nonlinear stochastic modeling of aphid population growth. Mathematical Biosciences, 2005, 198(2): 148.

[19] Gillespie C S. Moment-closure approximations for mass-action models. Iet Systems Biology, 2009, 3(1): 52-58.

[20] Henneberry T J, Vreysen M J B, Robinson A S, Hendrichs J. Integrated Systems for Control of the Pink Bollworm Pectinophora Gossypiella in Cotton. Springer Netherlands, 2007.

[21] Barnes E H. Principles of Sterile Technique. New York: Springer, 1979.

[22] It Y, Yamamura K. Role of Population and Behavioural Ecology in the Sterile Insect Technique. Berlin: Springer Netherland, 2005.

[23] Parise F, Lygeros J, Ruess J. Bayesian inference for stochastic individual-based models of ecological systems: a pest control simulation study. Frontiers in Environmental Science, 2015, 3: 42.

[24] Pedigo L P, Higley L G. The economic injury level concept and environmental quality: A new perspective. American Entomologist, 1992, 38(1): 12-21.

[25] Wang H Y, Flournoy N, Kpamegan E. A new bounded log-linear regression model. Metrika International Journal for Theoretical Applied Statistics, 2014, 77(5): 695-720.

[26] Goodwin, GrahamC. Dynamic System Identification: Experiment Design and Data Analysis. New York: Academic Press, 1977.

[27] Liang X, Pei Y, Lv Y. Modeling the state dependent impulse control for computer virus propagation under media coverage. Physica A Statistical Mechanics Its Applications, 2018, 491: 516-527.

[28] Fang D, Pei Y, Lv Y, Chen L. Periodicity induced by state feedback controls and driven by disparate dynamics of a herbivore plankton model with cannibalism. Nonlinear Dynamics, 2017, 90(5): 1-16.

[29] Wilkinson. Stochastic Modelling for Systems Biology. New York: Chapman Hall/ CRC, 2006.

[30] Matis J H, Kiffe T R. Stochastic Population Models. New York: Springer, 2000.

[31] Bailey N T J. The Elements of Stochastic Processes with Applications to the Natural Sciences. New York: Wiley, 1964.

《生物数学丛书》已出版书目

1. 单种群生物动力系统. 唐三一, 肖燕妮著. 2008.7

2. 生物数学前沿. 陆征一, 王稳地主编. 2008.7

3. 竞争数学模型的理论研究. 陆志奇, 李静编著. 2008.8

4. 计算生物学导论. [美]M.S.Waterman 著. 黄国泰, 王天明译. 2009.7

5. 非线性生物动力系统. 陈兰荪著. 2009.7

6. 阶段结构种群生物学模型与研究. 刘胜强, 陈兰荪著. 2010.7

7. 随机生物数学模型. 王克著. 2010.7

8. 脉冲微分方程理论及其应用. 宋新宇, 郭红建, 师向云编著. 2012.5

9. 数学生态学导引. 林支桂编著. 2013.5

10. 时滞微分方程——泛函微分方程引论. [日]内藤敏机, 原惟行, 日野义之, 宫崎伦子著. 马万彪, 陆征一译. 2013.7

11. 生物控制系统的分析与综合. 张庆灵, 赵立纯, 张翼著. 2013.9

12. 生命科学中的动力学模型. 张春蕊, 郑宝东著. 2013.9

13. Stochastic Age-Structured Population Systems (随机年龄结构种群系统). Zhang Qimin, Li Xining, Yue Hongge. 2013.10

14. 病虫害防治的数学理论与计算. 桂占吉, 王凯华, 陈兰荪著. 2014.3

15. 网络传染病动力学建模与分析. 靳祯, 孙桂全, 刘茂省著. 2014.6

16. 合作种群模型动力学研究. 陈凤德, 谢向东著. 2014.6

17. 时滞神经网络的稳定性与同步控制. 甘勤涛, 徐瑞著. 2016.2

18. Continuous-time and Discrete-time Structured Malaria Models and their Dynamics(连续时间和离散时间结构疟疾模型及其动力学分析). Junliang Lu(吕军亮). 2016.5

19. 数学生态学模型与研究方法(第二版). 陈兰荪著. 2017.9

20. 恒化器动力学模型的数学研究方法. 孙树林著. 2017.9

21. 几类生物数学模型的理论和数值方法. 张启敏, 杨洪福, 李西宁著. 2018.2

22. 基因表达调控系统的定量分析. 周天寿著. 2019.3

23. 传染病动力学建模与分析. 徐瑞, 田晓红, 甘勤涛著. 2019.7

24. 生物数学模型斑图动力学. 工玮明, 蔡永丽著. 2020.12

25. 害鼠不育控制的建模与研究. 张凤琴, 刘汉武著. 2021.12

26. 常微分方程稳定性基本理论及应用. 滕志东, 张龙编著. 2022.4

27. 随机传染病动力学建模及应用. 张启敏, 郭文娟, 胡静著. 2022.12

28. 混杂生物种群模型的最优控制. 裴永珍, 梁西银, 李长国, 吕云飞著. 2022.12